大学C语言实用教程

（第3版）

潘旭华　主编

姜书浩　高珊　王桂荣　参编

清华大学出版社

北京

内 容 简 介

C语言是一门广泛应用的计算机语言。本书以程序设计为主线,以程序设计的需要带动语言知识的学习,系统介绍了C语言及其程序设计技术。全书共9章,包括简单的C程序设计,基本数据类型、常量和变量,数据运算,程序流程控制,数组和字符串,指针,函数,复合数据类型、文件与预处理等。通过丰富的C程序设计实例,详尽介绍相应的算法知识,各章编排了一定量的练习题,以帮助读者巩固所学知识,提高程序设计能力。

本书以案例引导带动内容介绍。全书内容充实,体系合理,概念清晰,讲解详尽,例题丰富,是学习C程序设计的理想教材,可作为高等学校本科和研究生教学用书。为了便于学习,本书配有《大学C语言实用教程实验指导与习题》(第3版)供学习使用。

图书在版编目(CIP)数据

大学C语言实用教程/潘旭华主编. —3版. —北京:清华大学出版社,2023.6
ISBN 978-7-302-63899-5

Ⅰ. ①大… Ⅱ. ①潘… Ⅲ. ①C语言－程序设计－高等学校－教材 Ⅳ. ①TP312.8

中国国家版本馆 CIP 数据核字(2023)第 105146 号

责任编辑:汪汉友
封面设计:何凤霞
责任校对:郝美丽
责任印制:沈　露

出版发行:清华大学出版社
　　　　网　　　址:http://www.tup.com.cn,http://www.wqbook.com
　　　　地　　　址:北京清华大学学研大厦 A 座　　　　　　邮　　　编:100084
　　　　社 总 机:010-83470000　　　　　　　　　　　　　邮　　　购:010-62786544
　　　　投稿与读者服务:010-62776969,c-service@tup.tsinghua.edu.cn
　　　　质量反馈:010-62772015,zhiliang@tup.tsinghua.edu.cn
　　　　课件下载:http://www.tup.com.cn,010-83470236
印 装 者:小森印刷霸州有限公司
经　　销:全国新华书店
开　　本:185mm×260mm　　　　印　　张:17.5　　　　字　　数:405 千字
版　　次:2011 年 3 月第 1 版　　2023 年 8 月第 3 版　　印　　次:2023 年 8 月第 1 次印刷
定　　价:54.50 元

产品编号:101984-01

前　言

C语言是程序设计者的入门语言，能够帮助学习者理解程序设计思想。当然，C语言也能设计出一些高级的应用软件和系统软件。同时，学好C语言也有助于学习其他计算机语言，因此C语言是程序设计初学者必学的语言。当今流行的C++、Visual C++、C#以及Java语言等面向对象语言就源于C。

在计算机日益普及、计算机技术日新月异、新型计算机软件层出不穷的今天，计算思维与程序设计仍然是每一位当代大学生的基本功，是计算机素质教育的重要内容之一。尤其是要应用计算机解决本专业领域实际问题的有识之士，更需要加强程序设计的学习与训练。

学习计算机语言的目的是应用，而应用要通过程序设计体现。程序设计发展到今天，已经由技能推进到科学，有自己的一套基本原理和方法。进行程序设计时，需要很强的逻辑思维能力，是一种极富创造性的智力劳动。最使初学者望而生畏的往往也正是这一点。可以这样认为，语言是一种技能，程序设计是一门科学。因此，任何计算机语言及其程序设计的基本特点就是理论性和实践性并重，教学上应强调科学训练与技能培养并存。基于这一认识，本书以应用为目的，以提高程序设计能力为目标，以程序设计方法学为依据，系统介绍了C语言及其程序设计技术，把程序设计作为科学来讲授，把语言作为技能来培养，让读者在大量的程序设计实践中自然而然地熟悉和掌握。

本书采用案例引导进行编写，由案例引出学习内容。具体章节安排如下：第1章Visual C++ 2010操作指导是简单的C程序设计，尽管简单，但它是学习C语言的纲；第2、5、8章从易到难介绍了C语言的各种数据结构（基本数据类型、数组和字符串、复合数据类型）；第3章专门介绍C语言的数据运算；第4章集中介绍C语言流程控制的结构和程序设计的基本思维方法，体现结构化程序设计的特点；第6章介绍指针，这是C语言的精髓和特色，也是学习的难点；第7、9章介绍函数和文件，这是模块化程序设计的需要；附录部分给出了C语言运算符、ASCII码、常用库函数、习题解答以及综合应用示例，便于读者查阅。书中所有例题源程序均通过Visual C++ 2010编译系统调试，为方便读者上机实践以及课后练习与检测，本书配有辅助教材《大学C语言实用教程实验指导与习题》（第3版）。

潘旭华教授和姜书浩教授共同制定本书的写作大纲,王桂荣编写第 1 章和第 2 章,潘旭华编写第 3 章、第 9 章及附录,姜书浩编写第 4 章、第 7 章、第 8 章,高珊编写第 5 章和第 6 章。全书由潘旭华教授担任主编并统稿。本书在编写和出版过程中,得到作者所在学校的大力支持。此外,清华大学出版社的编校人员为此付出了大量的辛勤劳动,在此一并表示感谢。

本书配套的电子教学资源(教学大纲、实验大纲、授课计划、电子教案、电子图书等),读者可在清华大学出版社官网下载。

由于作者学识所限,书中难免存在疏漏和错误,恳请读者不吝指正。

作 者
2023 年 7 月

目录

第1章

简单的 C 程序设计

　　C 语言是一门通用的计算机编程语言,具有功能强大、使用灵活、应用广泛、可移植性强和高效率的特点。C 语言不仅具有高级语言的优点,还兼有低级语言的功能,因此既可用于编写系统程序,也可用于编写不同领域的应用程序。本书使用的 C 语言程序案例,均在 Visual C++ 2010 环境下编写和运行。

1.1　C 语言的产生和发展

　　C 语言的原型是 ALGOL 60 语言(也称为 A 语言)。

　　1963 年,剑桥大学将 ALGOL 60 发展成 CPL(combined programming language),该语言已比较接近于硬件,但规模较大,难以应用。

　　1967 年,剑桥大学的 Martin Richards 将 CPL 进行了简化,产生了 BCPL(basic combined programming language)。

　　1970 年,美国贝尔实验室的肯·汤普森(Ken Thompson)将 BCPL 修改成"B 语言",并用 B 语言开发了第一个高级语言 UNIX 操作系统。

　　1972 年,美国贝尔实验室的丹尼斯·里奇(Dennis M. Ritchie)在 B 语言基础上设计出一种新的语言,他取了 BCPL 的第二个字母作为这种语言的名字,这就是 C 语言。

　　1978 年,Brian W. Kernighan 和 Dennis M. Ritchie 合作出版了 *The C Programming Language*。后来由美国国家标准化协会(American National Standards Institute,ANSI)在此基础上制定了 C 语言标准,于 1983 年发表,被称为 ANSI C。标准 C 不断补充和完善,经历了 C89、C95、C99、C11 这 4 个阶段。

　　C 语言是一种面向过程的语言,应用 C 语言编程时,必须按照算法的实现过程逐条语句编写。20 世纪 80 年代后,面向对象的程序设计(object oriented programming,OOP)日益普及。所谓面向对象,是通过类和对象把程序所涉及的数据结构和对它施行的操作有机地组织成模块,对数据及其处理细节进行最大限度的封装,从而使开发出来的软件易重用、易修改、易测试、易维护、易扩充。

　　1986 年,美国贝尔研究所的 Bjarne Stroustrup 推出了 C 语言的超集 C++ 语言,一开始 C++ 被称为 C with classes(带类的 C)。C++ 与 C 语言的效率不相上下,但它既可用于面向过程的结构化程序设计,又可用于面向对象的程序设计,是一种功能强大的混合型的程序设计语言。

本书适合初学者学习 C 语言的基础编程,通过学习 C 语言代码在 Visual C++ 2010 环境下的完整实现过程,为深入提高学习 Visual C++ 打下良好的基础。

📖 知识拓展

肯·汤普森

被称为 UNIX 之父的肯·汤普森(Ken Thompson)是"世界上最杰出的程序员",他与丹尼斯·里奇(Dennis M. Ritchie)共同创造了 UNIX 计算机操作系统,是 B 语言、UTF-8 编码、ed 文本编辑器的创造者和设计者,是 Go 语言的开发者之一。他于 1983 年与丹尼斯·里奇一起被授予美国计算机协会图灵奖,于 1994 年获得 IEEE(电气和电子工程师协会)的计算机学会先锋奖,于 1998 年被授予美国国家科技奖章,于 1997 年入选计算机历史博物馆名人录。他将一生奉献给了程序设计,成为了伟大的科学家。

1.2 开发环境

1. Visual Studio 开发环境

Visual Studio 简称 VS,是美国微软公司发布的集成开发环境,它由多种程序设计语言和工具组成,其中 Visual C++ 是 Visual Studio 的一个重要的组成部分,此外还有 Visual C♯、Visual Basic 等。

Visual Studio 包含众多版本,分别面向不同的开发角色。

2007 年 11 月,微软公司发布 Visual Studio 2008;

2010 年 4 月,微软公司发布 Visual Studio 2010 以及.NET Framework 4.0;

2012 年 9 月,微软公司发布 Visual Studio 2012;

2013 年 11 月,微软公司发布 Visual Studio 2013;

2014 年 7 月,微软公司发布 Visual Studio 2014;

2015 年 7 月,微软公司发布 Visual Studio 2015;

2019 年 4 月,微软公司软发布 Visual Studio 2019。

2. Visual C++

目前,还有不少人不清楚 Visual C++ 和 Visual Studio 的关系。Visual C++ 最初发布的时候还没有 Visual Studio,它与 Visual Basic 等一样,是一个独立的开发环境,后来微软公司将它们整合在一起,组成了 Visual Studio 集成开发环境。

微软公司为个人开发者提供的 Visual C++ 学习版比其他版本简洁,容易安装。本书使用的 C 语言开发环境是 Microsoft Visual C++ 2010 学习版。

3. 安装 Microsoft Visual C++ 2010 学习版

第 1 步,运行 Visual C++ 2010 Express.exe,如图 1-1 所示。

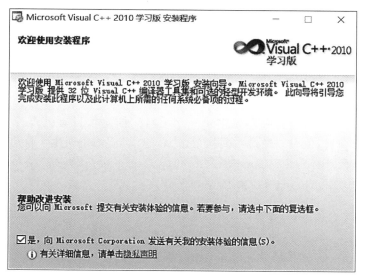

图 1-1　安装界面

第 2 步，选择安装位置，如图 1-2 所示。

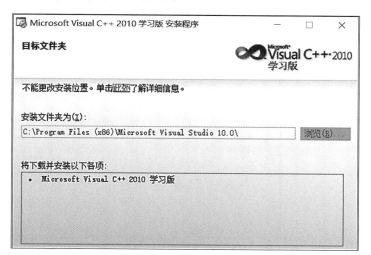

图 1-2　选择安装路径

第 3 步，安装成功，如图 1-3 所示。

图 1-3　安装完成

1.3 编译环境

本节带领读者快速熟悉 Visual C++ 2010 学习版开发环境,编写 C 语言程序。

Visual C++ 2010 里面不能单独编辑一个.cpp 或者一个.c 文件,这些文件必须依赖于某一个项目(project),因此必须先创建一个项目。创建项目有很多种方法,可以通过"文件"菜单新建项目,也可以通过工具栏单击"新建项目"按钮创建。新建项目步骤如下。

第1步,启动 Microsoft Visual Studio 2010 Express,在"开始"菜单选中 Microsoft Visual C++ 2010 Express 选项。如图 1-4 所示。

图 1-4 启动 Microsoft Visual Studio 2010 Express

第2步,在"开始页"中单击"新建项目"按钮,如图 1-5 所示。

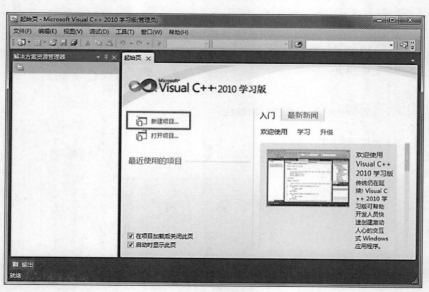

图 1-5 新建项目

第3步,设置项目名称、位置、解决方案名称,如图 1-6 所示。

从图 1-6 中可以看出"新建项目"窗口大致可分为 3 部分。

(1) 在"模板区域"可以选择要开发项目的模板,本教程针对 C 语言进行讲解,因此选中 Visual C++ 选项。

(2) 在"项目区域"可以选择要创立项目的类型,具体如下。

① Win32 控制台应用程序:用于创建 Win32 控制台应用程序的项目。

② Win32 项目:用于创建 Win32 应用程序、控制台应用程序、DLL 或其他静态库项目。

图 1-6　新建项目窗口

③ 空项目：用于创建本地应用程序的项目。

④ 生成文件项目：用于使用外部生成系统的项目。

在此选择"空项目"。

（3）在项目区域的下面可以设置项目的名称、位置以及解决方案名称，解决方案名称默认为与项目名称相同（也可以更改解决方案名称）。

第 4 步，添加源文件"ex1_1.c"。

（1）建立 prog1 项目后，在"解决方案资源管理器"窗口中右击"源文件"，在弹出的快捷菜单中选中"添加"|"新建项"选项。

（2）在弹出的"添加新项-prog1"对话框中选中"C++文件（.cpp）"，在名称框中输入"ex1_1.c"（若不写扩展名.c，默认扩展名为.cpp），如图 1-7 所示。

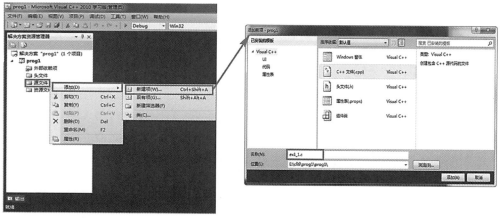

图 1-7　添加源文件

第 5 步,编写代码。在解决方案资源管理器的源文件中看到 ex1_1.c 文件,在代码编辑区中编写代码,如图 1-8 所示。

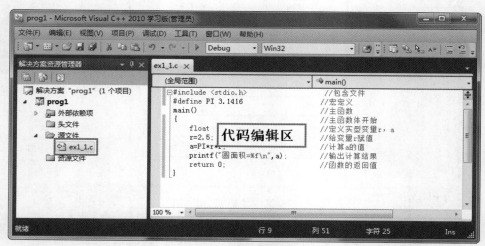

图 1-8 代码编辑区

📖 知识拓展

编译环境如何使用

学习之后就需要进行程序设计,学习程序设计一定要动手编程,只靠看和想是学不会的。程序设计归根结底是要编写代码,也就是实践。很多人在第一次学习程序设计课程时会感觉到很困难,经常会产生如何才能学好编程课的疑问。答案只有一个,"学以致用,用以促学",动手编写程序解决实际问题,用实际问题带动程序设计学习。

1.4 C 程序的结构和书写风格

C 语言的基本组成结构是函数,格式灵活。

(1) 一个 C 程序由一个或多个函数构成,其中只能有一个主函数 main()。它是程序执行的入口,一般放在程序的起始位置。"{ }"中的语句序列是函数体或复合语句,必须配对使用。

(2) C 程序严格区分字母的大小写。

(3) C 语言程序中使用的标点符号,一律使用西文符号。

(4) C 语句使用";"作为语句分隔符或语句结束符,一行内可写多条语句,但通常一行写一条语句,并用";"结束。

(5) 必要时,对程序添加注释说明,格式如下:

/* 注释内容 */

或

//单行的注释内容

注释内容可以出现在程序的任何位置,既可以出现在某语句的开头或结尾处,也可以独占一行或几行。注释不是 C 语句,它对程序的编译和运行没有影响,使用注释的目的是增加程序的可读性。

(6) C 程序书写格式相当灵活,但建议采用结构化书写格式,即不同层次的结构最好采用右缩进对齐格式书写,即同一结构层次的语句左对齐,下一层次的右缩进两个字符。

案例 1.1　计算圆面积。

【案例描述】

一个简单的 C 程序,掌握程序编写的结构和书写风格。

【案例分析】

在程序中,对于固定的值,可以使用符号常量定义,比如圆周率可以用大写字母 PI 定义,带小数的值要使用 float 定义,输出数据使用 printf() 语句,这些元素组成一个 C 程序,完成圆面积的计算。

【必备知识】

1) 赋值语句

在 C 语言中,数据运算主要是通过赋值语句完成。

格式:

变量名=表达式;

其功能是将表达式的值赋给左边的变量。

2) 格式化输出函数 printf()

作用:向标准的输出设备(显示器)按指定的格式输出数据。

格式:

printf("格式控制字符串",输出项列表);

其中参数说明如下。

(1) printf( ):表示函数名。

(2) 格式控制字符串:应置于"" ""中,包含正常字符(原样输出)和格式转换说明符(以％开始,后跟特定字符,如"％d"用来输出十进制整数,"％f"用来输出实数),控制输出格式。也可以用转义字符实现相应功能。转义字符以"\"开始,后置特定字符(如"\n"用于控制换行)。

(3) 输出项列表:输出项,当有多个输出项时,相互之间用","隔开。

3) 库函数

库函数是 C 编译系统提供的函数,这些库函数保存在以.h 为扩展名的标题文件(也称头文件)中,当需要使用编译系统提供的库函数时,需要在程序开头嵌入标题文件,使用格式如下:

＃include <标题文件>

或

＃include "标题文件"

其中,printf() 和 scanf() 函数放在标题文件 stdio.h 中。

4）预处理命令

在 C 源程序前一般是以"#"开头的预处理命令,这些命令需要在编译 C 源程序之前进行预先处理工作。预处理命令不是 C 语句,命令末尾不用加";"。

（1）#include：标题文件命令。

（2）#define：宏定义命令。

【案例实现】

```c
#include <stdio.h>           //标题文件
#define PI 3.1416            //宏定义,定义符号常量 PI
int main()                   //主函数
{                            //主函数体开始
    float  r, a;             //定义实型变量 r,a
    r=2.5;                   //给变量 r 赋值
    a=PI*r*r;                //计算变量 a 的值
    printf("圆面积=%f\n",a);  //输出计算结果到显示器
    return 0;                //函数返回值
}                            //主函数体结束
```

【运行结果】

圆面积=19.635000
请按任意键继续…

1.5　输入与输出

一个程序通常具备 3 个功能：输入数据、数据运算和输出结果。

输入是用户通过输入设备（如键盘）将原始数据送入计算机,以便计算机对它们进行处理；输出指的是将保存在内存中的计算结果输出到输出设备（如显示器）,以便用户能阅读。本节简要介绍输入函数 scanf() 和输出函数 printf(),详细介绍见第 2 章。

案例 1.2　使用函数调用计算圆面积。

【案例描述】

采用函数调用的方法实验案例 1.1,每次运行程序,输入不同圆半径的值,得到不同的圆面积结果。

【案例分析】

除了主函数 main() 外,了解其他函数形式。学习在程序中使用输入函数 scanf() 和输出函数 printf(),完成通过键盘输入数据和在显示器上输出数据的过程。

【必备知识】

1）格式化输入函数 scanf()

作用：从标准输入设备（键盘）按规定格式接收输入数据。

格式：

scanf("格式控制字符串",地址列表);

其中参数说明如下。

① scanf：函数名。

② 格式控制字符串：置于"" ""中，用来规定输入数据格式。

③ 地址列表：必须是地址量，一般在变量名前加取地址运算符"&"，当有多个输入项时，相互之间用","隔开。

2）函数

函数是 C 语言的基本单元，最简单的程序有一个主函数 main()，但实用程序往往由多个函数组成，由主函数调用其他函数，其他函数也可以互相调用。函数是 C 源程序的基本模块，程序的许多功能是通过对函数模块的调用来实现的，学会编写和调用函数可以提高编程效率。

【案例实现】

```
# include <stdio.h>          //标题文件
# define PI 3.1416           //宏定义
float area(float x)          //自定义函数 area() 及形参 x 类型说明
{                            //area() 函数体开始
    float y;                 //定义实型变量 y
    y=PI * x * x;            //计算圆面积赋值给变量 y
    return(y);               //返回圆面积 y 的值到主函数
}                            //area() 函数体结束
int  main()                  //主函数
{                            //主函数体开始
    float r,a;               //定义实型变量 r,a
    printf("请输入半径 r 的值:");   //显示器上显示文字"请输入半径 r 的值:"
    scanf("%f",&r);          //接收键盘输入数据
    a=area(r);               //调用自定义函数 area()，返回值赋给变量 a
    printf("圆面积=%f\n",a);  //输出计算结果到显示器
    return 0;                //函数返回值
}                            //主函数结束
```

【运行结果】

请输入半径 r 的值：12.0
圆面积=452.390411
请按任意键继续…

1.6　运行程序

程序编写完成并保存后，需要对程序进行编译、调试和运行操作，运行前面的案例 1.1 程序。

选中"调试"|"启动调试"菜单命令或按 F5 键，如图 1-9 所示。

（1）编译成功后，会弹出运行结果窗口，如图 1-10 所示。

（2）编译过程中，程序出现错误，在输出窗口中显示错误信息，如图 1-11 所示。需要返回源程序，修改代码，进行调试直至得到正确的运行结果。

注意：如何让运行界面暂停？

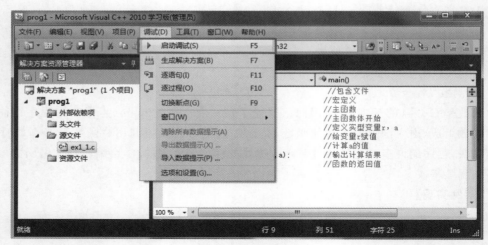

图 1-9　启动调试

图 1-10　运行结果窗口

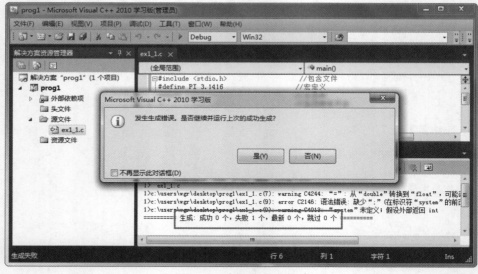

图 1-11　编译未成功窗口

在 Visual C++ 2010 中,直接单击运行按钮或使用 F5 键,是在调试状态下运行程序,运行结束后结果显示窗口立即消失,此时若想让结果显示窗口暂停,可以采用以下几种方法。

① 按 Ctrl＋F5 组合键。

② 可以在 return 语句前插入 getchar()函数。如图 1-12 所示。

getchar()函数用于获取一个字符,在输入字符之前,程序将会停留在运行界面。

③ 如图 1-13 所示,在 return 语句前加上语句:

```
system("pause");
```

```
printf("圆面积=%f\n",a);
getchar();
return 0;
```

图 1-12　添加 getchar()函数

```
printf("圆面积=%f\n",a);
system("pause");
return 0;
```

图 1-13　添加 system 语句

习题 1

一、选择题

1. 以下说法正确的是(　　)。
   A. 一个 C 函数中只允许"{ }"出现一次
   B. C 程序运行时,总是从 main()函数开始执行
   C. C 程序中的 main()函数必须放在程序的开始部分
   D. C 程序运行时,总是从第一个定义的函数开始执行

2. 下列标识符中错误的一组是(　　)。
   A. Name,char,a_bc,A-B
   B. abc_c,x5y,_USA,print
   C. read,Const,type,define
   D. include,integer,Double,short_int

3. 下面的单词中属于 C 语言关键字的是(　　)。
   A. include　　　　B. define　　　　C. ENUM　　　　D. struct

4. 下面属于 C 语句的是(　　)。
   A. printf("%d\n",a)　　　　B. / * This is a statement * /
   C. x=x+1;　　　　D. #include<stdio.h>

5. 在一个 C 程序文件中,main()函数的位置(　　)。
   A. 可以任意　　　　B. 必须在开始
   C. 必须在最后　　　　D. 必须在系统调用库函数之后

6. C 源程序的基本组成结构是(　　)。
   A. 过程　　　　B. 函数　　　　C. 程序段　　　　D. 子程序

7. 下列 4 个叙述中,错误的是(　　)。
   A. C 语言不提供输入输出语句
   B. C 语言中的关键字必须小写
   C. C 语言中的标识符必须全部由字母组成
   D. C 程序中的注释可以出现在程序的任何位置

二、填空题

1. 在 Visual C++ 2010 中,开发一个 C 程序要经过_____、_____、_____和_____ 4 个阶段。

2. 在 Visual C++ 2010 中,C 的源程序经过编译后生成的目标文件的默认扩展名是_____。

3. 在 Visual C++ 2010 中,C 的源程序经过编译和连接后生成的可执行文件的扩展名是_____。

4. 在 Visual C++ 2010 中,用_____菜单可同时实现 C 源程序的编译和连接。

三、编程题

1. 编写程序,在屏幕上输出"欢迎进入 Visual C++ 2010"字样。

2. 编写程序,从键盘输入一个摄氏温度值,将它转换成华氏温度值并输出。

(转换公式:$F=9/5*C+32$,其中 F 表示华氏温度值,C 表示摄氏温度值)

3. 编写程序,从键盘输入一个华氏温度值,将它转换成摄氏温度值并输出。

第2章

基本数据类型、常量和变量

用 C 语言编写程序，首先要了解程序的基本组成要素。从形式上说，C 程序由一些符号、单词、控制结构的语句组成。使用这些要素可以实现文字处理、数值计算、图形绘制、逻辑判断等工作。本章主要介绍构成程序的基本要素、常量、变量等基础知识。

2.1 关键字和标识符

1. 关键字

关键字（也称保留字），它们是 C 语言编译系统预先定义的专用标识符（一般为小写字母），编程者不能将它们用作自定义变量名、函数名等使用。C 语言早期只有 32 个关键字，随着 C 语言版本的提高，关键字也相应增加，如表 2-1 所示。

表 2-1 C 语言标准关键字

ANSI C 的关键字	auto	break	case	char	const	continue	default	do
	double	else	enum	extern	float	for	goto	if
	int	long	register	return	short	signed	sizeof	static
	struct	switch	typedef	union	unsigned	void	volatile	while
C99 标准新增的关键字	inline	restrict	_Bool	_Complex	_Imaginary			
C11 标准新增的关键字	_Alignas	_Alignof	_Atomic	_Static_assert	_Noreturn	_Thread_local	_Generic	

2. 标识符

标识符是用户自己定义的变量名、数组名、函数名等。标识符的命名应遵循以下规则。

（1）不能与关键字相同。

（2）第一个字符必须为字母或下画线，其后的字符可以是字母、数字或下画线。

（3）中间不能有空格。

（4）一般不要与 C 中提供的库函数名或对象名相同。

2.2 数据类型

程序需要处理数据，就必须规定不同的数据类型和数据处理的规则。C 语言的数据类型分为基本数据类型（整型、浮点型、双精度型、字符型、逻辑型及无值类型），构造类型（数组、结构体、枚举等）和指针类型。

对数据类型的掌握，重点先认识基本数据类型。

1. 基本数据类型

C 语言的基本数据类型如表 2-2 所示。

表 2-2　基本数据类型及对应关键字表

数 据 类 型	关 键 字	占用空间/B	数 据 类 型	关 键 字	占用空间/B
字符型	char	1	双精度型	double	8
整型	int	4	逻辑型	bool	1
浮点（单精度）型	float	4	无值类型	void	

注意：

① 字符型数据用来存放一个字符的 ASCII 码值，可以将其看成一个 8 位二进制码的整数。

② 实型数据在计算机内部采用浮点形式表示，根据其精度的不同分为浮点型数据和双精度型数据。

2. 基本数据类型的存储方式和取值范围

数据的存储根据符号正负不同，在计算机中的存储方式是不同的，即它们的存储结构和所占的存储空间字节数不同，数据添加符号组合后的基本数据类型如表 2-3 所示。

表 2-3　基本数据类型的长度和取值范围

数 据 类 型		类型说明符	占用字节数	取 值 范 围
字符型	有符号字符型	char	1	$-128 \sim 127$
	无符号字符型	unsigned char	1	$0 \sim 255$
整型	有符号短整型	short [int]	2	$-32768 \sim 32767$
	无符号短整型	unsigned short [int]	2	$0 \sim 65535$
	有符号整型	[signed] int	4	$-2147483648 \sim 2147483647$
	无符号整型	unsigned [int]	4	$0 \sim 4294967295$
	有符号长整型	[signed] long [int]	4	$-2147483648 \sim 2147483647$
	无符号长整型	unsigned long [int]	4	$0 \sim 4294967295$

数据类型		类型说明符	占用字节数	取值范围
实型	单精度实型	float	4	$-3.4 \times 10^{38} \sim 3.4 \times 10^{38}$
	双精度实型	double	8	$-1.798 \times 10^{308} \sim 1.798 \times 10^{308}$
	长双精度实型	long double	8	$-1.798 \times 10^{308} \sim 1.798 \times 10^{308}$

注：类型说明符中"［ ］"中的内容可以省略。

2.3 常量和变量

案例 2.1 给不同类型数据赋值。

给整型变量 sum 赋初值为 0；给实型变量 x 赋初值 156.32；给字符型变量 ch1 的初值赋值'A'；将 3.1415926 使用宏定义，宏名为 PI；定义符号常量 tax，值为 0.13。

【案例描述】

给不同类型的数据正确赋值，数据类型不同，关键字也有区别。

【案例分析】

赋值语句是将赋值符号右侧的表达式（变量或者常量）的值，赋值给左侧的变量，因此需要先弄清变量与常量的联系和区别。

（1）常量。顾名思义就是在程序运行期间，其值不能被改变的量，常量有两种：直接常量和符号常量。

（2）变量。本质是内存中一块连续存储空间的首地址，变量名称就是为该地址起的名称。变量必须先定义，后使用，不同类型变量，需用正确关键字进行定义。

【必备知识】

1）直接常量

直接常量简称常量，是指在程序运行过程中，其值保持不变的数据。常量在程序需要的地方直接书写。C 语言中常量可分为整型常量、实型常量、字符型常量、字符串常量。

（1）整型常量。整型常量又称为整数，可以用十进制、八进制、十六进制表示。

① 十进制：整数（0～9）和正号（＋）或负号（－），例如 1234、－23。

② 八进制：在八进制整数（0～7）前加数字 0 开头，例如 0123、－016。

③ 十六进制：在十六进制整数（0～9 及 a～f）前加数字 0x（字母大小写均可）开头，例如 0x2f、0x49。

注意：在整数后面加上后缀 u 或 U 表示无符号整数；加上（字母）l 或 L 表示长整数例如 0123u、789L、3456ul。

（2）实型常量。实型常量就是带小数的数，C 语言中实型常量都为双精度型数据。用十进制数表示，有两种书写形式：

① 小数形式：例如 123.45、－256.701、.0、.543 等。

② 指数形式：例如数学中 1.25×10^3 和 2.74×10^{-2}，在程序中书写成 1.25e3 和 2.74e－02，e（或 E）前必须有数字，e 或 E 后跟一个 1～3 位整型数。

（3）字符常量。用"'"括起来的一个字符,每个字符常量占用1B。有两种表示方法。

① 单个字符。用"'"括住,例如'A'、'a'、'5'、'$'、'? '、'+'。

注意:字符都是区分大小写的,单字符常量在内存中实际存放的是该字符的 ASCII 码值,因此还可以作为整型常量来使用;而整型变量如果其值为 0~127,对应的就是以该值为 ASCII 码值所对应的那个字符。

② 转义字符。转义字符是以"\"开始的特殊字符常量的表示形式,如表 2-4 所示。

表 2-4　常用的转义字符

转 义 字 符	含　义	十进制 ASCII 码值	说　明
\0	NULL	0	ASCII 码值为 0
\a	BELL	7	报警铃响
\b	BS	8	退格符(backspace)
\f	FF	12	换页符
\n	NL(LF)	10	换行符
\r	CR	13	回车符
\t	HT	9	水平制表符(Tab)
\v	VT	11	垂直制表符
\\	\	92	反斜杠
\'	'	44	单撇号(单引号)
\"	"	34	双撇号(双引号)

转义字符也可以由"\"开头,后跟 1~3 位八进制数(数字前不加 0)或 1~2 位十六进制数(数值前面必须加小写字母 x),例如在程序中字母 A 字符常量可以写成 65、'A'、'\101'、'\x41'。

（4）字符串常量。字符串常量是用双引号括起来的字符序列,例如"789"、"student"等。每个字符串在内存中占用的字节数为字符串长度加1,其最后 1B 空间存放的是'\0',即"NULL"或"空"表示字符串的结束。一个含有 n 个字符的字符串常量要占用的存储空间为 $n+1$ 字节。

例如,字符串常量

"I am a student"

含有 14 个字符(包括 3 个空格字符),它将占用 15B 的存储单元,如图 2-1 和图 2-2 所示。

I		I	am	m		a		s	t	u	d	e	n	t	\0

图 2-1　字符串的内容

49	20	61	6d	20	61	20	73	74	75	64	65	6e	74	00

图 2-2　存储单元中存储的字符串对应的 ASCII 码

（5）字符常量和字符串常量的区别。

① 从表示方式上看,字符串常量是以双引号定界,而字符常量则以单引号定界,如 "A"是字符串常量,'A'则是字符常量。

'A'字符常量,占用 1B;"A"字符串常量,占用 2B。

② 每个字符常量只占 1B 存储单元,而字符串常量则要占用一批连续的存储单元,其所占字节数为字符串长度加 1。

③ 字符常量通常可存放在字符型变量中,而字符串常量则必须存放在字符型数组中。

④ 字符常量可以与整数混合运算,而字符串常量则不可以。

'A'+1=B   "A"+1=B(?)

2）符号常量

用标识符命名的常量称为符号常量,也称符号常数,就是为上面的直接常量再取一个名字。使用符号常量一是方便理解,提高程序可读性,更重要的是方便程序的后续维护,习惯上符号常量用大写字母和下画线来命名。声明符号常量包括两种方法,宏定义和用 const 声明。

（1）宏定义。宏定义一般格式如下:

#define 标识符 字符串

注意:

① 宏定义必须以#define 开头,它不是 C 语句,行末不加";"。

② 每个#define 只能定义一个宏,且只占一行书写。

③ 标识符(或宏名)在命名时最好用大写,以区别于变量名。

④ #define 命令一般出现在函数外部,其有效范围为从定义开始处到本源程序文件结束。

⑤ 编译系统只对程序中出现的宏名用定义中的字符串作简单替换,而不作语法检查。

（2）const 定义。const 和宏定义不同,用 const 定义的符号常数,既有类型也有值。

格式:

const 数据类型 标识符=常数表达式;

注意:

① const 定义是以关键字 const 开头、以分号结尾的 C 语句。

② 每个 const 语句可以定义多个同类型的符号常数,相互之间用逗号隔开,例如:

const int x=20,y=30;

③ const 定义既可以出现在函数外部,也可以出现在函数体内,不同位置定义的符号常数的作用域也是不同的。

3）变量的概念

变量是指在程序运行过程中其值可以变化的量。每个变量在使用前,必须先定义,以便在内存中留有足够的空间存放数据。

（1）变量的定义。变量定义的一般格式如下：

［存储类型］数据类型<变量名 1>,<变量名 2>,<变量名 3>,…;

① 存储类型：为了说明变量存储的位置。可以省略，也可以取 auto、static、extern 或 register，若省略则默认为 auto，存储类型的含义及作用将在第 7 章介绍。

② 变量名：由用户定义，变量的命名规则与标识符相同。

③ 数据类型：在表 2-3 中类型说明符列说明。不同类型数据，所占字节长度不同，因此指定数据类型是必要的。

（2）变量的初始化。变量在定义数据类型的同时赋予其初值称为变量的初始化。例如：

```
int a=2,b=3;
float m=5.62;
char ch1='x',ch2='y';
```

【案例实现】

```
#include<stdio.h>
#define  PI 3.1415926          //宏定义,宏名为 PI
int main()
{   int sum=0;                 //定义整型变量 sum 初值为 0
    float x=156.32;            //定义单精度实型变量 x 初值为 156.3
    char ch1;                  //先定义字符变量 ch1
    ch1='A';                   //再给字符变量 ch1 赋值字符常量'A'
    const float tax=0.13;      //定义实型符号常数 tax=0.13
}
```

思考：读程序，尝试写出运行结果。

```
#define f(x) x*x
int main()
{   int i;
    i=f(4+4)/f(2+2);
    printf("%d\n",i);
}
```

将程序输入编译器运行，程序运行的结果与推算的结果一致吗？如果不一致，是否是推算过程中用想当然替代了动手推算？"纸上得来终觉浅，绝知此事要躬行。"

2.4 输入和输出

在程序中实现输入/输出功能，C 语言本身不提供输入输出语句，它是通过标准输入输出库函数，即 printf()、scanf()、putchar()、getchar()等函数来完成的。

案例 2.2 在程序中输入软件班级号与平均成绩并打印出来。

键盘输入：

1,85.5

则在屏幕上输出

软件专业班级：1,平均成绩：85.50

键盘输入：

2,65.0

则在屏幕上输出

软件专业班级：2,平均成绩：65.00

【案例描述】

完成键盘输入功能，使用函数 scanf( )；

实现在显示器输出结果，使用函数 printf()。

【案例分析】

① 根据案例的要求，分析编程实现需要定义的常量和变量以及数据类型。

② 确定需要用到的函数，printf()、scanf()以标准输入设备（键盘）和输出设备（显示器）为输入输出对象，其函数代码放在 C 编译系统的头文件"stdio.h"中。因此在使用该函数时，要用预处理命令 ♯ include 将有关的头文件写在源程序前面。例如：♯ include ＜stdio.h＞或 ♯ include "stdio.h"。

【必备知识】

1）格式化输出函数——printf()

printf()函数在第 1 章简要介绍过，用于所有类型数据的输出。一般使用格式如下：

printf("格式控制字符串",输出项列表);

（1）格式控制字符串：包含两部分为内容：一部分为正常字符，按原样输出；另一部分是格式转换说明符和转义字符。

① 格式转换说明符。以"％"开头，后跟符合规定的字符，如表 2-5 所示，用以确定输出项列表内容的输出格式。

表 2-5　printf()格式转换说明符

格式转换说明符	功　　能	格式转换说明符	功　　能
％c	输出一个字符	％u	输出无符号十进制整数
％d	输出十进制整数	％o	输出八进制整数
％f	输出浮点数,小数部分保留 6 位	％x	输出十六进制整数
％e 或％E	按指数形式输出单精度、双精度	％％	输出一个％
％s	输出一个字符串	％p	输出指针值（地址）

② 转义字符："\"开始，后跟一个或几个字符，是将"\"后面的字符转变成为另外的意义，如："\n"表示换行，详见表 2-4。

（2）输出项列表。输出项的个数和顺序必须与格式字符串所说明的格式转换说明符一一对应，各输出项间用逗号分开。

（3）格式转换说明符的使用。

① 输出数据以"$m.n$"的规则呈现，m 指定输出项的总宽度，n 为最小有效位数。对于整型和实型数据输出如表 2-6 和表 2-7 所示。

表 2-6　%m.nd 整型数据的使用

示例：int a＝1234；	输 出 结 果
printf("a＝%d\n",a);	a＝1234
printf("a＝%6d\n",a);	a＝　　1234
printf("a＝%06d\n",a);	a＝001234
printf("a＝%6.5d\n",a);	a＝　01234
printf("a＝%－6d\n",a);	a＝1234（负号表示左对齐）

注意：对于长整型数据：在格式转换说明符 d、o、x、u 前面加字母 l，如%ld。

表 2-7　%m.nf 实型数据的使用

示例：float x=3.141594653；	输 出 结 果
printf("x＝%f\n",x);	x＝3.141595（默认 6 位小数）
printf("x＝%9.3f\n",x);	x＝　　　3.142（小数点后 3 位）
printf("x＝%09.3f\n",x);	x＝00003.142
printf("x＝%－9.3f\n",x);	x＝3.142

注意：对于双精度实型数据：在格式转换说明符 f 前面加字母 l，如%lf。

② 字符串的输出以"$%m.ns$"的形式规定。其中，m 规定输出项的总宽度，n 规定只输出字符串中前 n 个字符。若输出项的实际长度小于 m，则左边补充空格；否则，m 不起作用；若输出项的实际长度小于 n，则 n 不起作用；否则，只输出左边 n 个字符，多余的字符被截断。

例如：

```
printf("%2s,%8s,%3.8s,%.3s","study","study","study","study");
```

【运行结果】

study,　　study,study,stu

2）格式化输入函数——scanf()

scanf()函数可以用于所有类型数据的输入，从标准输入设备键盘读入内存。一般使用格式：

```
scanf("格式控制字符串",地址);
```

（1）格式控制字符串：通常只包含格式转换说明符（用法与 printf() 函数一样），不使用转义字符和普通字符。

（2）地址：读入变量的地址，就是在变量名前加一个取址符"&"。

（3）使用 scanf() 函数的几点说明。

① 调用 scanf() 函数时，格式转换说明符与输入项必须在顺序和数据类型上一一对应。

② 从键盘输入多个数据时，各数据之间只能用空格、制表符或回车符分隔。但如果用 %c 控制 char 型变量时，输入的字符不加","，多个数据同时输入时，不要使用分隔符。

③ 若出现格式转换说明符以外的字符，这些字符应该照原样输入。例如：

```
scanf("请输入两个整数：%d,%d",&a,&b);        //原样输入
```

的输入内容为"请输入两个整数：3,5"则运行结果如下：

```
请输入两个整数：3,5
a=3,b=5
按任意键继续…
```

📖 知识拓展

学会换位思考，问题就不存在了

对于 scanf() 函数，在使用时，"格式控制字符串"中尽量不要出现除"格式控制说明符"之外的其他字符，如果出现，就需要程序使用者在输入时原样输入，这对软件的人性化应用是一个巨大的挑战，人性化是指软件执行过程中的人机交互符合计算机使用者的心理特点，换句话说就是编程者要学会换位思考，学会换位思考，程序设计中（包括工作学习生活中）的很多问题，其实就不存在了。

④ 格式转换说明符前可以加"*"（输入对应内容忽略掉）、正整数（数据宽度，超出宽度归下一个变量接收）。例如：

```
scanf("%d%*d%d",&a,&b);        //键盘输入：20 30,空格被跳过
scanf("%2d%3d",&x,&y);         //键盘输入：12345678,则 x=12,y=345
```

【案例实现】

```
#include<stdio.h>
int main()
{   int class1,class2;
    float aver1,aver2;
    printf("请输入 1 班数据：");
    scanf("%d,%f",&class1,&aver1);
    printf("请输入 2 班数据：");
    scanf("%d,%f",&class2,&aver2);
    printf("输出结果：\n");
    printf("软件专业班级：%d,平均成绩%.2f\n",class1,aver1);
    printf("软件专业班级：%d,平均成绩%.2f\n",class2,aver2);
    return  0;
}
```

【运行结果】

```
请输入 1 班数据：1,85.5
请输入 2 班数据：2,65
输出结果：
软件专业班级：1,平均成绩 85.50
```

软件专业班级：2,平均成绩 65.00
按任意键继续…

2.5　字符数据输入与输出函数

单个字符输入输出还可以使用 getchar( )和 putchar( )函数,该函数定义在标题文件 stdio.h 中,比使用 scanf( )和 printf( )更简洁。

案例 2.3　对单字符输入函数 getchar( )选择 A,getche( )选择 B,getch( )选择 C。当从键盘输入 3 个字符,对比屏幕显示的不同,其中,ABC 分别代表内容"A. 打开　B. 保存　C. 关闭"。

【案例描述】

通过键盘单字符输入函数 getchar( )、getche( )、getch( )输入 A、B、C,操作有区别,使用 putchar( )函数输出单字符。

【案例分析】

在屏幕上是否显示通过键盘输入的单字符,输入函数 getchar( )、getche( )、getch( )就满足了不同操作的要求。

【必备知识】

(1) 单字符输出函数 putchar( ),格式如下：

```
putchar(c);
```

其中,c 是一个字符型常量或变量,也可以是一个取值不大于 255 的整型常量或变量。

输出单字符函数

```
putchar('B');
```

的作用等同于

```
printf("%c",'B');
```

(2) 单字符输入函数 getchar( ),格式如下：

```
getchar();
```

这是一个不带参数的函数,但"( )"不能省略。单字符输入还可以使用 getche( )、getch( )函数,三者的区别如下。

① getchar( )函数：从键盘输入一个字符,并带回显,以回车符为输入结束。

② getche( )函数：从键盘输入一个字符,并带回显,不回车。

③ getch( )函数：从键盘输入一个字符,不带回显。

【案例实现】

```
#include<stdio.h>
int main()
{   char c1,c2,c3;
    printf("A.打开　B.保存　C.关闭　请选择 ABC:");
    c1=getchar();                //键盘输入字母 A 赋值给 c1,有回显,按回车
```

```
    printf("输出 getchar()函数的结果: ");
    putchar(c1);
    putchar('\n');                    //输出转义字符换行
    printf("A.打开    B.保存   C.关闭    请选择 ABC: ");
    c2=getche();                      //键盘输入字母 B 赋值给 c2,有回显,不回车
    printf("\n 输出 getche()函数的结果: ");
    putchar(c2);
    putchar('\n');
    printf("A.打开    B.保存   C.关闭    请选择 ABC: ");
    c3=getch();                       //键盘输入字母 C 赋值给 c3,不带回显,不回车
    printf("\n 输出 getch()函数的结果: ");
    putchar(c3);
    putchar('\n');
    return  0;
}
```

【运行结果】

```
A.打开    B.保存   C.关闭    请选择 ABC: A
输出 getchar()函数的结果: A
A.打开    B.保存   C.关闭    请选择 ABC: B
输出 getche()函数的结果: B
A.打开    B.保存   C.关闭    请选择 ABC: C
输出 getch()函数的结果: C
按任意键继续…
```

习题 2

一、选择题

1. C 语言规定,不同类型的数据占用存储空间的长度是不同的。下列各组数据类型中,满足占用存储空间从小到大顺序排列的是(   )。

    A. short int,char,float,double   B. char,float,int,double

    C. int,unsigned char,long int,float   D. char,int,float,double

2. 在 C 语言中,不同数据类型的长度是(   )。

    A. C 语言本身规定的   B. 任意的

    C. 由用户自己定义的   D. 与宿主机器字长有关的

3. 在 Visual C++ 2010 中,设 short int 型占 2B,下列不能正确存入 short int 型变量的常数是(   )。

    A. 65536   B. 0   C. 037   D. 0xaf

4. C 语言中,能用八进制表示的数据类型为(   )。

    A. 字符型、整型   B. 整型、实型

    C. 字符型、实型、双精度型   D. 字符型、整型、实型、双精度型

5. 下列属于 C 语言合法的字符常数是(　　　)。

    A. '\97'   B. "A"   C. "\0"   D. '\t'

6. 若有以下定义和语句

```
char c1='B',c2='E';
printf("%d,%c\n",c2-c1,c2+'a'-'A');
```

则输出结果是(　　　)。

    A. 2,M

    B. 3,e

    C. 2,e

    D. 输出项与对应的格式控制不一致,输出结果不确定

7. 已知字母 B 的 ASCII 码为十进制的 66,下面的程序输出是(　　　)。

```
#include <stdio.h>
void main()
{   char ch1,ch2;
    ch1='B'+'4'-'3';
    ch2='B'+'5'-'3';
printf("%d,%c\n",ch1,ch2);
}
```

    A. C,D   B. B,C   C. 67,D   D. 不确定的值

8. 当用 #define X 23.6f 定义后,下列叙述正确的是(　　　)。

    A. X 是实型常数   B. X 是实型变量

    C. X 是一串字符   D. 语法错误

9. 当用 const int B=9;定义后,下列叙述错误的是(　　　)。

    A. B 是整型变量   B. B 是整型常数

    C. B 不能在程序中再赋值   D. 定义符号常数 B

10. a、b、c 被定义为 int 型变量,若从键盘给 a、b、c 输入数据,正确的输入语句是(　　　)。

    A. INPUT a,b,c;   B. scanf("%d%d%d",&a,&b,&c);

    C. scanf("%d%d%d",a,b,c);   D. read("%d%d%d",&a,&b,&c);

二、填空题

1. 在 Visual C++ 2010 环境下,内存中存储常量'C'要占用_____字节,存储常量'C'要占用_____字节。

2. 定义符号常量的宏定义格式是_____。

3. 无符号整型的类型关键字为_____,双精度实型的类型关键字为_____,字符型的类型关键字为_____。

4. 在 C 语言中,整数可用_____进制数、_____进制数和_____进制数 3 种数制表示。

5. 在 Visual C++ 2010 中,一个 int 型数据在内存中占_____字节。

6. 在 Visual C++ 2010 中,putchar()和 getchar()函数定义在_____标题文件中。

7. 字符串常量的结束符为_____,使用 printf()函数输出字符串时,应使用的格式转换说明符为_____。

8. 运行以下程序段,若要使 a＝5.0,b＝4,c＝3,则输入数据的形式应为_____。

```
int b,c;
float a;
scanf("%f,%d,c=%d",&a,&b,&c);
```

9. 若想通过以下输入语句将 1 赋予 x,将 2 赋予 y,则输入数据的形式应该是_____。

```
int x,y;
scanf("a=%d,b=%d",&x,&y);
```

三、编程题

1. 定义 int 型变量 a 的值为 100,请编制程序分别按八进制、十进制和十六进制输出 a 的值。

2. 编制程序,其功能是从键盘输入一个实数,分别按小数形式(保留 2 位小数)和指数形式(尾数部分保留 2 位有效数字)输出该实数的值。

3. 编制程序定义 char 型变量 ch1 和 ch2,初值均为'a',依次按字符、十进制、八进制和十六进制整数的形式输出它们的值,要求每个变量各占一行。

第3章

数据运算

数据运算是计算机的基本功能,而数据运算主要是通过对表达式的计算完成的。C语言中运算符和表达式数据之多,在高级语言中是少见的,正是丰富的运算符和表达式使C语言功能十分完善。

3.1 运算符与表达式

数据处理是通过运算符实现的,运算符又称为操作符。为完成一个计算过程,需要使用表达式。表达式是将运算量用运算符连接起来组成的式子,其中运算量可以是常量、变量或函数。

在C语言中有很多种运算符,每一种运算符都有对应的运算规则,具体规则如下。

（1）运算对象。根据运算对象的个数,分为一元运算符(运算对象只有一个),二元运算符(运算对象有两个),三元运算符(运算对象有3个)。

（2）优先级。在表达式中出现多个运算符,计算表达式时必须按照一定的次序,C语言运算符都有指定的优先级,见附录A。

（3）结合性。对于同级运算符,考虑运算的方向,就是结合性。一元运算符、三元运算符和二元的赋值(包括复合赋值)运算符均为自右向左,其余二元运算符均为自左向右。见附录A。

3.2 算术运算

用算术运算符连接数值型的运算量构成的式子,用来完成数值计算的功能。

案例 3.1 关于算术运算。

【案例描述】

通过键盘输入两个整数,分别输出两个数的相加、相减、相乘、相除和求余数的结果。

【案例分析】

在计算机上对两个整数进行运算,需要使用算术运算符。

【必备知识】

1）算术运算符

二元运算符号：加（＋）、减（－）、乘（＊）、除（/）、求余数（求模）（％）。

一元运算符号：自增（＋＋）、自减（－－）、正负号（＋、－）。

2）运算顺序

① 括号优先；

② 一元运算符，运算顺序从右向左；

③ 二元运算符，先乘除后加减，运算顺序从左向右。

算术运算符的功能与优先顺序如表 3-1 所示。

表 3-1　算术运算符的功能与优先顺序

运算符	功　　能	优先级	结合性
＋　－　＋＋　－－	正号　负号　自加　自减	高	自右向左
＊　/　％	乘　　除　　求余	中	自左向右
＋　－	加　减	低	自左向右

3）求余数运算（％）

两个运算对象只能是整型数据，运算结果是两个整数相除后的余数，余数也可以是负数，其符号位与被除数相同。

【案例实现】

```
#include<stdio.h>
int main()
{   int n1=18,n2=5;
    printf("两个数的和：n1+n2=%d\n",n1+n2);
    printf("两个数的差：n1-n2=%d\n",n1-n2);
    printf("两个数的积：n1＊n2=%d\n",n1＊n2);
    printf("两个数的商：n1/n2=%d\n",n1/n2);        //注意,两个整数相除,商取整数
    printf("两个数相除的余数=%d\n",n1%n2);
    return 0;
}
```

【运行结果】

两个数的和：n1+n2=23

两个数的差：n1-n2=13

两个数的积：n1＊n2=90

两个数的商：n1/n2=3

两个数相除的余数=3

按任意键继续…

案例 3.2　自增与自减运算。

【案例描述】

通过键盘输入一个整型变量 m=10，用如下表达式运算：

① －－m

② m++

③ （＋＋m）*（m－－）

【案例分析】

自增运算符"＋＋"和自减运算符"－－"分为前置运算和后置运算,由于增减运算先后不同,从而产生运算结果不同。

【必备知识】

（1）自增＋＋和自减－－只能对变量施加运算,不能对常量或表达式施加运算。

（2）自增＋＋或自减－－写在变量之前,称为前缀,写在变量之后,称为后缀。例如:

n++表示先取 n 的值作为表达式的值,然后运算 n＝n＋1;

＋＋n 表示先运算 n＝n＋1,然后取 n 的值作为表达式的值。

📖 **知识拓展**

变量的值与表达式的值

理解自增和自减运算法前缀和后缀的不同,最关键的是理解变量的值与表达式的值的关系,表达式为 n＋＋或者＋＋n,变量为 n。后缀模式,先取值后自加,即先取变量的值作为表达式的值(此时变量为自加之前的值),然后完成变量的自加;前缀模式,先自加后取值,即先完成变量自加,然后将变量的值作为表达式的值(此时变量的值为自加之后的值)。其实如果表达式的值不作为数值参与其他运算,前缀后缀没有区别,最终只是完成了变量的自加,但是自加表达式参与其他运算,结果就有区别了。例如 m＝n＋＋和m＝＋＋n,m 的结果是不同的。如果把自加运算看作是个人能力的提升过程,可以看出早提升和晚提升对于结果的影响是不同的,"只争朝夕,不负韶华",珍惜当下,做好当下。

【案例实现】

```
#include<stdio.h>
int main()
{   int m=10;
    printf("m=%d\n",--m);          //先计算 m=m-1 的值为 9,再输出 m 的值
    printf("m=%d\n",m++);          //先输出 m 的值 9,再计算 m=m+1,值为 10
    printf("m=%d\n",m);
    printf("m=%d\n",(++m) * (m--));
    return 0;
}
```

【运行结果】

m=9

m=9

m=10

m=121

请按任意键继续…

案例 3.3　不同数据类型混合计算,系统自动进行类型转换。

【案例描述】

将不同类型的数据进行混合运算,查看最后运算结果的数据类型,采用 sizeof()运算

符,测试长度,进而反推数据类型。

【案例分析】

不同数据类型的运算量混合运算时,按照一定规则进行类型转换,然后进行运算。

【必备知识】

在不同类型运算量的混合运算中,编译系统自动转换数据类型,转换的规则如下。

① 转换按数据精度增加方向进行,以保证数值不失真,或者精度不降低。

② int 和 long 参与运算时,先把 int 类型的数据转成 long 类型后再进行运算。

③ 所有的浮点型运算都是以双精度进行的,即使运算中只有 float 类型,也要先转换为 double 类型,才能进行运算。

④ char 和 short 参与运算时,必须先转换成 int 类型。

⑤ 运行结果的数据类型自动转换为保存运行结果变量的数据类型。

数据转换方向如图 3-1 所示。

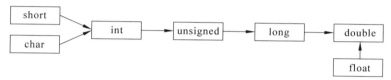

图 3-1 数据转换方向图

【案例实现】

```c
#include<stdio.h>
#define PI 3.14159
int main()
{   char ch='a';
    int i=5;
    unsigned int j=6;
    long int k=12;
    float f=3.0;
    double d=6.0;
    printf("%u\n",sizeof(ch/i+i*k-(j+k)*(f*d)/(f+i)));
    return0;
}
```

【运行结果】

8
请按任意键继续…

长度为 8 的数据类型为双精度型,因此最终输出的数据类型为双精度型。

案例 3.4 强制性数据类型转换。

【案例描述】

两个整型数据进行运算时,结果输出为浮点型。

【案例分析】

两个整型数据进行运行,无法得到浮点型结果。因此,可以采用强制类型转换完成。

使用强制类型转换应注意以下几点。

（1）在进行强制类型转换时，类型关键字必须用"（）"括住。

（2）在对一个表达式进行强制类型转换时，整个表达式应该用"（）"括住。如果（float）（a＋b）写成（float）a＋b，则只对变量 a 进行了强制类型转换。

（3）在对变量或表达式进行了强制类型转换后，并不改变变量或表达式原来的类型。

（4）由数据长度长向数据长度短的强制转换时会丢掉一些数据位数，因而会造成值的改变。例如，将 float 型或 double 型强制转换成 int 型时，对小数部分是四舍五入还是简单地截断，取决于具体的系统。Visual C＋＋采用的是截断小数的办法。

【案例实现】

```
#include<stdio.h>
int main()
{   int n1, n2;
    n1 =25;
    n2 =15;
    printf("n1/n2 结果为浮点数值: %f\n",(float)n1/n2);
    return 0;
}
```

【运行结果】

```
n1/n2 结果为浮点数值: 1.666667
请按任意键继续…
```

3.3 赋值运算

在 C 语言中，赋值运算符"＝"与赋值语句紧密相关，赋值表达式的末尾加上"；"就是赋值语句。

案例 3.5 当整形变量 a 初值 12，完成以下规定的表达式运算，输出其结果。表达式：a＋＝a－＝a＊a。

【案例描述】

复合赋值运算符，左侧为对其赋值的变量，后为运算式，其运算结果就是更新前面的变量值，加深理解运算的结合性：自右向左。

【案例分析】

在计算赋值表达式 a＋＝a－＝a＊a 时，按从右到左的顺序先计算 a＊a，得 144，然后进行 a－＝144 的赋值运算，得到 a＝12－144＝－132，该值作为赋值表达式 a－＝a＊a 的值，参加下一个赋值表达式的计算，得 a＝a＋（－132）＝－264。因此，当同一变量被连续赋值时，要注意其值在不断变化。

【必备知识】

① "＝"在 C 语言中不是表示相等关系，而是进行赋值运算，即将"＝"右侧的值赋给"＝"左侧的变量。

② "＋＝、－＝、＊＝、/＝、％＝"是复合赋值运算符，具有算术运算和赋值的双重功

能。在使用复合赋值运算符时,要将右边的表达式作为一个整体与左边的变量进行运算。

③ 赋值运算符的优先级是比较低的,结合性均为从右到左。参见附录 A。

📖 知识拓展

赋值运算符的启示

在 v＝e 这样的赋值表达式中,当 v 和 e 的数据类型不一致时,C 编译系统自动将 e 的类型转换成与 v 相同的类型后再赋值。

e 本身有自己的数据类型,但是当它位于赋值号右侧时,其数据类型已经不重要了,最终赋值的类型由 v 决定,这是由二者的所处的位置决定的。赋值符号如此,人生的很多问题亦是如此,只不过人生中的位置更多指的是每个人努力后的内在实力。

【案例实现】

```
#include <stdio.h>
int main()
{   int a=12;
    a+=a-=a*a;          //该表达式可拆分为 a=a-a*a;   a=a+a;
    printf("%d\n",a);
    return 0;
}
```

【运行结果】

-264

3.4   逗号运算(顺序运算)

逗号运算符“,”的作用是连接多个数据项,从而将它们作为一个整体来处理。

案例 3.6   计算下面逗号表达式的值,并对比输出结果。表达式为 a＝3 * 5,a * 4,a＋5 和 a＝(3 * 5,a * 4,a＋5)。

【案例描述】

逗号表达式,是将多个表达式串在一起,顺序计算各个表达式的值。将最后一个表达式的值作为整个表达式的值。

【案例分析】

在计算逗号表达式 a＝3 * 5,a * 4,a＋5 中,按表达式顺序,先计算 a＝3 * 5＝15;再计算 a * 4＝15 * 4＝60;最后计算 a＋5＝15＋5＝20,结果 20 作为逗号表达式的值。

【必备知识】

(1)逗号运算符在 C 语言中优先级是最低的,参见附录 A。

(2)结合性:从左到右。

(3)逗号表达式的结果:最后一个表达式的值。

(4)逗号表达式应用。

① 用一个逗号表达式语句可代替多个赋值语句。

```
a=0;b=1;c=2;
```

可写成

```
a=0,b=1,c=2;
```

② 用一个逗号表达式语句可得到多个计算结果。

```
y=10;
x=(y=y-5,60/y);
```

执行后,x 的值为 12,y 的值为 5。

注意以下两个语句的区别:

```
a=3*5, a*4;         /* 逗号表达式的值为 60 */
x=(a=3, 3*6);       /* 有赋值运算符,将右侧的逗号表达式的值赋给变量 x,
                    /* "()"中逗号表达式值为 18
```

③ 当某些语法位置只允许出现一个表达式时,用逗号表达式可实现多个表达式的运算,例如循环中 for 语句:

```
for(i=0,j=0;i<8,j<10;i++,j++)
```

【案例实现】

```c
#include <stdio.h>
int main()
{   int a=5;
    printf("%d\n", (a=3*5,a*4,a+5));
    a=5
    printf("%d\n", a=(3*5,a*4,a+5));
    return 0;
}
```

【运行结果】

```
20
10
请按任意键继续…
```

3.5 关系运算和逻辑运算

在程序设计中,关系运算和逻辑运算通常用在程序流程控制中的 if、switch、for 或 while 语句中,目的是进行条件判断,以便程序能按照指定的流程运行。

3.5.1 关系运算

案例 3.7 输入两个整数,找出其中较大的值。

【案例描述】

通过键盘输入两个数,进行比较,找出值较大的数。

【案例分析】

要进行两个数的比较,需要用到关系运算符和分支语句。

关系就是将两个数据进行比较,判定两个数据是否符合给定的关系。关系运算符是用来比较两个数据的运算符,运算结果为逻辑值:真和假(分别用整数 1 和 0 表示),表 3-2 列出 C 语言中的关系运算符和用法。

表 3-2　关系运算符和用法

运算符	名　　称	优先级	范　　例	结　　果	结合性
＞	大于	6	3＞2	1	自左向右
＞＝	大于或等于		3＞＝2	1	
＜	小于		3＜2	0	
＜＝	小于或等于		3＜＝2	0	
＝＝	等于	7	3＝＝2	0	
!=	不等于		3!＝2	1	

注意:

① 关系运算符"＝＝"不要误写成赋值运算符"＝"。

② 优先级数值越大,参与运算的顺序靠后。

📖 知识拓展

如何表述数据范围

一个关系运算符可以表述数据之间的关系,如果想表示数据范围呢? 数学中常见的 $m \leqslant x \leqslant n$ 的形式是否就是区间 $[m, n]$ 正确的计算机表述呢? 可以按照关系运算符的从左向右的规则计算一下上述形式是否正确,结果显而易见, $m \leqslant x$ 的运算结果只有两种可能性,"真"或者是"假",其数值为"1"或者"0",显然 $0 \leqslant n$ 或者 $1 \leqslant n$ 并不是该表达式想要表述的含义,这时就需要用到逻辑运算符。

【案例实现】

```c
#include<stdio.h>
int main()
{   int x,y,max;
    printf("请输入两个整数: ");
    scanf("%d,%d",&x,&y);
    if (x>y)
        max=x;
    else
        max=z;
    printf("两个整数中较大值=%d\n",max);
    return  0;
}
```

【运行结果】

请输入两个整数:5 7

两个整数中较大值＝7
请按任意键继续…

3.5.2 逻辑运算

案例 3.8 计算逻辑表达式中变量 k、x、y、z 的值。表达式为 $k=x++>=0\&\&$ $!(y--<=0)\parallel(z=x+y)$。

【案例描述】

在复杂表达式运算中,掌握运算符的优先级和逻辑运算规定的运算规则。

【案例分析】

逻辑运算符使用 3 个时,按照逻辑运算符的优先级和结合性进行运算。

【必备知识】

1) 逻辑运算符

逻辑运算符用来对两个关系式或逻辑量进行逻辑运算,运算结果为逻辑值:真和假(分别用整数 1 和 0 表示),表 3-3 列出 C 语言中的逻辑运算符和用法。

表 3-3 逻辑运算符和用法

运 算 符	名 称	优 先 级	结 合 性
!	逻辑非	2	自右向左
&&	逻辑与	11	自左向右
‖	逻辑或	12	

2) 逻辑运算规则

参加逻辑运算的运算量可以是任何类型的数据。在 C 语言中进行逻辑运算时,由于 C 语言本没有逻辑类型,在内部计算中使用整数表达关系运算和逻辑运算的结果,0 表示逻辑假,而非 0 的值表示逻辑真,非 0 值表示逻辑真,0 值表示逻辑假。表 3-4 为逻辑运算真值表。

表 3-4 逻辑运算真值表

a	b	a&&b	a‖b	!a
0	0	0	0	1
0	1	0	1	1
1	0	0	1	0
1	1	1	1	0

📖 知识拓展

如何理解 C 语言的逻辑值？为了方便记忆,总结如下。整数 0 为逻辑假,非 0 都是逻辑真;逻辑真的值是 1,逻辑假的值是 0。

注意：逻辑运算符出现在不同表达式中时其计算方法和顺序不同,具体如下。

① 当逻辑运算符 &&,在计算逻辑表达式,如(表达式 1)&&(表达式 2)&&…时,

表达式 1 的值为"假",后面表达式不再进行计算,整个逻辑表达式的值为"假"。

② 当逻辑运算符‖,在计算逻辑表达式,如(表达式 1)‖(表达式 2)‖…时,表达式 1 的值为"真",后面表达式不再进行计算,整个逻辑表达式的值为"真"。

③ 当 3 个运算符有两个或两个以上同时使用时,根据运算符的优先级和结合性进行运算。

【案例实现】

```
#include<stdio.h>
int main()
{   int x=-1,y=5,z=6,k;
    k=x++>=0&&!(y--<=0)||(z=x+y);            //x++>=0 为假,y--<=0 不计算
    printf("k=%d,x=%d,y=%d,z=%d\n",k,x,y,z);
    return 0;
}
```

【运行结果】

```
k=1,x=0,y=5,z=5
请按任意键继续…
```

📖 **知识拓展**

数据范围表述

内容学习到这里,应该已经理解了如何用计算机表达式来表述数据范围了,那就是用逻辑与,区间 $[m,n]$ 正确的计算机表达式为 $m<=x$ && $x<=n$。所以学习知识切忌生搬硬套,刻舟求剑是不可取的。

3.6 位运算

C 语言和其他语言不同的是,它完全支持按位运算,主要用于编写系统软件,实现汇编语言能够对位操作的功能。

案例 3.9 对十进制整数 25 和 120,分别进行位与,位或,左移 2 位,右移 2 位和位取反操作。

【案例描述】

定义两个整型变量 $a=25$,$b=120$,进行位运算的各种操作后,显示变量 a、b 值发生的变化。

【案例分析】

十进制数转换成二进制数,对二进制数进行位与,位或,位异或,移位和位取反操作,每个运算量的二进制位上的 0 和 1 会发生相应变化。

【必备知识】

1) 位运算符

位运算符是针对二进制数的每个二进制位进行运算的符号,对数字 0 和 1 进行二进制位操作,结果如表 3-5 所示。

表 3-5 二进制位运算符

运　算　符	名　　称	优先级	范　　例	结　　果	结合性
&	按位与	8	0&0	0	自左向右
			0&1	0	
			1&0	0	
			1&1	1	
|	按位或	9	0|0	0	自左向右
			0|1	1	
			1|0	1	
			1|1	1	
^	按位异或	10	0^0	0	自左向右
			0^1	1	
			1^0	1	
			1^1	0	
~	按位取反	2	~0	1	自右向左
			~1	0	
<<	左移位	5	00000010<<2	00001000	自左向右
			10010011<<2	01001100	
>>	右移位		01100010>>2	00011000	自左向右
			11100010>>2	11111000	
&=、|=、^=、<<=、>>=	位复合赋值运算符	14	略	略	自右向左

2）位操作符

位操作符分为两类,一类为位逻辑运算,另一类为移位运算。位逻辑运算实现二进制位与二进制位之间的逻辑运算,移位运算实现二进制位的顺序向左或向右移位。

注意:

(1) 位逻辑运算的运算量只能是字符型和整型数据。

(2) 与逻辑运算的结果只能是 0 或 1 不同,按位逻辑运算的结果可能是任何整数值。

3）位运算 6 种操作

(1) 按位与($&$)。例如:

```
int a=65,b=120,c;       //a,b 看成 1B 长度的整型数
c=a&b;
```

$$
\begin{array}{r}
01000001 \\
\&\ \ 01111000 \\
\hline
01000000
\end{array}
$$
　　　　　　　　　　（结果:十进制整数 64）

（2）按位或（|）。例如：

```
int a=65,b=120,c;        //a,b看成 1B 长度的整型数
c=a|b;
```

$$
\begin{array}{r}
0\,1\,0\,0\,0\,0\,0\,1 \\
|\quad 0\,1\,1\,1\,1\,0\,0\,0 \\
\hline
0\,1\,1\,1\,1\,0\,0\,1
\end{array}
$$
（结果：十进制整数 121）

（3）按位异或（^）。例如：

```
int a=65,b=120,c;        //a,b看成 1B 长度的整型数
c=a^b;
```

$$
\begin{array}{r}
0\,1\,0\,0\,0\,0\,0\,1 \\
\hat{}\quad 0\,1\,1\,1\,1\,0\,0\,0 \\
\hline
0\,0\,1\,1\,1\,0\,0\,1
\end{array}
$$
（结果：十进制整数 57）

（4）按位取反（～）。例如：

```
int a=65,b;              //a 看成 1B 长度的整型数
b=~a;
```

$$
\begin{array}{r}
\sim\quad 0\,1\,0\,0\,0\,0\,0\,1 \\
\hline
1\,0\,1\,1\,1\,1\,1\,0
\end{array}
$$
（结果：十进制整数 190 或−66）

（5）左移位（<<）。例如：

```
int a=25,b;
b=a<<3;
```

对无符号数，左移位相当于乘 2 运算，左移 n 位相当于该数乘 2^n，在本例中，25<<3 表示 $25×2^3＝200$，如图 3-2 所示。

图 3-2　将 a 左移 3 位存入 b

（6）右移位（>>）。在移位过程中，各个二进制位顺序向右移动，移出右端之外的位被舍弃，左端空出的位是补 0 还是补 1 取决于具体的机器和被移位的数是有符号数还是无符号数。具体如下。

① 对无符号数进行右移时，左端空出的位一律补 0。

② 对用补码表示的有符号数进行右移时，有的机器采取逻辑右移，有的机器则采取算术右移。逻辑右移时，不管是正数还是负数，左端空位一律补 0。算术右移时，正数右移，左端的空位全部补 0；负数右移，左端的空位全部补 1（即符号位）。Visual C++ 2010 采用的是算术右移。例如：

```
int a=-32768,b;
b=a>>2;                  //逻辑右移和算术右移得到不同的值
```

① 逻辑右移：a 的各个二进制位顺序右移 2 位，其值为 8192。

② 算术右移，左侧空格补 1，值为 −8192。

采用算术右移相当于除 2 运算。右移 1 位，其值等于该数除以 2，右移 n 位，其值等于该数除以 2^n。本例中，$-32768 >> 2$ 表示 $-32768 \div 2^2 = -8192$，如图 3-3 所示。

图 3-3　将 a 进行右移存入 b

【案例实现】

```c
#include <stdio.h>
int main()
{   int a=25,b=120,c1,c2,n=1;
    c1=a,c2=b;                    //c1,c2 为 a,b 的原值
    a&=b;
    b|=a;
    printf("a=%d&%d=%d   b=%d|%d=%d\n",c1,c2,a,c2,c1,b);
    a=c1,b=c2;
    a>>=n+1;
    b<<=n+1;
    printf("a=%d>>%d=%d   b=%d<<%d=%d\n",c1,n+1,a,c2,n+1,b);
    a=c1,b=c2;
    a=~ a;
    b^=a;
    printf("a=~ %d=%d   b=%d^%d=%d\n",c1,a,c2,c1,b);
    return  0;
}
```

【运行结果】

```
a=25&20=24    b=120|25=120
a=25>>2=6    b=120<<2=480
a=~25=-26    b=120^25=-98
请按任意键继续…
```

📖 知识拓展

运算符的优先级

① 括号的优先级最高；

② 单目(一元)运算符高于双目运算符；

③ 算术运算高于关系运算；

④ 关系运算高于逻辑运算；

⑤ 逻辑运算高于赋值运算；

⑥ 逗号运算最低。

习题3

一、选择题

1. C 语言中要求运算量必须是整型的运算符是（ ）。

　　A. ＋　　　　　　　B. ／　　　　　　　C. ％　　　　　　　D. －

2. 在 C 语言中，不同类型的数据混合运算时，先要转换成同一类型，然后进行计算。设一表达式中含有 int、long、unsigned 和 char 类型的常数和变量，则表达式的最后运算结果是（ 【1】 ）类型。这四种类型的转换规律是（ 【2】 ）。

【1】A. int　　　　　　B. char　　　　　　C. unsigned　　　　D. long

【2】A. int→unsigned→long→char　　　　　B. char→int→long→unsigned

　　C. char→int→unsigned→long　　　　　D. char→unsigned→long→int

3. a、b 均为整数，且 b≠0，则表达式 a/b＊b＋a％b 的值为（ ）。

　　A. a　　　　　　　　　　　　　　　B. b

　　C. a 被 b 除，结果的整数部分　　　　D. a 被 b 除，结果的整数部分

4. a、b 均为整数，且 b≠0，则表达式 a－a/b＊b 的值为（ ）。

　　A. 0　　　　　　　　　　　　　　　B. a

　　C. a 被 b 除的余数部分　　　　　　　D. a 被 b 除，商的整数部分

5. 表达式 18/4＊sqrt(4.0)/8 的数据类型为（ ）。

　　A. int　　　　　　　B. float　　　　　　C. double　　　　　D. 不确定

6. 若变量已正确定义，且 k 的值是 4，执行表达式 j＝k－－后，j、k 的值是（ ）。

　　A. j＝4，k＝4　　　　　　　　　　　B. j＝4，k＝3

　　C. j＝3，k＝4　　　　　　　　　　　D. j＝3，k＝3

7. 设 int x＝10，x＋＝3＋x％（－3），则 x＝（ ）。

　　A. 14　　　　　　　B. 15　　　　　　　C. 11　　　　　　　D. 12

8. 表达式(int)(3.0/2.0)的值是（ ）。

　　A. 1.5　　　　　　　B. 1.0　　　　　　　C. 1　　　　　　　D. 0

9. 设 float m＝4.0，n＝4.0；使 m 为 10.0 的表达式是（ ）。

　　A. m－＝n＊2.5　　　B. m/＝n＋9　　　　C. m＊＝n－6　　　　D. m＋＝n＋2

10. C 语句 x＊＝y＋2;还可以写成（ ）。

　　A. x＝x＊y＋2;　　　　　　　　　　B. x＝2＋y＊x;

　　C. x＝x＊(y＋2);　　　　　　　　　D. x＝y＋2＊x;

11. 若变量已正确定义，要将 a 和 b 中的数进行交换，则下列不正确的语句组是（ ）。

A. a＝a＋b，b＝a－b，a＝a－b；　　　　B. t＝a，a＝b，b＝t；

C. a＝t；t＝b；b＝a；　　　　　　　　D. t＝b；b＝a；a＝t；

12. 设已定义：int k＝7，x＝12；下列表达式中，计算结果为 0 的是（　　　）。

A. x％＝(k％＝5)　　　　　　　　　B. x％＝(k－k％5)

C. x％＝k－k％5　　　　　　　　　D. (x％＝k)－(k％＝5)

13. 若已定义 x 和 y 为 double 型变量，则表达式：x＝1，y＝x＋3/2 的值是（　　　）。

A. 1　　　　　　B. 2　　　　　　C. 2.0　　　　　　D. 2.5

14. 设 int c＝5 和 int a，a＝2＋(c＋＝c＋＋，c＋8，＋＋c)，则 a 的值为（　　　）。

A. 15　　　　　　B. 14　　　　　　C. 13　　　　　　D. 16

15. 设 int a＝7，b＝8；则 printf("％d，％d"，(a＋b，a)，(b，a＋b))；的输出是（　　　）。

A. 7，15　　　　　B. 8，15　　　　　C. 15，7　　　　　D. 出错

16. 设 int a＝3；则表达式 a＜1＆＆－－a＞1 的运算结果和 a 的值分别是（　　　）。

A. 0 和 2　　　　B. 0 和 3　　　　C. 1 和 2　　　　D. 1 和 3

17. 已知 int x＝43，y＝0；char ch＝'A'；则表达式(x＞＝y＆＆ch＜'B'＆＆！y)的值是（　　　）。

A. 0　　　　　　　B. 语法错　　　　　C. 1　　　　　　D. －1

18. 为表示"a 和 b 都大于 0"，应使用的 C 语言表达式是（　　　）。

A. (a＞0)｜(b＞0)　　　　　　　　　B. a＆＆b

C. (a＞0)｜｜(b＞0)　　　　　　　　D. (a＞0)＆＆(b＞0)

19. 设 a 为整型变量，下列不能正确表达数学关系：10＜a＜15 的 C 语言表达式是（　　　）。

A. 10＜a＜15

B. a＝＝11｜｜a＝＝12｜｜a＝＝13｜｜a＝14

C. a＞10＆＆a＜15

D. ！(a＜＝10)＆＆！(a＞＝15)

20. 设有以下语句，则 z 的二进制值是（　　　）。

```
char x=3,y=6,z; z=(x^y)<<2;
```

A. 00010100　　　　B. 00011011　　　　C. 00011100　　　　D. 00011000

二、填空题

1. 设有以下定义，并已赋确定的值：

```
char ch; int i; float f; double d;
```

则表达式 ch＊i＋d－f 的数据类型为＿＿＿＿＿＿。

2. 设有 int a＝11；，则表达式(a＋＋＊1/5)的值为＿＿＿＿＿＿。

3. 运行以下程序段，若要使 a＝5.0，b＝4，c＝3，则输入数据的形式应为＿＿＿＿＿＿。

```
int b,c;
float a;
```

```
scanf("%f,%d,c=%d",&a,&b,&c);
```

4. 设已定义 int a＝10,b＝12,则表达式!a||b－－的值是_____。

5. 若 a 为 int 型变量,请以最简单的形式写出与逻辑表达式!a 等价的 C 语言关系表达式_____。

6. 若有以下程序段

```
int a=1,b=2,c;
c=1.0/b*a;
```

则执行后,变量 c 的值为_____。

三、编程题

1. 编写程序,其功能是从键盘输入长方体三边的边长 x、y、z,然后求其表面积 a 和体积 v。

2. 编写程序,其功能是从键盘输入圆的半径 r,计算并输出该圆的面积 s 和周长 c。

3. 编制程序,其功能是从键盘输入 3 个顶点的坐标 (x_1,y_1),(x_2,y_2),(x_3,y_3),按海伦公式计算三角形的面积 s。

第4章

程序流程控制

荷兰学者 Dijkstra 首先提出了结构化程序设计的概念,强调从程序结构和风格来研究程序设计,注重提高程序的可读性、可理解性和可靠性,并易于查错和维护。于是,产生了结构化程序设计方法。用结构化程序设计方法设计程序,在效率与结构发生冲突时,宁愿牺牲一些速度,也要保证好的结构。

4.1　3 种基本结构

结构化程序设计方法就是只采用 3 种基本的程序控制结构来编制程序,从而使程序具有好的结构。这 3 种基本结构就是顺序结构、选择结构和循环结构。

1. 顺序结构

S1 和 S2 是程序中先后关系明确的语句或语句序列。在顺序结构中,S1 和 S2 被依次执行,即只有当 S1 执行完成之后才执行 S2。这些程序在执行时,总是从第一个语句开始,顺序执行各个语句,直到所有的语句都执行完,程序运行结束。

2. 选择结构

程序执行到选择结构时,首先对条件进行判断,当条件成立或不成立时分别执行 S1 或 S2,二者择其一。不管执行哪一个语句序列,执行结束后,控制都转移到同一出口的地方。

3. 循环结构

程序执行到循环结构时,将会判断循环的条件是否成立。如果循环条件成立,将反复执行语句序列 S1(也称循环体),直到条件不成立时终止循环,控制转移到循环体外,继续执行后续的部分。采用循环结构,可以大大减少编程的复杂性和工作量,用较短的程序完成大量的处理工作。计算机算法的一个重要特点,就是将一个复杂的问题变成简单问题的多次重复。

案例 4.1　结构流程图。

【案例描述】

根据 3 种结构的表述,分别画出其流程图。

【案例分析】

上面介绍的 3 种基本结构有一个共同的特点,就是只有一个程序流程的入口和一个程序流程的出口。这种单入口和单出口结构的使用所带来的优越性是程序易读易修改。由于组成程序的各个分结构都只存在一个入口和一个出口这样简单的接口关系,那么就可以相对独立地设计各个分结构。

【必备知识】

在程序设计中,算法有 3 种较为常用的表示方法:伪代码法、N-S 结构化流程图和流程图法。用得最多的是流程图法。"程序流程图"常简称为"流程图",是一种传统的算法表示法。程序流程图是人们对解决问题的方法、思路或算法的一种描述。它利用图形化的符号框来代表各种不同性质的操作,并用流程线来连接这些操作。程序流程图的基本组织结构如图 4-1 所示。

图 4-1　程序流程图的基本组织结构

（1）起止框:用圆边矩形框表示,代表流程的开始或结束。

（2）输入输出框:用平行四边形表示,代表输入或输出,框内可写明输入或者输出内容。

（3）判断框:用菱形表示,代表判定条件,框内需写明条件,并根据条件是否成立来决定如何执行后续操作。

（4）处理框:用矩形表示,代表程序中的处理功能,框内需写明执行的功能。

（5）流程线:用实线单向箭头表示,代表流程的方向。

【案例实现】

根据 3 种结构的基本表述,程序结构的流程图如图 4-2 所示。

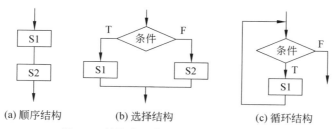

图 4-2　结构化程序的 3 种基本控制结构

4.2　顺序结构

案例 4.2　关于三角形的运算。

【案例描述】

输入三角形的三条边,输出三角形的周长和面积。

【案例分析】

已知三角形的三条边,周长等于三条边之和,面积等于半周长以及半周长分别与三条边的差的乘积的开平方。本案例只需要按照步骤逐次执行即可,属于典型的顺序结构。

【必备知识】

本案例需要用到开平方函数 sqrt(),该函数属于＜math.h＞函数库,因此需要在程序开头添加＃include＜math.h＞。案例流程图如图 4-3 所示。

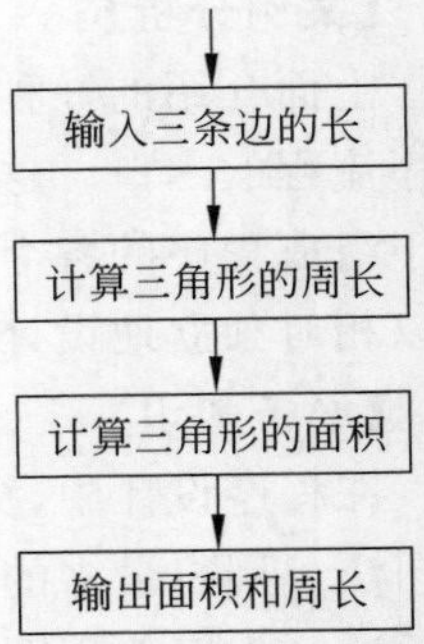

```
输入三条边的长
```
↓
```
计算三角形的周长
```
↓
```
计算三角形的面积
```
↓
```
输出面积和周长
```

图 4-3 案例 4.2 程序流程图

【案例实现】

```c
#include"stdio.h"
#include<math.h>                    //sqrt()函数
int main()
{   int e,f,g,c;
    double s,p;
    scanf("%d%d%d",&e,&f,&g);       //输入三条边的长度
    c=e+f+g;                        //计算周长
    p=(1.0/2.0)*c;                  //计算周长的一半
    s=sqrt(p*(p-e)*(p-f)*(p-g));    //用海伦公式计算三角形面积
    printf("面积=%.2f\n周长=%d",s,c); //输出
    return 0;
}
```

【运行结果】

```
3 4 5
面积=6.00
周长=12请按任意键继续…
```

案例 4.3 交换两个整数变量的值。

【案例描述】

有两个整数变量 a 和 b,编程实现将 a 和 b 中的值互换。

【案例分析】

交换两个变量的数值的最一般做法是,创建一个临时变量,借用该变量所占的空间将被交换变量 a 的值暂时存放于临时变量,再将 b 存入 a 中,然后再将临时变量的值存入变量 b 中,从而实现 a 与 b 的交换。

【必备知识】

创建第三个变量是一种很好的方法,并不是唯一的办法,不增加新的变量同样可以实现两个变量的互换,比如求和法(案例实现 2)、异或法。

【案例实现】

案例实现 1:

```c
#include"stdio.h"
int main()
```

```
{    int a,b,t;
     printf("请输入两个数字 a 和 b: \n");
     scanf("%d%d",&a,&b);
     t=a;
     a=b;
     b=t;
     printf("a=%d b=%d\n",a,b);
     return 0;
}
```

案例实现 2:

```
#include"stdio.h"
int main()
{    int a,b;
     printf("请输入两个数字 a 和 b: \n");
     scanf("%d%d",&a,&b);
     a=a+b;
     b=a-b;
     a=a-b;
     printf("a=%d b=%d\n",a,b);
     return 0;
}
```

【运行结果】

请输入两个数字 a 和 b: 5 10
a=10 b=5
请按任意键继续…

补充说明：整型值的存储是有取值范围的,当变量进行相加时,需要注意的是,如果数值很小,是没有问题的。如果它们的和超过了范围,就会发生溢出,这时使用加法运算就有问题了。

4.3　选择结构

程序和人生一样,处处面临选择,人生的选择决定因素可能来自于多个方面,而程序的选择是根据判定条件。选择结构语句分为 if…else 条件语句和 switch 条件语句。

4.3.1　if…else 语句

案例 4.4　判断某一年是否为闰年。

【案例描述】

实例要求从键盘输入任意整数年份 N,通过程序运行判断该年份是否为闰年。

【案例分析】

判断任意年份是否为闰年,需要满足以下条件中的任意一个。

① 该年份能被 4 整除,同时不能被 100 整除。

② 该年份能被 400 整除。

【必备知识】

1) if…else 语句

(1) if…else 语句的语法格式。if…else 语句有两种形式：

形式 1：

```
if (判定条件表达式)
    语句 1;
```

形式 2：

```
if (判定条件表达式)
    语句 1;
else
    语句 2;
```

其中，if 后面的"()"不能省略；判定条件表达式可以是关系表达式或逻辑表达式，也可以是任何数值表达式，如果判定表达式的值为非 0(真值)，则执行语句 1；如果判定表达式的值为 0(假值)，则不执行(形式 1)或者执行语句 2(形式 2)。

(2) if…else 语句的执行流程。第一种形式的 if 语句在执行时，如果判定表达式的值为非 0，执行"语句 1"；如果判定表达式的值为 0，则直接执行"出口"后面的语句，相当于语句 2 为空操作。

第二种形式的 if 语句在执行时，如果判定表达式的值为非 0，执行"语句 1"；否则，执行"语句 2"。

在图 4-4 所示的流程图中，矩形框代表处理，菱形框代表条件判断，带箭头直线代表执行流向，菱形框两边的符号："≠0"表示条件成立；"=0"表示条件不成立。

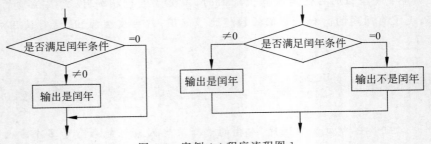

图 4-4　案例 4.4 程序流程图 1

2) if 语句的嵌套

if 语句可以嵌套使用，即外层 if 语句的 if 块或 else 块中又包含一个或多个 if 语句。

用 if…else if…else 语句实现多分支选择结构，要比多重 if 嵌套结构更简洁。

(1) if…else if…else 语句的语法格式。if…else if…else 语句用来解决多分支选择的问题，其一般格式如下：

```
if (测试表达式 1)
    语句 1;
else if (测试表达式 2)
```

```
        语句 2;
    else if (测试表达式 3)
        语句 3;
    …
    else if (测试表达式 n)
        语句 n;
    else
        语句 n+1;
```

（2）if…else if…else 语句的执行流程。如图 4-5 所示，在执行 if…else if…else 语句构成的多分支选择结构时，自上而下地对测试表达式进行判断，遇到值为非 0 的测试表达式时，就执行与之相关的语句，其余部分跳过。如果所有的测试表达式均为 0，就执行最后 else 中的语句；如果没有最后一条 else，并且所有测试条件均为假，那么不执行任何操作。

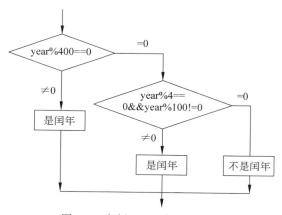

图 4-5　案例 4.4 程序流程图 2

【案例实现】

1）if…else 语句的案例实现 1

```c
#include"stdio.h"
int main()
{   int year;
    printf("请输入年份\n");
    scanf("%d", &year);
    if ((year %4 == 0 && year %100 ! = 0) || year %400 == 0)
        printf("%d 年是闰年\n",year);
    return 0;
}
```

【运行结果】

请输入年份
2020
2020 年是闰年
请按任意键继续…
请输入年份
2022

请按任意键继续…

说明：上述案例实现后，当输入年份为闰年时，系统输出显示"××是闰年"，但是当输入的年份不符合闰年的要求时，系统不做任何反馈。这样的程序运行结果对于用户来说是"不友好的"。也就是说，很多情况下单分支语句是不完整的，下面采用双分支语句完成本程序功能。

2）if…else 语句的案例实现 2

```
#include"stdio.h"
int main()
{   int year;
    printf("请输入年份\n");
    scanf("%d", &year);
    if ((year %4 == 0 && year %100 ! = 0) || year %400 == 0)
        printf("%d 年是闰年\n",year);
    else
        printf("%d 年不是闰年\n",year);
    return 0;
}
```

【运行结果】

请输入年份
2020
2020 年是闰年
请按任意键继续…
请输入年份
2022
2022 年不是闰年
请按任意键继续…

3）if…else if…else 语句的案例实现

```
#include"stdio.h"
int main()
{   int year;
    printf("请输入年份");
    scanf("%d", &year);
    if(year%400==0)
        printf("%d 年是闰年\n",year);
    else
    {   if(year%4==0&&year%100! =0)
            printf("%d 年是闰年\n",year);
        else
            printf("%d 年不是闰年\n",year);
    }
    return 0;
}
```

案例 4.5 确定定位点的位置。

【案例描述】

在直角坐标系中有一个以原点为中心的单位圆,今任给一点(x,y),试判断该点是在单位圆内、单位圆上,还是单位圆外? 若在单位圆外,那么是在 x 轴的上方,在 x 轴上,还是在 x 轴的下方?

【案例分析】

以原点为中心的单位圆方程为 $x^2+y^2=1$,因此对任意点(x,y),若 $x^2+y^2<1$,则该点在单位圆内;若 $x^2+y^2>1$,则该点在单位圆外,若 $x^2+y^2=1$,则该点在单位圆上。这就形成了 3 个分支,而 if 语句只能解决二分支问题。为此,先将问题变成两个分支,即若 $x^2+y^2\leqslant1$,则该点在单位圆内或单位圆上;否则,该点在单位圆外。当 $x^2+y^2\leqslant1$ 成立时,可以用另一个 if 语句进一步判断该点是在单位圆上还是单位圆内。当该点在单位圆外时,还要考虑是在 x 轴的上方、下方还是 x 轴上,对这个三分支问题,还要仿照上面的方法将它变成二分支问题来处理。

【案例流程图】

根据上述分析,可画出该问题的流程图,如图 4-6 所示。

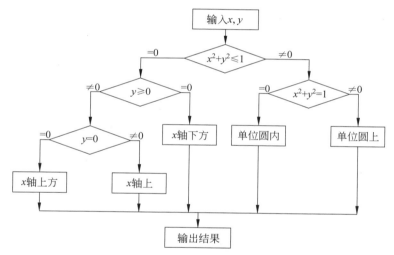

图 4-6　案例 4.5 程序流程图

【案例实现】

```c
#include"stdio.h"
int main()
{   float x,y,z;
    scanf("%f%f",&x,&y);
    z=x*x+y*y;
    printf("%.2f,%.2f\t",x,y);
    if (z<=1)
        if (z==1)
            printf("在单位圆上\n");
        else
            printf("在单位圆内\n");
```

```
        else
            if (y>=0)
                if (y>0)
                    printf("在单位圆外,x轴上方\n");
                else
                    printf("在单位圆外,x轴上\n");
            else
                printf("在单位圆外,x轴下方\n");
    return 0;
}
```

【运行结果】

1 1
1.00,1.00   在单位圆外,x轴上方
请按任意键继续…

案例 4.6 求最大值。

【案例描述】

输入两个数,求其中的最大值并输出(采用条件运算符实现)。

【案例分析】

本案例是典型的双分支结构,两个数字之间存在的关系可以归纳为两种,即第一个数大于或等于第二个数,以及第一个数小于第二个数,可以采用选择结构实现。但是本例要求采用条件运算符实现,那么什么是条件运算符呢?

【必备知识】

1)条件运算符

C 语言提供了唯一的一个三元运算符,即条件运算符。它由一个"?"和一个":"组成,可以连接三个运算量构成条件表达式。

2)条件表达式

(1)条件表达式的一般格式如下:

表达式 1?表达式 2:表达式 3

(2)条件表达式的计算过程是:先计算表达式 1,若表达式 1 的值为非 0,则计算表达式 2,并将表达式 2 的值作为整个条件表达式的值;若表达式 1 的值为 0,则计算表达式 3,并将表达式 3 的值作为整个条件表达式的值。

(3)在 C 语言的运算符集中,条件运算符的优先级仅高于赋值运算符和逗号运算符,低于其他运算符。

(4)条件表达式可代替 if 语句构成简单的选择结构,通常内嵌在允许出现表达式的地方,以根据不同的条件选择不同的表达式。

【案例实现】

```
#include"stdio.h"
int main()
{   int a,b,max;
    scanf("%d%d",&a,&b);
```

```
max=a>b? a:b;
printf("%d\n",max);
return 0;
}
```

【运行结果】

13 25
25
请按任意键继续…

案例 4.7 求最大值扩展。

【案例描述】

输入 3 个数,求其中的最大值并输出(采用条件运算符实现)。

【案例分析】

条件运算符能解决二选一的问题,但是三选一的问题仅仅用一个条件运算符是无法完成的,因此模仿 if…else 语句的嵌套结构,条件运算符同样可以完成。

【必备知识】

条件运算符可以嵌套使用。条件运算符的结合性为从右至左,即当几个条件运算符同时出现在条件表达式中时,总是先将最后一个"?"与紧靠其右的":"配对,并优先计算;然后再将下一个"?"与紧靠其右的":"配对,直到最左边的"?"与最后一个":"配对。

【案例实现】

```
#include"stdio.h"
int main()
{   int a,b,c,max;
    scanf("%d%d%d",&a,&b,&c);
    max=(a>b? a:b)>c?(a>b? a:b):c;
    printf("%d\n",max);
    return 0;
}
```

【运行结果】

13 25 37
37
请按任意键继续…

4.3.2 switch 语句

案例 4.8 加减乘除四则运算。

【案例描述】

从键盘上输入任意两个数和一个运算符(＋、－、＊、/),根据输入的运算符对两个数计算,并输出结果。

【案例分析】

算符对两个数计算,并输出结果。

算法步骤如下:

第 1 步,输入两个数及运算符。

第 2 步,根据输入的运算符,判断执行的运算,选择正确的运算符计算。

第 3 步,输出结果。

本题可以采用 if…else 嵌套语句实现,从案例描述来看,需要产生至少 4 个分支语句才能完成本程序功能。从上面的学习内容中可知,随着分支数量的增加,if…else 语句的嵌套层数随之增加,程序的执行效率会下降。因此,本案例尝试采用另外一种分支语句来实现同样的功能。

【必备知识】

1) switch 语句的格式和功能

switch 语句的一般格式如下:

```
switch (表达式 e)
{   case 常量表达式 1: 语句 1;break;
    case 常量表达式 2: 语句 2;break;
    …
    case 常量表达式 n: 语句 n;break;
    default:          语句 n+1;
}
```

其中参数含义如下。

① 表达式 e 必须是整型表达式,且必须放在"()"中;

② 常量表达式与关键字 case 之间必须用空格隔开,且以":"结尾,形成语句标号;

③ default 也以":"结尾,也是一个语句标号,default 可以省略;

④整个 switch 语句段放在"{}"中,而每个 case 或 default 中不管有多少语句,均可不加"{}"。

switch 语句也是一个多分支选择语句,它通过检查 switch 后面的"()"中表达式 e 的值是否与某个 case 中常量表达式的值相等来执行不同的分支。

switch 后面的"()"中表达式 e 必须是整型的数值表达式,包括算术表达式、赋值表达式、关系表达式、逻辑表达式等;每个 case 后面的常量表达式也必须是整型的;如果表达式 e 及各个 case 中出现的常量表达式是 char 型的,则自动被转换成 int 型。

case 与其后的常量表达式之间除必须留有空格外,各个 case 中的常量表达式的值应互不相同,否则会出现矛盾的结果。

2)switch 语句的执行流程

switch 语句执行时,先计算表达式 e 的值,然后将此值依次与各个 case 中的常量表达式进行匹配(即比较它们是否相等),如果遇到与该值相等的常量表达式,就执行该 case 标号中的语句,执行完毕后执行 break 语句,跳出 switch 语句;如果没有与该值相匹配的常量表达式,并且存在 default,就执行 default 标号中的语句;如果不含 default,又没有成功的匹配,就什么也不执行,直接退出 switch。其执行流程如图 4-7 所示。

【案例流程图】

案例 4.8 程序流程图如图 4-8 所示。

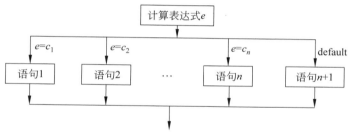

图 4-7　switch 语句的执行流程

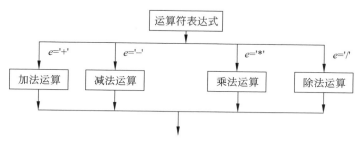

图 4-8　案例 4.8 程序流程图

【案例实现】

```c
#include"stdio.h"
int main()
{   double a,b,c;
    char ch;
    printf("请输入两个数字及运算符：\n");
    scanf("%lf%c%lf",&a,&ch,&b);
    switch(ch)
    {   case'+': c=a+b;
        printf("%.2lf%c%.2lf=%.2lf\n",a,ch,b,c);break;
        case'-': c=a-b;
        printf("%.2lf%c%.2lf=%.2lf\n",a,ch,b,c);break;
        case'*': c=a*b;
        printf("%.2lf%c%.2lf=%.2lf\n",a,ch,b,c);break;
        case'/':
        if(b!=0)
        {   c=1.0*a/b;
            printf("%.2lf%c%.2lf=%.2lf\n",a,ch,b,c);   }
        else
            printf("除 y 数不能为 0.\n");
    }
    return 0;
}
```

【运行结果】

请输入两个数字及运算符：

3 * 4

3.00 * 4.00=12.00
请按任意键继续…

思考：每条 case 语句后面的 break 语句，能够保证程序在执行完该语句后，直接跳出该选择分支语句，执行 switch 后面的语句。如果省略 case 语句后面的 break 语句不写，程序执行的结果是怎样的？这样的结构又有什么作用呢？

案例 4.9　输出指定月份的天数。

【案例描述】

当前是 2023 年，输入月份，输出该月有多少天。

【案例分析】

每年有 12 月，其中 1、3、5、7、8、10、12 月是 31 天，4、6、9、11 月是 30 天，2 月通常是 28 天，但是闰年是 29 天。上例介绍过闰年的判定方法，2023 年初步判定为非闰年。因此本案例虽然有 12 种情况需要判定，但是结果只有 3 种，因此会出现多个判定共用同一分支的情况。

【必备知识】

在 switch 语句中，允许多个 case 共用一个语句序列。例如：

```
switch (score)
{   case 'A':
    case 'B':
    case 'C': printf("pass\n");break;
    case 'D': printf("fail\n");break;
    default: printf("error\n");break;
}
```

当 score 的值是'A'、'B'或'C'时，都从 printf("pass\n")开始执行。

和 if…else if…else 语句相比，switch 只能进行整型量的相等性检查，即只检查 switch 后面的表达式 e 与各个 case 中的常量表达式是否相等；而 if…else if…else 不但可以进行相等性检查，还能进行大于、小于等检查，而且可以检查各种类型的数据。因此，用 switch 编写的多分支选择结构虽然比较清晰和简明，但它不能完全替代 if。

【案例实现】

```
#include"stdio.h"
int main()
{   int m;
    printf("请输入月份：\n");
    scanf("%d",&m);
    switch(m)
    {    case 1:  case 3: case 5: case 7: case 8: case 10: case 12:printf("这个月有
             31 天\n");break;
         case 2:  printf("这个月有 28 天\n");break;
         case 4:   case 6: case 9 : case 11:printf("这个月有 30 天\n");break;
    }
    return 0;
}
```

请输入月份：
6
这个月有 30 天
请按任意键继续…

案例 4.10 某年某月有多少天。

【案例描述】

输入年份值与月份，输出该月有多少天。

【案例分析】

本案例是案例 4.9 的延续，不同之处是需要输入年份，也就是年份是不确定的，年份的不确定唯一产生的影响是 2 月的天数，因此，本案例需要增加判定指定年份是否为闰年的功能。

【必备知识】

switch 可以嵌套使用，要求内层的 switch 必须完整地包含在外层某个 case 中，内、外层 switch 的 case 中也可以有相同的常量表达式，不会引起误会。

【案例实现】

```
#include"stdio.h"
int main()
{   int y,m;
    printf("请输入年、月：\n");
    scanf("%d %d",&y,&m);
    switch(m)
    {   case 1:   case 3: case 5: case 7: case 8: case 10: case 12: printf("这个月有
              31 天\n");break;
        case 2 :  if(y%4==0&&y%100!=0||y%400==0)
                      printf("这个月有 29 天\n");
                  else
                      printf("这个月有 28 天\n");break;
        case 4:   case 6: case 9 : case 11: printf("这个月有 30 天\n");break;
    }
    return 0;
}
```

【运行结果】

请输入年月：
2020 2
这个月有 29 天
请按任意键继续…

4.4 循环结构

4.4.1 for 循环

案例 4.11 天天向上的力量。

【案例描述】

"好好学习，天天向上"是经常使用的鼓励用语。落实到实际学习中，如果每天进步一点,那么一年下来会有巨大进步,如果每天退步一点,那么一年下来也会有很大的退步。假设每天的进步或者退步为1%,计算下一年后的进步状态或者退步状态。

天天向上实际上指的是坚持的力量,这与作家格拉德威尔提出的一万小时定律有异曲同工之妙。

【案例分析】

本案例是一个典型的反复操作的例子,假定初始值为1,每天进步1%,也就是每天可以进步到前一天的$(1+1\%)$,以每年365天计算,也就是1.01^{365},退步与此同理。

【必备知识】

1) for 循环的语法结构

for 循环的一般格式如下:

for(表达式1;表达式2; 表达式3)
    循环体语句;

例如:

for(i=1; i<=10; i++) printf("%d ",i);

可以输出

1 2 3 4 5 6 7 8 9 10

在 for 循环结构中,表达式1和表达式3一般都是赋值表达式,前者对循环变量进行初始化,后者修改循环控制变量的值;表达式2通常是关系或逻辑表达式,用来测试循环是否继续进行下去。这3个表达式相互之间用";"隔开。由 for 控制的语句称为循环体,是重复执行的部分,语法要求是一条语句,若循环体有多条语句,则应将语句段放在一对花括号中。

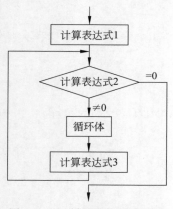

图4-9 for循环的执行流程图

2) for 循环的执行流程

for 循环的执行流程是,先计算表达式1和表达式2的值。如果表达式2的值不为0(为逻辑真),就执行一次循环体,接着计算表达式3,从而完成一次循环。然后,从计算表达式2开始,进入下一次循环,直到表达式2的值为0(逻辑假)时结束循环。执行流程图如图4-9所示。

【案例实现】

```c
#include"stdio.h"
int main()
{   int i;
    double x=1,y=1;
    for(i=0;i<365;i++)
    {   x *=1.01;
        y *=0.99;
    }
```

```
        printf("每天进步 1%,365 天进步到了: %lf\n", x);
        printf("每天退步 1%,365 天退步到了: %lf\n", y);
        return 0;
    }
```

【运行结果】

每天进步 1%,365 天进步到了: 37.783434
每天退步 1%,365 天退步到了: 0.025518
请按任意键继续…

案例 4.12 天天向上扩展。

【案例描述】

一年当中,每周周一到周五每天进步 1%,周六周日每天退步 1%,那么一年下来,计算一下你的进步状态。

【案例分析】

此例与上例相同的地方是每年 365 的重复执行,不同之处在于重复操作分为两种情况,以 7 天为一个周期,其中 5 天乘上 1.01,其余 2 天乘上 0.99,也就是循环体语句为分支语句,因此可以考虑 for 循环内嵌套分支语句。

【必备知识】

(1) for 循环执行时,总是先判断循环条件是否成立,然后再决定是否执行循环体,称之为先判断后执行。如果进入循环时条件就不成立,那么循环体一次也不被执行。例如:

```
x=10;
for (y=10;y<x;++y)
    printf("%d",y);
```

中,进入循环时就不满足 y<x 的条件,循环体就不被执行,因而不会输出 y 的值。

(2) for 循环的循环体可以是多条语句,也可以是分支结构,但是这些语句须放在一对花括号中。

(3) 循环体也可以是空语句。这时,循环体只是一个";"。例如:

```
for (i=0;i<1000;++i)  ;
```

思考:该循环的功能是建立一个时间延迟。

【案例实现】

```
#include"stdio.h"
int main()
{   int i;
    double x=1;
    for(i=1;i<=365;i++)
        switch(i%7)
        {   case 1: case 2: case 3: case 4: case 5: x*=1.01; break;
            case 6: case 0: x*=0.99; break;
        }
    printf("365 天进步到了: %lf\n", x);
    return 0;
}
```

365 天进步到了：4.719965
请按任意键继续…

【扩展知识】

for 语句中的 3 个表达式可以是任意表达式。

① 可以用"，"表达式提供两个或多个循环变量。例如：

```
for (i=0,j=1;j<n&&i<n;i++,j++)
printf("%d  ",i+j);
```

② for 循环头部的 3 个表达式也可以变化为其他种形态，看一下下面几种形态是否正确？

```
i=1;
    for (;i<=5;i++)
        printf("%d  ",i);

for (i=1;i<=5;)
{  printf("%d  ",i);
    i++;
}

for (i=1;;i++)
{  if(i>5) break;
    printf("%d  ",i);
}
```

4.4.2 while 循环

案例 4.13 爱因斯坦的阶梯。

【案例描述】

有一个长阶梯，
若每步上 2 阶，最后剩下 1 阶；
若每步上 3 阶，最后剩下 2 阶；
若每步上 5 阶，最后剩下 4 阶；
若每步上 6 阶，最后剩下 5 阶；
只有每步上 7 阶，最后刚好一阶也不剩下，请问该阶梯至少有多少阶。

【案例分析】

本例如果理解为数学问题，假设台阶数为 x，其含义是 x 的值除以 2、3、4、5、6、7 的余数分别是 1、2、3、4、5、0。x 的大小是本题求解的问题，运算次数在运算结束前是未知的。首先给定 x 一个初值，测试上述的余数条件是否满足，如不满足则增大 x 的值，然后再次做测试，反复执行直到符合要求为止。

可以确定 x 的值为 7 的倍数，所以充分利用这一条件，即以 7 为初始值，每次增大的值也为 7 的倍数，这样可以降低程序执行的运算复杂度。

【必备知识】

while 循环也叫"当型"循环。

1）while 循环的一般格式

while 循环的一般格式如下：

while(测试表达式)
    循环体语句;

其中,测试表达式可以是任意表达式,用来判定循环是否终止,循环体语句可以是单语句、空语句或复合语句。

2）while 循环的执行流程

while 循环的执行流程是：先计算测试表达式,如果它的值为非 0（即逻辑真）,就执行循环体；然后再计算测试表达式,一直到测试表达式的值为 0（即逻辑假）时结束循环。其执行流程如图 4-10 所示。

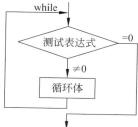

图 4-10 while 循环语句的执行流程图

3）while 循环的使用

（1）while 循环不像 for 循环那样有对循环变量赋初值及修改循环变量值的功能,因此在使用 while 循环时,一定要对测试表达式中出现的变量提前赋值,并在循环体内修改有关变量的值,以使循环能趋于终止。

```
#include"stdio.h"
int main()
{   int i=1;                    /* 循环体外给循环控制变量 i 赋初值 */
    while (i<50)
    {   printf("%d  ",i);
        i+=2;                   /* 循环体内修改循环控制变量 i 的值 */
    }
    printf("\n");
    return 0;
}
```

（2）和 for 语句一样,while 也是先判断后执行。

【案例实现】

```
#include"stdio.h"
int main()
{   int x=0;
    int i=0;
    x=7;
    while(!((x%2==1)&&(x%3==2)&&(x%5==4)&&(x%6==5)))
    {   i++;
        x=7*(i+1);
    }
    printf("x=%d\n",x);
    return 0;
}
```

【运行结果】

```
x=119
请按任意键继续…
```

4.4.3 do…while 循环

案例 4.14 猜数字游戏。

【案例描述】

假设谜底为 0~10 的整数,猜谜者每次输入一个整数,直到猜对为止。

【案例分析】

本案例同样属于循环次数不确定的案例,反复执行的语句包括输入数据和判断数据是否为谜底数字的语句。同样可以采用 while 结构来实现,当然也可以采用循环次数不确定的另外一种循环结构 do…while 循环。

另外案例中谜底为 0~10 的整数可随机生成,一般使用<stdlib.h>头文件中的 rand()函数来生成随机数。

rand()函数产生的随机数是伪随机数,需要使用 srand()函数提前为随机函数确定"随机种子",若使用相同的种子调用,rand()会产生相同的随机数序列。为了确保生成的随机数为尽可能符合概率上的随机,srand()函数需要调用函数 time()。

【必备知识】

do…while 循环也叫"直到型"循环。

1) do…while 循环的一般格式

do…while 循环的一般格式如下:

```
do
{   循环体语句;
}while (测试表达式);
```

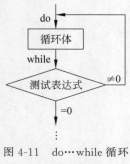

图 4-11 do…while 循环
的执行流程图

其中,各语句成分与 while 循环相同。为了避免与 while 循环混淆,书写时,即使循环体只有一条语句,也用"{}"括起来,写在 do 的下一行;while 则写在循环体"}"的后面,并且其后一定加";",这样,就不会把 while(测试表达式)误认为是一个 while 循环的开始。

2) do…while 循环的执行流程

do…while 循环从 do 开始,到 while 结束,其执行流程是,先执行 do 后面的循环体,然后计算测试表达式的值,并根据该值判断是否进入下一轮循环:若为非 0 值,则转去执行循环体;否则,就退出循环,继续执行 while 后面的语句。流程如图 4-11 所示。

3) do…while 循环的使用

do…while 循环在使用上与 while 循环非常相似,只有两点重要差别。

(1) while 循环是先判断后执行,而 do…while 循环是先执行后判断,即总是先执行循环体,此后再计算测试表达式的值,如果得到非 0 值,继续执行循环体;如果得到 0 值,

就退出循环。因此,循环体至少被执行一次。例如:

```
int x=-1;
while(!x)
    x=x * x;
printf("%d\n",x);
```

的输出结果是-1,而程序段

```
int x=-1;
do
{   x=x * x;   } while(!x);
printf("%d\n",x);
```

的输出结果是1。

(2) 在 while 循环中,while(测试表达式)后面是不带";"的,若带";"则表示循环体是空语句;而在 do…while 循环中,while(测试表达式)后面必须带";",它表示 do…while 循环结构的语法结束。

【案例实现】

```
#include"stdio.h"
#include<stdlib.h>
#include<time.h>
int main()
{   int pwd=0,gs;
    srand(time(NULL));
    pwd=rand()%10;
    printf ("\tGames Begin\n");
    do
    {   printf("Please guess (0~ 10):");
        scanf("%d",&gs);
    }while(gs!=pwd);
    printf ("\tSucceed!\n");
    return 0;
}
```

【运行结果】

```
    Games Begin
Please guess (0~10):4
Please guess (0~10):5
Please guess (0~10):6
Please guess (0~10):3
Please guess (0~10):2
    Succeed!
```
请按任意键继续…

案例 4.15　整数的反序输出。

【案例描述】

从键盘输入一个整数,把这个整数中的各位数字反序显示出来。例如,输入为 1234,则输出为 4321。

所谓反序显示就是先显示个位数,再显示十位数……对任意整数 x 而言,可以用 $x\%10$ 求得其个位数,例如,$1234\%10=4$。在此基础上,用 $x/10$ 将 x 缩小到原来的 1/10,例如,$1234/10=123$。这样,x 就由原来的四位数变成了三位数。用同样的方法可以求得该三位数的个位数(实际上是原四位数的十位数),再将三位数缩小为两位数,直至一位数。在一位数的情况下,直接输出该数,整个问题就解决了。剩下的问题是如何判断 x 已经缩小为一位数。方法是,若 x 为一位数,必有 $x/10==0$。因此,解决这个问题的基本思路是将大数化小,直至为 0。每次循环要做的工作是求出 x 的个位数,将该个位数输出,然后将 x 缩小至 $x/10$。如果缩小后的 x 不等于 0,则继续进入下一轮循环;否则,退出循环。

【必备知识】

本案例如果确定为四位整数,那可以采用 for 循环实现,但是如果整数的位数不确定,for 循环就显得不太适用了。

【案例实现】

```c
#include"stdio.h"
int main()
{   int x,c;
    printf("Input an integer:");
    scanf("%d",&x);
    do
    {   c=x%10;
        printf("%d",c);
    } while ((x/=10)!=0);
    printf("\n");
    return 0;
}
```

【运行结果】

```
Input an integer:1234
4321
请按任意键继续…
```

4.5 转移控制语句

案例 4.16 天天向上扩展二。

【案例描述】

假设周一到周五进步 1%,周六和周日不进步但是也不退步,一年后进步多大。

【案例分析】

此案例与案例 4.11 的区别在于,循环语句需要判定执行的条件,如果是周一到周五则乘上 1.01,否则跳过该语句,也就是部分循环过程中执行是不完整的,出现了"短路"现象,这就需要用到 continue 命令了。

【必备知识】

continue 语句只能用在循环结构中。它的作用是跳过其后面的语句,直接将流程控制转移到下一轮循环。

1)continue 在循环结构中的控制作用

形象地说,continue 是将它后面的循环体部分"短路"。

2)continue 语句的使用

(1)continue 语句通常要和 if 语句联用,它只能提前结束一轮循环,立即进入下一轮循环条件的测试,并不能使整个循环终止。

(2)如果一个循环体中包含 switch,而且 continue 位于 switch 结构中,该 continue 也只对循环起作用。

【案例实现】

```
#include"stdio.h"
int main()
{    int i;
     double x=1;
     for(i=0;i<365;i++)
     {    if(i%7==6||i%7==0)
              continue;
          else
              x*=1.01;    }
     printf("365 天进步到了: %lf\n", x);
     return 0;
}
```

【运行结果】

365 天进步到了: 13.290985
请按任意键继续…

案例 4.17 爱因斯坦的阶梯问题解法 2。

【案例描述】

编程用 for 循环语句完成爱因斯坦的阶梯问题。

【案例分析】

for 循环与 while 和 do…while 循环的区别在于,更适合处理循环次数确定的问题,如果采用 for 循环来实现爱因斯坦的阶梯问题,很明显不能采用 for 结构正常结束循环的方法,因此,这里需要用到另一个命令 break。

【必备知识】

break 语句既可以用在 switch 组成的多分支选择结构,强迫流程立即退出 switch,也可以用在循环结构中,强迫流程提前结束循环。

1)break 在循环结构中的控制作用

break 在循环结构中的控制作用示例。

```
#include"stdio.h"
int main()
```

```
{   int t;
    for (t=0;t<100;t++)
    {   printf("%d ",t);
        if (t==10) break;
    }
    return 0;
}
```

如果程序中没有 break 语句,for 循环将执行 100 次。由于 break 语句的存在,当 t=10 时,break 被执行,程序流程被强迫退出循环,从而程序运行结束。程序运行结果如下:

1 2 3 4 5 6 7 8 9 10

2) break 语句的使用

(1) 当循环体中包含 switch,而 break 也位于 switch 结构中时,break 只强迫程序流程退出该 switch 而不退出 switch 所在的循环。

(2) 当 break 用在循环中时,要放在一个选择结构中,通常和 if 语句联用,用于终止循环。在嵌套的循环中,break 只能退出它所在的那一层循环。

【案例实现】

```
#include"stdio.h"
int main()
{   int number;
    for (number = 14; number <= 65535; number++)
        if ((number-1)%2==0&&(number-2)%3==0&&(number-4)%5==0&&(number-5)%
            6==0&&number%7==0)
        {   printf ("%d\n", number);
            break;
        }
    return 0;
}
```

【运行结果】

x=119
请按任意键继续…

案例 4.18　判断一个整数 m 是否为质数。

【案例描述】

输入一个整数 m,判断该数整数是否为质数。

【案例分析 1】

质数定义为大于 1 的自然数中,只能被 1 和他本身整除的数字。因此要判断一个数是否为质数,就要判断它能不能被比它小的所有质数整除,判断的过程是明显的循环结构,但是否要全部判断呢?如果发现 $2-m-1$ 的某个数字能够被该数字整除,那就不需要继续执行循环来进行判定了。

【案例实现 1】

```
#include"stdio.h"
int main()
```

```
{    int m = 0;
     int flag = 1 ;
     printf("输入自然数：");
     scanf("%d", &m);
     for (int i = 2; i< m; i ++)
     {    if (m %i == 0)
          {    flag = 0;
               break;
          }
     }
     if(flag)
         printf("%d 是质数。", m);
     else
         printf("%d 不是质数。", m);
     return 0;
}
```

【运行结果 1】

输入自然数：127
127 是质数。请按任意键继续…

📖 知识拓展

在代码中加了一个标志 flag，用来判断 m 是否为质数。这个方法是最简单，也是最暴力的一种方法。它的优点是简单易懂，很容易想到和写出来。但是缺点也是很明显的，那就是当要判断的数字很大时（比如一万或一千万），就要花费非常长的时间。所以就需要对程序进行优化。优化之前需要找到代码中最占运行时间的代码块，在这里知道 for 循环占用了大部分的运行时间，因此主要优化的位置就是 for 循环。优化 for 循环就需要减少循环的次数。现在优化方向已经找到，对正整数 m，如果用 $2\sim\sqrt{m}$ 之间的所有整数去除，均无法整除，则 m 为质数。

【案例分析 2】

再思考，是不是一定要判定从 $2\sim m-1$ 的所有数字能够被 m 整除呢？如果一个质数大于 $\sqrt{n}$，而 n 可以除尽它，那么 n 也必然可以整除一个更小的质数。因此判断一个数是否为素数，只要判断比它开根号后的数小的数能否把它整除就可以了。

【案例实现 2】（算法优化）

```
#include"stdio.h"
int main()
{    int m = 0;           //定义变量用来保存自然数。
     int flag = 1 ;       //用来标记 m 是否为质数,为真则 m 为质数,为假则 m 不是质数。
     printf("输入自然数：");
     scanf("%d", &m);
     for (int i = 2; i<= (int)sqrt(m); i ++)
     {    if (m %i == 0)
          {    flag = 0;
               break;
```

```
        }
    }
    if(flag)
        printf("%d 是质数。", m);
    else
        printf("%d 不是质数。", m);
    return 0;
}
```

【运行结果 2】

输入自然数：121
121 不是质数。请按任意键继续…

思考：当采用上述方法实现本程序时，发现循环执行的次数大幅降低，也就是运算复杂度大幅降低，这就是算法的优化。现实中此类问题非常多见，算法优化的意义重大。根据相关统计，Google 每次搜索消耗的能量可以让一只 100W 的灯泡工作 1h，未来碳排放的很大一个领域就是互联网行业，因此运算算法复杂度的降低，对于降低碳排放，实现碳达峰和碳中和具有重要意义。

案例 4.19 goto 语句的应用。

【案例描述】

使用 goto 语句输出 0～100 的所有的奇数。

【必备知识】

1）goto 语句的一般格式

goto 语句的一般格式如下。

goto lable;

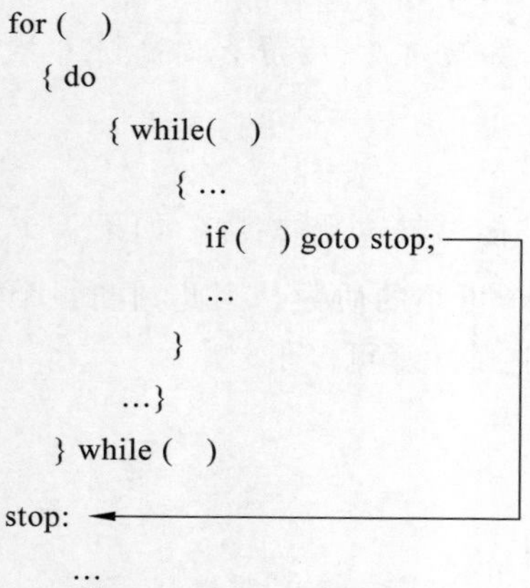

```
for (  )
  { do
      { while(  )
          { …
              if (  ) goto stop;
              …
          }
      …}
  } while (  )
stop:
  …
```

图 4-12　用 goto 语句退出
　　　　多重嵌套的循环

其中，lable 是语句标号，语句标号用标识符表示，即以字母或下画线打头后跟字母、数字或下画线，并以"："结尾。因此，不能使用"15:""20:"这样的标号，但标号可以与变量同名。

2）goto 语句的使用

这里仅作 goto 语句功能的介绍，初学者应尽量不用 goto 语句。

（1）goto 语句可以代替 break，它的特点是可以一下子退出多重嵌套的循环，如图 4-12 所示。

（2）在某些特定的场合，goto 可以代替 continue。

（3）goto 语句还可以和 if 语句配合组成循环结构。

【案例实现】

```
#include"stdio.h"
int main()
{   int i=1;
```

```
    loop1:
    printf("%d  ",i);
    i+=2;
    if (i<=100) goto loop1;
        printf("\n");
    return 0;
}
```

注意：

① goto 语句是低级语言的表征。它很灵活，灵活到没有任何拘束，在函数体内直来直往。函数体内可能含有一些嵌套的循环，这就意味着 goto 可以跳进跳出循环而无所顾忌。

② goto 可以向前跳，像上面的代码所示，也可以向后跳，但跳前跳后都是为了从一个语句块跳到另外一个语句块。

📖 知识拓展

能力越强，责任越大

goto 语句功能非常强大，因此对编程初学者来说，应尽量避免使用，所谓能力越强、责任越大，用好了可以解决编程中的困难问题，但随意性也可能使过程结构遭到毁灭性的破坏！所以即使是熟练的程序员，在使用 goto 语句时也要特别谨慎。goto 语句因为其强大的功能而被使用者限制使用。能力越强，责任越大。

案例 4.20 九九乘法表。

【案例描述】

输出九九乘法表。

【案例分析】

九九乘法表的实现包含两重循环，行内的循环（行号不变列号变）和行的循环。

循环的嵌套是指一个循环的循环体中完整地包含了另一个循环，也称多重循环。如果用 for 循环的嵌套来实现，可以用外层循环控制被乘数 i 的变化，用内层循环控制乘数 j 的变化，内层循环的循环体要进行的操作是：计算 i*j，输出结果。外层循环的循环体包括整个内层循环以及退出内层循环后才执行的 printf("\n")语句。

【案例实现】

```
#include"stdio.h"
int main()
{   int i,j;
    for (i=1;i<=9;i++)
    {   for (j=1;j<=9;j++)
            printf("%d*%d=%2d ",i,j,i*j);
        printf("\n");
    }
    return 0;
}
```

```
1 * 1= 1 2 * 1= 2 3 * 1= 3 4 * 1= 4 5 * 1= 5 6 * 1= 6 7 * 1=7 8 * 1= 8 9 * 1= 9
2 * 1= 2 2 * 2= 4 3 * 2= 6 4 * 2= 8 5 * 2=10 6 * 2=12 7 * 2=7 8 * 2=16 9 * 2=18
3 * 1= 3 2 * 3= 6 3 * 3= 9 4 * 3=12 5 * 3=15 6 * 3=18 7 * 3=7 8 * 3=24 9 * 3=27
4 * 1= 4 2 * 4= 8 3 * 4=12 4 * 4=16 5 * 4=20 6 * 4=24 7 * 4=7 8 * 4=32 9 * 4=36
5 * 1= 5 2 * 5=10 3 * 5=15 4 * 5=20 5 * 5=25 6 * 5=30 7 * 5=7 8 * 5=40 9 * 5=45
6 * 1= 6 2 * 6=12 3 * 6=18 4 * 6=24 5 * 6=30 6 * 6=36 7 * 6=7 8 * 6=48 9 * 6=54
7 * 1= 7 2 * 7=14 3 * 7=21 4 * 7=28 5 * 7=35 6 * 7=42 7 * 7=7 8 * 7=56 9 * 7=63
8 * 1= 8 2 * 8=16 3 * 8=24 4 * 8=32 5 * 8=40 6 * 8=48 7 * 8=7 8 * 8=64 9 * 8=72
9 * 1= 9 2 * 9=18 3 * 9=27 4 * 9=36 5 * 9=45 6 * 9=54 7 * 9=7 8 * 9=72 9 * 9=81
```

请按任意键继续…

案例 4.21 九九乘法表(左下角)。

【案例描述】

上述的九九乘法表部分内容是重复的,只需要对角线左下角的内容如图 4-13 所示。从图中可以看出,图 4-13 所示的两种九九乘法表的不同之处是每行重复打印的表达式个数不同,不同的原因是表达式中乘数的起始数字相同,九九乘法表结束数字不同。第 1 行结束于 1、第 2 行结束于 2……结束数字与行号是相同的,也就是内循环变量的终止值为外循环变量的当前值。

图 4-13　九九乘法口诀表

【案例实现】

```c
#include "stdio.h"
int main()
{   int i,j;
    for (i=1;i<=9;i++)
    {   for (j=1;j<=i;j++)
        printf("%d * %d=%2d ",i,j,i * j);
        printf("\n");
    }
    return 0;
}
```

【运行结果】

```
1 * 1= 1
2 * 1= 2 2 * 2= 4
3 * 1= 3 3 * 2= 6 3 * 3= 9
4 * 1= 4 4 * 2= 8 4 * 3=12 4 * 4=16
5 * 1= 5 5 * 2=10 5 * 3=15 5 * 4=20 5 * 5=25
6 * 1= 6 6 * 2=12 6 * 3=18 6 * 4=24 6 * 5=30 6 * 6=36
7 * 1= 7 7 * 2=14 7 * 3=21 7 * 4=28 7 * 5=35 7 * 6=42 7 * 7=7
8 * 1= 8 8 * 2=16 8 * 3=24 8 * 4=32 8 * 5=40 8 * 6=48 8 * 7=7 8 * 8=64
9 * 1= 9 9 * 2=18 9 * 3=27 9 * 4=36 9 * 5=45 9 * 6=54 9 * 7=7 9 * 8=72 9 * 9=81
请按任意键继续…
```

思考：如何打印九九乘法表的右上角？

习题 4

一、选择题

1. 结构化程序设计使用的基本程序控制结构为（　　　）。

　　A. 模块结构、选择结构和递归结构

　　B. 条件结构、顺序结构和过程结构

　　C. 顺序结构、选择结构和循环结构

　　D. 转移结构、嵌套结构和递归结构

2. 下面的程序（　　　）。

```
main()
{   int x=3,y=0,z=0;
    if (x=y+z)
        printf("****");
    else
        printf("####");
}
```

　　A. 输出＃＃＃＃

　　B. 输出****

　　C. 有语法错误，不能通过编译

　　D. 可以通过编译，但不能通过连接，因而不能运行

3. 若所有变量均已正确定义，下面的程序段所表示的数学函数关系是（　　　）。

```
y=-1;
if (x!=0)
    if (x>0)
        y=1;
else
    y=0;
```

A. $y=\begin{cases} -1, & x<0 \\ 0, & x=0 \\ 1, & x>0 \end{cases}$ 　　　　　　B. $y=\begin{cases} 1, & x<0 \\ -1, & x=0 \\ 0, & x>0 \end{cases}$

C. $y=\begin{cases}0, & x<0 \\ -1, & x=0 \\ 1, & x>0\end{cases}$ 　　　　　　　　D. $y=\begin{cases}-1, & x<0 \\ 1, & x=0 \\ 0, & x>0\end{cases}$

4. 若定义 int d；char c＝'D'；则执行下面的语句后，d 的值是（　　　）。

```
switch (c)
{   case 'A' : d=0; break;
    case 'B' : case 'C': d=2; break;
    case 'D' : case 'E': d=4; break;
    default : d=5;
}
```

　A. 0　　　　　　　　　B. 2　　　　　　　　C. 4　　　　　　　　D. 5

5. 下面程序的输出结果是（　　　）。

```
main()
{   int i;
    for (i=0;i<10;i++);
        printf("%d",i);
}
```

　A. 0　　　　　　　　　B. 123456789　　　　C. 0123456789　　　D. 10

6. 下面的程序运行后，输出结果是（　　　）。

```
main()
{   int j;
    for (j=10;j>3;j--)
    {   if (j%3) j--;
        --j;  --j;
        printf("%d  ",j);
    }
}
```

　A. 6 3　　　　　　　　B. 7 4　　　　　　　　C. 6 2　　　　　　　　D. 7 4 1

7. 定义 int a＝10，下列循环的输出结果是（　　　）。

```
while (a>7)
{   a--; printf("%d ",a);   }
```

　A. 10 9 8　　　　　　　B. 9 8 7　　　　　　　C. 10 9 8 7　　　　　D. 9 8 7 6

8. 以下程序运行后，输出结果是（　　　）。

```
main()
{   int x=23;
    do
    {   printf("%d",x--);   }
    while (!x);
}
```

　A. 321　　　　　　　　　　　　　　　　B. 23

　C. 不输出任何内容　　　　　　　　　　D. 陷入死循环

9. 下列程序的输出结果是(　　　　)。

```
main()
{   int i,j,m=0,n=0;
        for (i=0;i<2;i++)
            for (j=0;j<2;j++)
                if (j>=i) m=1; n++;
                    printf("%d\n",n);
}
```

　　A. 4　　　　　　　　B. 2　　　　　　C. 1　　　　　　　　D. 0

10.下面的程序运行后,输出结果是(　　　　)。

```
main()
{   int x=3,y=6,a=0;
    while (x++!=(y-=1))
    {   a+=1;
        if (y<x) break;
    }
    printf("x=%d,y=%d,a=%d\n",x,y,a);
}
```

　　A. x=4,y=4,a=1　　　　　　　　B. x=5,y=5,a=1
　　C. x=5,y=4,a=3　　　　　　　　D. x=5,y=4,a=1

二、填空题

1. 以下两条 if 语句可合并成一条 if 语句为_____。

```
if (a<=b) x=1;
else   y=2;
if (a>b) printf(" * * * y=%d\n",y);
else   printf("####x=%d\n",x);
```

2. 下面的程序执行后,输出的 k 值为_____。

```
main()
{   int i,j,k;
    for (i=0,j=10;i<=j;i++,j--)
        k=i+j;
    printf("%d\n",k);
}
```

3. 要使以下程序段输出 10 个整数,请填入一个整数。

```
for (i=0; i<=_____;)
printf("%d\n",i+=2);
```

4. 下面程序的功能是计算 1～10 的奇数之和及偶数之和,请填空。

```
#include <stdio.h>
main()
{   int a,b,c,i;
    a=c=0;
```

```
for (i=0;i<=10;i+=2)
{   a+=i;
    _____
    c+=b;
}
printf("偶数之和=%d\n",a);
printf("奇数之和=%d\n",c-11);
}
```

5. 以下程序运行后,如果从键盘上输入 1298,则输出结果为_____。

```
main()
{   int n1,n2;
    scanf("%d",&n2);
    while (n2!=0)
    {   n1=n2%10;
        n2=n2/10;
        printf("%d",n1);
    }
}
```

6. 下列程序的输出结果是_____。

```
main()
{   int i=5,j=0;
    do
    {   j+=i;   i--;
    } while ( i>2 );
    printf("%d\n",j);
}
```

三、编程题

1. 编写程序从键盘输入 100 个整数,从中找出最大数和最小数。

2. 编写程序计算 4 个已知数 a、b、c、d 的最小公倍数。

3. 编写程序计算 1!+2!+…+6!。

4. 编写程序输出 100 以内的所有质数。

5. 编写程序,用辗转相除法求整数 a 和 b 的最大公约数。算法为,将较大的数放在变量 a 中,较小的数放在 b 中。然后求 a 除以 b 的余数 r。如果 r 为 0,则除数 b 即为最大公约数;否则,将 b 存入 a,将 r 存入 b,反复求 a 和 b 的余数,直到余数为 0。

6. 2020 年 5 月 28 日,中国测量登山队队员完成珠穆朗玛峰测量任务,本次测量是我国第三次对珠峰进行测量,1975 年和 2005 年测量珠峰的高度分别是 8848.13m、8844.43m。2020 年 12 月 8 日,中国、尼泊尔两国向全世界正式宣布,珠穆朗玛峰的最新高程为 8848.86m。编程实现:一张 A4 打印纸的厚度大约是 0.1mm,需要对折多少次能达到珠峰的高度?

第5章

数组和字符串

数组是变量的延伸,是同类型变量的集合。程序设计中使用数组可以有效地组织循环,从而使算法和编程大为简化。甚至有的问题,不用数组就难以解决。此外,字符串的存储和处理也是借助于字符型数组进行的。本章介绍有关数组及字符串的操作及应用。

5.1 数组的概念

1. 什么是数组

数组是同类型变量的集合。不同的变量可以用不同的标识符表示,而数组则用一个标识符和不同的下标来表示一批同类型的变量。例如,定义一个整型数组 a[10],标识符 a 称为数组名,它包含 10 个变量,每个变量称为一个数组元素,第一个数组元素记为 a[0],第二个数组元素记为 a[1],…,第 10 个数组元素记为 a[9]。也就是说,数组中的各个元素都共用一个数组名,用方括号里的数字表示该元素在数组中的位置,称为下标。正由于数组元素不仅可以像简单变量那样存放一个值,还包含其在数组中位置的信息,因此人们也称数组元素为下标变量或矢量。

2. 数组的维数

维的概念类似于几何空间的概念,就像表示一维空间中的点要用一个坐标,表示二维空间的点要用两个坐标一样,一维数组的元素有一个下标,二维数组的元素有两个下标,三维数组有三个下标,依此类推……C 语言对数组的维数没有限制,但一维和二维数组使用频率最高。

【概念应用】

下面以一维数组和二维数组为例,介绍数组的逻辑结构和相关概念。

(1) 一维数组用来描述一批有序的变量,例如,定义一个一维数组 a[10],它描述顺序存储的 10 个变量,如图 5-1 所示。

(2) 二维数组用来描述一个二维表,例如,定义一个二维数组 b[3][4],它描述一个 3 行 4 列的二维表(或称矩阵),如图 5-2 所示。

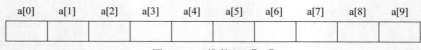

图 5-1 一维数组 a[10]

	第0列	第1列	第2列	第3列
第0行	a[0][0]	a[0][1]	a[0][2]	a[0][3]
第1行	a[1][0]	a[1][1]	a[1][2]	a[1][3]
第2行	a[2][0]	a[2][1]	a[2][2]	a[2][3]

图 5-2　3 行 4 列的二维表

其中,数组元素的第一个下标称为行下标,第二个下标称为列下标。

3. 数组的数据类型

数组的数据类型表示该数组中各个元素的类型,它可以是各种基本数据类型,如 int、float、double、char、long 等。

📖 知识拓展

物以类聚,人以群分

C 语言规定,同一数组中的所有元素必须是相同数据类型的,通过不同的下标变量来引用每个数组元素。C 语言对于数组元素类型的要求与成语"物以类聚,人以群分"类似。该成语出自《战国策·齐策三》,用于比喻同类的东西常聚在一起,志同道合的人相聚成群,反之就分开。

5.2　数组的定义和机内存储

5.2.1　数组的定义

定义数组的一般形式如下:

[存储类型]　数据类型　name[expn][expn-1] … [exp1]

其中,存储类型是可选的,可以是 auto、static 或 extern;数据类型是必须有的;name[exp_n][exp_{n-1}] … [exp_1]称为数组说明符,name 为数组名,exp_i为第 i 维的维界表达式,规定该维可容纳的元素个数,必须是正整数常量。一个数组中元素的总和称为该数组的体积。

【概念应用】

下面具体介绍数组定义的具体应用和注意事项。

(1) 定义一维数组:数组说明符中只用一个维界表达式,并放在方括号中。例如:

double data[10];

定义了一个 double 型的含有 10 个元素的一维数组。

（2）定义二维数组：数组说明符中要用两个维界表达式，并分别放在两个方括号中。例如：

```
float a[3][4];
```

定义了一个 float 型的 3 行 4 列共 12 个元素的二维数组。

（3）定义 n 维数组：数组说明符中要用 n 个维界表达式，并分别放在 n 个"[]"中。例如：

```
int c[3][4][5];
```

定义了一个 int 型的含 60 个元素的三维数组。

（4）数组的递归定义：C 语言对多维数组采用递归定义的方式，即用一维数组定义二维数组，用二维数组定义三维数组等。例如，二维数组 a[3][4] 是一个含三个元素的一维数组，该数组的每个元素 a[0]、a[1] 和 a[2] 又各是一个含 4 个元素的一维数组；三维数组 c[3][4][5] 是一个含三个元素的一维数组，该数组的每个元素 c[0]、c[1] 和 c[2] 又各是一个 4 行 5 列的二维数组。根据递归定义，我们可以把三维数组 c[3][4][5] 理解成三页，且每页都是一个 4 行 5 列的表格。

（5）定义字符型数组：由于 C 语言没有字符串变量，字符串的存储和处理是借助于字符型数组进行的。因此，当需要对字符串进行处理时，就要定义字符型数组。通常用一维字符型数组存放一个字符串，用二维字符型数组存放若干个字符串。例如，定义

```
char str1[10];
char str2[2][11];
```

后，一维数组 str1 可存放一个字符串，该字符串最多不超过 9 个字符；二维数组 str2 可存放 2 个字符串，每个字符串的长度都不超过 10。其中，为了给字符串末尾的"\0"字符留出存储位置，在定义字符型数组时，数组的维界至少要比字符串的长度（即字符串中包含的字符个数）多 1。

（6）定义数组应注意的几个问题。

① 定义数组时，数组说明符中的维界表达式只能是由常数或符号常数组成的整型表达式，且"[]"不能缺少。

② C 语言规定，数组的第一个元素总是从 0 下标开始。

③ 一个语句可以定义多个相同类型的数组或变量，相互之间用逗号隔开。例如，

```
int ch[20],v[4][12],a,x,y;
```

5.2.2 数组的存储

数组定义后，C 编译系统将为它分配一片连续的存储单元，依次存放它的各个元素。数组在内存中所占用的连续存储空间的首字节地址称为数组的首地址。该地址是 C 编译系统在编译时确定的，数组名就代表这个首地址，是一个常数。

【概念应用】

（1）定义一维数组

```
short int data[8];
```

一维数组 data 按数组元素的顺序依次存放,参见图 5-3(a)。

(2)定义二维数组

```
float array[3][4];
```

二维数组 array 存放时,先存放第 0 行的各个元素,再存放第 1 行的各个元素……这种存放方式叫作"按行存放",即二维数组按行方式线性存放,如图 5-3(b)所示。

2B	2B	2B	2B	2B	2B	2B	2B
data[0]	data[1]	data[2]	data[3]	data[4]	data[5]	data[6]	data[7]

(a)一维数组data[8]

4B	4B	4B	4B	4B	4B	4B	4B	4B	4B	4B	4B
a[0][0]	a[0][1]	a[0][2]	a[0][3]	a[1][0]	a[1][1]	a[1][2]	a[1][3]	a[2][0]	a[2][1]	a[2][2]	a[2][3]

(b)二维数组array[3][4]

图 5-3　数组的存储

5.3　数组的初始化

和变量一样,数组也可以在定义的同时,给各个数组元素赋以初值。

5.3.1　一维数组的初始化

一维数组的初始化,要把全部初值顺序放在"="右边的"{}"中,各初值之间用","隔开。"{}"连同其中的初值作为一个整体,称为初值表。

【概念应用】

```
int data[8]={50,60,70,80,90,100,110,120};
```

编译时,编译系统会自动地从第一个元素开始,将"{}"中的常数顺序存放在各个数组元素的存储单元中。本例中,data[0]初值为 50,…,data[7]初值为 120。

5.3.2　二维数组的初始化

二维数组的初始化,要把全部初值放在"="右边的"{}"中,各行的初值又分别放在一对内嵌的"{}"中。

【概念应用】

经下面的定义

```
float array[3][4]={{1.0,2.0,3.0,4.0}, {5.0,6.0,7.0,8.0}, {9.0,10.0,11.0,12.0}};
```

后,初始化的结果如下:array [0][0]=1.0,array [0][1]=2.0,…;array [1][0]=5.0,array [1][1]=6.0,…,array [2][3]=12.0。

如果初值的顺序与数组元素的顺序一致,则代表每一行的内嵌的"{}"也可以省略,上面的定义可写成

```
float array[3][4]={1.0,2.0,3.0,4.0,5.0,6.0,7.0,8.0,9.0,10.0,11.0,12.0};
```

5.3.3 字符型数组的初始化

字符型数组既可以用字符常数，也可以用字符串常数对字符型数组初始化。

1. 用字符常数初始化

当用字符常数初始化时，应将字符常数依次排列，相互之间用"，"隔开，并用"{ }"括住，特别要注意各个字符串末尾的\0'字符不能缺少。

【概念应用】

```
char str[12]={'T','h','e',' ','s','t','r','i','n','g','.','\0'};
char Language[5][8]={{'B','A','S','I','C','\0'},
                     {'F','O','R','T','R','A','N','\0'},
                     {'P','A','S','C','A','L','\0'},
                     {'C','\0'},
                     {'C', 'O','B','O','L','\0'}};
```

2. 用字符串常量初始化

比较简便的方法还是直接用字符串常数进行初始化。这时，应直接将字符串常量放在"＝"右边的"{ }"中（"{ }"也可以省略），而且不必添加字符串末尾的\0'字符。

【概念应用】

```
char str[12]={"The string."};或 char str[12]="The string.";
char Language[5][8]={"BASIC","FORTRAN","PASCAL","C","COBOL"};
```

5.3.4 有关数组初始化的几点说明

（1）C 语言规定：允许对全局数组、static 型局部数组及 main()中的 auto 型数组进行初始化，而 extern 型和其他非 main()函数中的 auto 型数组不能进行初始化。

（2）用于初始化的数据只能是常数表达式（含常数和符号常数）。

（3）允许只对数组前面若干个连续的元素赋初值，这时，后面的元素将自动赋 0 值。例如：

```
int x[6]={1,2,3,4};
```

由于数组 x 有 6 个元素，所给初值只有 4 个，分别赋给数组的前 4 个元素，其余的元素将取 0 值，即 x[0]=1,x[1]=2,x[2]=3,x[3]=4,x[4]=0,x[5]=0。又如：

```
int a[3][4]={{1,2},{4,5}};
```

由于用内嵌的"{ }"限制了各行的初值，各行的元素将被顺序赋值，余下的元素赋 0 值，它等价于

```
int array[3][4]={{1,2,0,0},{4,5,0,0},{0,0,0,0}};
```

（4）若所给初值的个数多于定义的数组元素个数，编译系统将报错。例如，若在

main()中定义：

    int b[4]={1,2,3,4,5};

则编译时将显示

    error C2078：初始值设定项太多

的错误信息。

（5）字符型数组初始化时，若初值字符个数多于定义的数组长度时，虽然 Visual C++ 2010 系统编译时不报错，但给出警告（warning C4045：数组界限溢出），也不能显示正确的值；如果初值字符的个数少于数组长度时，在数组末尾自动填充'\0'字符。例如，定义

    char str1[10]="morning";

后，存储内容如图 5-4 所示。

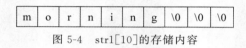

图 5-4　str1[10]的存储内容

又如，定义

    char str2[2][12]={ "afternoon","he waked up"};

后，存储内容如图 5-5 所示。

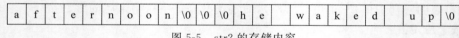

图 5-5　str2 的存储内容

5.3.5　初始化定义数组

初始化定义数组主要是解决隐含尺寸数组定义问题。隐含尺寸数组是指在定义数组时并没有指定数组的大小，而是用初始化中初值的个数隐含规定数组的大小。

1. 一维隐含尺寸数组的定义

定义一维隐含尺寸数组时，数组说明符中的维界表达式被省略，只保留数组名及其后的"[]"，数组的维界则由初值表中初值的个数隐含规定。

【概念应用】

    int a[]={0,1,2,3,4,5,6,0};

中，初值的个数为 8，C 编译系统就自动为数组 a 安排能存放 8 个整型数据的连续存储空间，因此，它与

    int a[8]={0,1,2,3,4,5,6,0};

具有相同的效果。

需要强调的是，C 语言规定任何数组必须有确定的大小，编译系统才能为它安排足够大小的连续存储空间。隐含尺寸数组并不是定义了一个不确定大小的数组，而是通过初值的个数隐含地规定了数组的大小。一维数组如此，二维数组及多维数组也是如此。

2. 二维隐含尺寸数组的定义

定义二维隐含尺寸数组时,省略数组说明符中第一个维界表达式,只指明第二个维界表达式,而将各行的初值分别放在内嵌的花括号中。

【概念应用】

（1）在语句

```
int a[][4]={{1,2,3},{4,5},{6,7}};
```

中,只规定了第二维的维界为 4,而第一维的维界则由初值表中内嵌的“{}”的数量来确定。它等价于

```
int a[3][4]={{1,2,3},{4,5},{6,7}};
```

或

```
int a[3][4]={1,2,3,0,4,5,0,0,6,7,0,0};
```

（2）如果在定义二维隐含尺寸数组时,初值表中未使用内嵌的“{}”,例如：

```
int b[][4]={1,2,3,4,5,6,7};
```

这时,编译系统就根据给定的初值个数和第二维的维界来确定第一维的维界：若初值的个数能被第二维的维界整除,则所除得的商就是第一维的维界；否则,所除得的商的整数部分加上 1 就是第一维的维界。根据这一规则,上面定义中第一维的维界为 $7/4+1=2$,因此,它与

```
int b[2][4]={1,2,3,4,5,6,7};
```

等价。

（3）和二维隐含尺寸数组一样,在定义任何多维的隐含尺寸数组时,都只能省略第一维的维界,其他各维的维界一律不能省略。

3. 字符型隐含尺寸数组的定义

定义隐含尺寸的字符型数组,可以免除乏味的统计字符个数的工作。

【概念应用】

（1）在语句

```
char str[]="The string.";
```

或

```
char str[]={'T','h','e',' ','s','t','r','i','n','g','.','\0'};
```

编译系统会根据初值给出的字符个数自动为该数组分配 12 字节的存储空间。

（2）在语句

```
char language[][8]={"BASIC","FORTRAN","PASCAL","C","COBOL"};
```

中,字符串常数的个数就是第一维的维界。

关于字符型隐含尺寸数组,应注意两点。

（1）在用字符常量定义隐含尺寸的字符型数组时，初值表中字符的个数直接影响数组的维界，如果遗漏了末尾的'\0'字符，就会使数组减少 1B 的存储空间；而用字符串常量定义隐含尺寸的字符型数组时，编译系统会自动为数组增加 1B 的存储空间。例如：

```
char a[]={'V','i','s','u','a','l','','C','+','+'},b[]="Visual C++";
```

虽然这两个字符串的长度都是 10，但数组 a 占用的内存空间是 10B，而数组 b 占用的内存空间是 11B。

（2）在数组维界显式确定的情况下，数组所占存储空间的大小是由数组定义的大小决定的，而不是由初始化字符串的长度决定的。例如：

```
char st[20]="Visual C++";
```

数组 st 所占的存储单元的个数是 20 而不是 11。

5.4 数组的基本操作

数组的基本操作包括数组元素的引用、数组的赋值、数组的输入输出等。

5.4.1 数组元素的引用

1. 一维数组元素的引用

用"数组名[下标表达式]"的形式来引用一维数组元素，其中，下标表达式必须放在方括号内，且只能取整型值。下标的下限是 0，而上限不能超过该数组定义时的维界值减 1。由于编译系统不检查下标是否越界，因此使用了越界的下标后，可能破坏其他数据甚至程序代码。

2. 二维数组元素的引用

用"数组名[下标表达式 1][下标表达式 2]"的形式来引用二维数组元素，其中，"下标表达式 1"表示行下标，"下标表达式 2"表示列下标，二者必须分别放在"[]"内。关于下标表达式类型的限制及下标越界的处理与一维数组相同。

3. 字符型数组元素的引用

可以用与上面类似的形式来引用一维或二维字符型数组的元素，即字符串中的一个字符。

5.4.2 数组的赋值

数组的赋值只能对数组元素逐个赋值，不能直接对数组名赋值。

【概念应用 1】

```
int i,a[5];
a[0]=100,a[1]=120,a[2]=200,a[3]=250,a[4]=500;
```

上面的赋值语句不能写成：

```
a={100,120,200,250,500};              //这是错误的数组赋值方式
```

【概念应用 2】

如果所赋的值有某种规律，可以借助于循环结构来简化程序的编制。

```
int b[3][4],i,j;
    for (i=0;i<3;i++)
        for (j=0;j<4;j++)
            b[i][j]=i+j;
```

注意，本例 for 语句的循环条件测试表达式不能写成 $i \leqslant 3$ 及 $j \leqslant 4$，这样会造成下标越界。

【概念应用 3】

对字符型数组的赋值，只能对每个元素用字符常量赋值。例如要把字符串"C++"赋给字符型数组 st，可用如下程序段完成：

```
char st[4];
st[0]='C';st[1]='+';st[2]='+',st[3]='\0';
```

不能将上面的赋值语句写成下列任何一种形式：

```
st[]="C++";
st[4]="C++";
st="C++";
```

注意：对数组赋值与数组初始化是两种不同的操作。用上面的方法将一个很长的字符串赋给一个字符型数组确实是太烦琐了，在实际使用中，经常用下面将要介绍的字符串复制函数 strcpy() 来把字符串常量复制到字符型数组中，达到赋值的效果。

5.4.3　数组的输入和输出

1. 一维数组的输入和输

对一维数组，一般用单循环实现对数组各个元素逐个输入或逐个输出。

【概念应用】

```
float x[10];
int i;
for(i=0;i<10;i++)
    scanf("%f",&x[i]);
for(i=0;i<10;i++)
    printf("%f  ",x[i]);
```

其中，作为 scanf() 函数的输入项，x[i] 前面一定要加上取地址运算符"&"，表示元素 x[i] 的地址。程序运行时，从键盘顺序输入各个元素的值，每两个输入数据之间可以用空格键、回车键或制表符来分隔，最后以回车键结束。

2. 二维数组的输入和输出

对二维数组，通常用二重循环实现对数组各个元素逐个输入或输出。输入时，既可以

按行优先的顺序,也可以按列优先的顺序进行。

【概念应用 1】

按行优先顺序输入,例如:

```
int a[3][4],i,j;
for (i=0;i<3;i++)
    for (j=0;j<4;j++)
        scanf("%d",&a[i][j]);
```

外层循环控制行数的变化,内层循环控制列数的变化。行数每变化一次,列数要变化 4 次。因此,程序运行时,从键盘先输入第 1 行各元素的值,然后输入第 2 行各元素的值……直到最后一行的数据输入完毕。每两个输入数据之间可以用空格符、回车符或制表符分隔,最后以回车符结束。

【概念应用 2】

按列优先顺序输入,例如:

```
int a[3][4],i,j;
for(j=0;j<4;j++)
    for(i=0;i<3;i++)
        scanf("%d",&a[i][j]);
```

外层循环控制列数的变化,内层循环控制行数的变化。列数每变化一次,行数要变化 3 次。因此,程序运行时,从键盘先输入第一列各元素的值,然后输入第二列各元素的值,……直到最后一列的数据输入完毕。每两个输入数据之间可以用空格符、回车符或制表符来分隔,最后以回车符结束。

【概念应用 3】

输出二维数组时,一般要按行的顺序使输出的结果能呈现二维表格的形式,即位于数组同一行的各元素在屏幕也显示在同一行上。例如:

```
#include "stdio.h"
main()
{   int i,j;
    double b[3][4]={1.2,2.2,3.4,4.4,5.6,6.6,7.6,8.6,9.8,10.8,11.8,12.8};
    for (i=0;i<3;i++)
    {   for (j=0;j<4;j++)
            printf("%6.2f",b[i][j]);            //内循环语句
        printf("\n");                           //外循环语句
    }
}
```

程序中的第一个 printf() 位于内层循环体内,而第二个 printf() 位于外层循环体内,当内层循环变量 j 从 0 变化到 3 时,所有的 b[i][j] 都显示在同一行上。当退出内层循环时,首先执行 printf("\n"),结果换入下一行,然后进入外层循环的下一轮循环,输出下一行的各个元素值。程序运行结果如下:

```
1.20      2.20      3.40      4.40
5.60      6.60      7.60      8.60
9.80      10.80     11.80     12.80
```

案例 5.1 一维数组的分行输出。

【案例描述】

将 10 个元素的整型数组 a 分两行输出。

【案例分析】

将数组的 10 个元素值分两行输出，即每行输出 5 个。这里需要在输出数组元素前，判断数组元素在数组中的位置，前 5 个元素(下标 0～4)第 1 行输出，其余第 2 行输出。

【必备知识】

利用 for 循环语句对数组元素进行输出，在循环体中通过加入 if 判断语句控制换行操作的执行。

为了将 a 数组的 10 个元素值分两行输出，即每行输出 5 个，所以在 for 循环的循环体中增加了一个 if 语句，它的作用是：当循环变量 i 为 0～3 时，i%5 均不等于 4，printf("\n") 不被执行，即在同一行输出；当 i=4 时，显示完 a[4] 后，有 i%5 等于 4，于是 printf("\n") 被执行，从而执行换行操作。当 i 为 5～8 时，i%5 均不等于 4，printf("\n") 不被执行，也就不执行换行操作；当显示完 a[9] 后，有 i%5 等于 4，printf("\n") 又被执行，再换入下一行。也就是说，由于 if 语句的存在，实现了每 5 个数显示在同一行上。

【案例实现】

```
#include "stdio.h"
main()
{   int i,a[10]={1,2,3,4,5,6,7,8,9,10};
    for (i=0;i<10;i++)
    {   printf("%3d",a[i]);
        if (i%5==4||i==9)
        printf("\n");
    }
}
```

【运行结果】

```
 1  2  3  4  5
 6  7  8  9 10
```

补充说明：顺便指出，若用条件表达式代替 if 语句，则可使上述程序更简洁：

```
main()
{   int i,a[10]={1,2,3,4,5,6,7,8,9,10};
    for(i=0;i<10;i++)
        printf("%3d%c",a[i],(i%5==4||i==9)?'\n':' ');
}
```

其中，用"%c"控制条件表达式的输出，若满足 i%5==4||i==9 的条件，就输出换行符；否则，输出一个空格。

3. 字符数组的输入和输出

① 用"%s"控制 scanf() 和 printf() 输入和输出字符串。"%s"无论用在 scanf() 中，还是 printf() 中，都要求字符串的地址作为输入和输出项，而字符数组名恰好就是存放字

符串的首地址,因此,在用"％s"控制 scanf()和 printf()输入和输出字符串时,总是直接将字符数组名作为输入和输出项。

【概念应用 1】

```
char ch[16];
scanf("%s",ch);
printf("%s\n",ch);
```

在键盘输入时,直接输入字符串中的各个字符(不需要输入"),最后按 Enter 键。scanf()会自动把用户输入的回车符转换成'\0'加在字符串的末尾,用 printf()时,遇到'\0'就结束输出。

【概念应用 2】

"％s"用在 scanf()中控制字符串的输入时存在一个弊端,就是输入的字符串不能含有空格或制表符。当"％s"遇到空格符或制表符时就认为输入结束,因此空格和制表符都不能被读入。例如,执行

```
scanf("%s",str);
```

当从键盘输入

```
good morning
```

时,str 的值为"good"而不是"good morning"。为克服这一弊端,可以使用另一对专门用于字符串的输入输出函数:gets()和 puts()。

② 用 gets()和 puts()函数输入和输出字符串。

用 gets()接收字符串的显著特点是遇到回车符才认为输入结束,因此它不受输入字符串中包含的空格符或制表符的限制。gets()的一般格式如下:

```
gets(字符数组名);
```

用 puts()输出字符串与 printf()的作用相似,但它自动把字符串末尾的'\0'字符转换成换行符(而"％s"控制的 printf()则没有将字符串末尾的'\0'转换成换行符的功能,必须增加"\n"来实现换行)。它的一般格式如下

```
puts(字符数组名);
```

使用这两个函数时,只要直接把字符数组名作为参数即可,不能在数组名前加"&"。同时,在使用它们前,要用

```
#include <stdio.h>
```

把标题文件 stdio.h 包含进来。

案例 5.2 用 gets()和 puts()函数实现字符串输入和输出问题。

【案例描述】

用 gets()从键盘接收一个英文句子,然后用 puts()输出该英文句子。

【案例分析】

可以用一维字符数组来存放输入的英文句子。

```
#include <stdio.h>
int main()
{   char word[80];
    printf("请输入: ");
    gets(word);
    puts(word);
    return 0;
}
```

【运行结果】

请输入: I learn Visual C++.↵
I learn Visual C++.

案例 5.3　二维字符数组的输入和输出问题。

【案例描述】

利用二维字符数组输入和输出若干个国家的名称。

【案例分析】

可以用二维字符型数组来存放若干个国家的英文名称。二维数组可以看成是一维数组的叠加,因此二维字符型数组可以看作由若干个一维字符型数组构成,而每个一维数组都可存放一个字符串。例如,定义:

char country[3][8];

其中,country[0]～country[2]分别代表一个字符串的首地址。因此,可以把 country[i] 直接作为 gets()和 puts()的参数来输入输出字符串。

【案例实现】

```
#include <stdio.h>
int main()
{   int i;
    char country[3][8];
    printf("请输入国家名称: ");
    for(i=0;i<3;i++)
        gets(country[i]);
    for(i=0;i<3;i++)
        puts(country[i]);
    return 0;
}
```

【运行结果】

请输入国家名称:
America
Japan
China
America
Japan
China

其中,前 3 行是输入的数据,其后 3 行是输出的结果。

5.5 数组的应用

5.5.1 数值数组的应用

1. 数据统计

案例 5.4 成绩统计问题。

【案例描述】

编制程序分档统计某班 30 名学生某门课程的考试成绩,即分别统计 0～9 分,10～19 分,…,90～99 分、100 分的人数。

【案例分析】

用一个 int 型数组 a[11] 来分别存放 11 个分数档的人数,即 a[0] 存放 0～9 分的人数,a[1] 存放 10～19 分的人数……a[10] 存放 100 分的人数。稍加分析就可以发现,设某人的考试成绩为 x,则 x/10 正好就对应数组 a 的下标。因此,每输入一个成绩 x,只要进行 a[x/10]+=1 的计数操作,就能正确统计出各分数档的人数。

【案例实现】

```
#include <stdio.h>
int main()
{   int a[11]={0},i;
    float x;
    for(i=1;i<=30;i++)
    {   scanf("%f",&x);
        a[(int)x/10]+=1;
    }
    printf("  0- 9 10-19 20-29 30-39 40-49 50-59 60-69 70-79 80-89 90-99   100\n");
    for(i=0;i<11;i++)
        printf(" %5d", a[i]);
    printf("\n");
    return 0;
}
```

【运行结果】

```
89   67   78   56   58   90   95   86   73   85
53   75   45   87   54   100  77   80   74   82
23   45   53   76   83   68   79   68   88   99
  0- 9 10-19 20-29 30-39 40-49 50-59 60-69 70-79 80-89 90-99   100
    0     0     1     0     2     5     3     7     8     3     1
```

补充说明:上面的程序假定了各人的成绩都是实数,由于数组的下标必须为整数,因此使用了强制类型转换。

案例 5.5 求二维数组中的最大值最小值问题。

【案例描述】

试编程找出二维数组 a[4][5] 中最大和最小的元素,并指出它们所在的行号和列号。

【案例分析】

求最大值和最小值是通过不断比较来实现的。以求最大值为例,通常将数组的第 1 个元素存放在基准变量中,用基准变量与第 2 个元素比较:如果第 2 个元素大,则将它的值存入基准变量;否则基准变量保持不变。再用基准变量与第 3 个元素比较,以此类推。这样,总是保持最大数存放在基准变中,始终用基准变量和后续的元素逐一比较,当所有的元素已经比较过,基准变量的值就是最大值。下面的程序中用 max 和 min 代表最大值和最小值基准变量,max_row,max_col,min_row 和 min_col 分别代表最大值和最小值所在的行号和列号。

【案例实现】

```
#include <stdio.h>
int main()
{    int a[4][5],i,j, max,max_row,max_col;
     int min, min_row,min_col;
     printf("  输入二维数组如下: \n");
     for (i=0;i<4;i++)
         for (j=0;j<5;j++)
             scanf("%d",&a[i][j]);
     max=a[0][0];max_row=0; max_col=0;
     min=a[0][0];min_row=0;min_col=0;
     for (i=0;i<4;i++)
         for (j=0;j<5;j++)
         {   if (max<a[i][j])
                 max=a[i][j],max_row=i,max_col=j;
             if (min>a[i][j])
             {   min=a[i][j],min_row=i,mi n_col=j;   }
         }
     printf("  输出结果如下: \n");
     printf("max=%d,row=%d,column=%d\n",max,max_row,max_col);
     printf("min=%d,row=%d,column=%d\n",min,min_row,min_col);
     return 0;
}
```

【运行结果】

```
输入二维数组如下:
 1    4     5    7   9
34   56    78   23  98
-4   87   -10   43  59
-8  -56   124   47  44
 输出结果如下:
 max=124,  row=3,  column=2
 max=-56,  row=3,  column=1
```

案例 5.6 标准差问题。

【案例描述】

数据统计中经常用到标准差的概念。假设有 n 个数 $d_i(i=1\sim n)$,其标准差(s)的计

算公式为

$$s = \sqrt{\frac{1}{n-1} \sum_{i=1}^{n} (d_i - \mathrm{dd})^2}$$

其中，dd 是 d_i 的平均值：

$$\mathrm{dd} = \frac{1}{n} \sum_{i=1}^{n} d_i$$

【案例分析】

建立一个数组 $d[N]$ 来存放各个 d_i，先求所有 d_i 的平均值 dd，然后求 $(d_i - \mathrm{dd})^2$ 之和，最后用标准差计算公式来求得标准差。

【案例实现】

```
#include <stdio.h>
#include <math.h>
#define N 1000
int main()
{   int i,n=0;
    float d[N],dd,s;
    printf("  输入数据：\n");
    do                              /* 循环输入 d 数组各元素 */
    {   scanf("%f",&d[n]);
        n++;                        /* 数据计数 */
    } while(d[n-1]!=-1);            /* 输入-1 时结束 */
    n--;                            /* 减去多计入的 1 个数据 */
    dd=0.0;                         /* 进入平均值计算 */
    for (i=0;i<n;i++)
        dd+=d[i];
    dd/=n;                          /* 求得平均值 dd */
    s=0.0;                          /* 进入计算标准差 */
    for (i=0;i<n;i++)
        s+=(d[i]-dd)*(d[i]-dd);     /* 用 s 暂存差的平方和 */
    s=sqrt(s/(n-1));                /* 求得标准差 s */
    printf("输入数据数：n=%d\n",n);
    printf("平均值：dd=%f\n",dd);
    printf("标准差：s=%f\n",s);
    return 0;
}
```

【运行结果】

输入数据：
68.0 76.0 55.0 84.0 95.0 82.0 78.0 69.0 89.0 74.0
56.0 80.0 83.0 75.0 92.0 76.0 79.0 84.0 64.0 77.0
-1
输入数据数：n=20
平均值：dd=76.800003
标准差：s=10.561100

2. 排序

排序是将一批无序的数据按从小到大或从大到小的顺序整齐排列。排序的主要操作是比较和交换。目前已有许多排序算法。本节介绍两种常用的排序算法,选择排序和冒泡排序。

案例 5.7 选择排序算法。

【案例描述】

假设有 10 个数,要求将它们按从小到大的顺序排列。

【案例分析】

离开数组,任何排序算法都难以实现。因此,需先将 10 个数存放在数组 a 中,然后进行选择排序。

【必备知识】

以 10 个元素从小到大排序为例,选择排序的基本思想如下。

第 1 轮,从所有 10 个数中选出最小的数,即 $k=0$,先将 $a[k]$ 与其后的各个数 $a[j]$ 进行比较,凡出现比 $a[k]$ 小的数就记下它的位置 $k=j$,经过一轮(共比较 9 次)比较后,最小的数 $a[k]$ 就选择出来了,将它与 $a[0]$ 交换位置。这样,经过第一轮比较,最小数被存放在 $a[0]$ 中。

第 2 轮,从余下的 9 个数中选出最小的数存放在 $a[1]$ 中,即 $k=1$,将 $a[k]$ 与其后的各个数 $a[j]$ 进行比较,凡出现比 $a[k]$ 小的数就记下它的位置 $k=j$,经过这一轮(共比较 8 次)比较后,次小的数就选择出来了,把它交换到 $a[1]$ 中。

以此类推,到第 9 轮时,要从最后余下的两个数中选出最小数存放在 $a[8]$ 中,最大的数则落在 $a[9]$ 中。至此,整个数组已经有序。程序实现时,要用两重循环,外层循环控制比较的轮数 i(共 9 轮),内层循环控制该轮比较的次数 j(j 从 $i+1$ 变化到 9)。

要对 n 个数进行选择排序,总共要进行 $(n-1)+(n-2)+\cdots+1=n(n-1)/2$ 次比较和最多 $n-1$ 轮交换,是一种比较简单但效率较低的排序方法。

【案例实现】

```c
#include <stdio.h>
#define N 10
int main()
{   int i,j,k,m;
    int a[N],t;
    for (i=0;i<N;i++)              /* 该循环用于输入数组元素的值 */
        scanf("%d",&a[i]);
    printf("    原始数据序列: ");
    for (i=0;i<N;i++)              /* 该循环用于输出数组的初始序列 */
        printf("%4d",a[i]);
    for (i=0;i<N-1;i++)           /* 外循环,用于控制比较的轮数 */
    {   k=i;
        for (j=i+1;j<N;j++)       /* 内循环,用于控制每轮比较的次数 */
            if (a[j]<a[k])
            k=j;                  /* 存储比 a[i] 小的元素的位置 */
```

```
        if (i!=k)                    /* 必要时进行交换 */
        {   t=a[i]; a[i]=a[k]; a[k]=t;  }
        printf("\n第 %d 轮数据序列: ",i+1);
        for(m=0;m<N;m++)             /* 该循环用于输出每轮的排序结果 */
        printf("%4d",a[m]);
    }
    printf("\n    最终有序数列: ");
    for (i=0;i<N;i++)               /* 该循环用于输出最终排序结果 */
        printf("%4d",a[i]);
    printf("\n");
    return 0;
}
```

【运行结果】

运行程序,从键盘输入

23 12 9 56 87 65 54 45 98 43↵

程序运行输出的结果如下:

```
   原始数据序列: 23  12   9  56  87  65  54  45  98  43
 第 1 轮数据序列:  9  12  23  56  87  65  54  45  98  43
 第 2 轮数据序列:  9  12  23  56  87  65  54  45  98  43
 第 3 轮数据序列:  9  12  23  56  87  65  54  45  98  43
 第 4 轮数据序列:  9  12  23  43  87  65  54  45  98  56
 第 5 轮数据序列:  9  12  23  43  45  65  54  87  98  56
 第 6 轮数据序列:  9  12  23  43  45  54  65  87  98  56
 第 7 轮数据序列:  9  12  23  43  45  54  56  87  98  65
 第 8 轮数据序列:  9  12  23  43  45  54  56  65  98  87
 第 9 轮数据序列:  9  12  23  43  45  54  56  65  87  98
   最终有序数列:  9  12  23  43  45  54  56  65  87  98
```

说明: 如果要求从大到小排序,只要将内层循环中的 if (a[j]<a[k])改为 if (a[j]>a[k])即可。

案例 5.8 冒泡排序算法。

【案例描述】

用冒泡排序算法对 10 个数按从小到大的顺序进行排序。

【必备知识】

冒泡排序算法是另一种常用的排序算法。以 10 个元素从小到大排序为例,它的基本过程是:

第 1 轮在所有的 10 个数中依次进行相邻两个数的比较,即先将 $a[0]$ 与 $a[1]$ 比较,若逆序,即 $a[0]>a[1]$,则将二者交换,否则不变;然后再将 $a[1]$ 与 $a[2]$ 比较,若 $a[1]>a[2]$,则将二者交换,否则再进行下面两个相邻元素的比较。经过此轮(9 次)比较后,最大数已沉到数组的底部,即 $a[9]$ 存放的是最大值。

第 2 轮在去除最大数后余下的 9 个数中,同样进行两个相邻数的比较和交换,即 $a[0]$ 与 $a[1]$、$a[1]$ 与 $a[2]$ 比较,经 8 次比较和交换后,次大数沉底,存放在 $a[8]$ 中。

以此类推,到第 9 轮时,将数组最顶部的两个数进行比较和交换,使最小数上浮到数组的顶部,存放在 $a[0]$ 中。至此,排序过程结束。在整个排序过程中,每轮比较都使当前数据集合中的最大数沉底,而最小数则像气泡一样不断上浮,直到气泡上浮到数组的最顶部,排序过程即告结束,因此称之为冒泡排序。

【案例实现】

```
#include <stdio.h>
#define  N  10
int main()
{   int i,j,a[N],t;
    printf("输入数据: ");
    for (i=0;i<N;i++)                       //输入原始数组序列
        scanf("%d",&a[i]);
    for (i=0;i<N-1;i++)                      //外循环,用于控制比较的轮数
        for (j=0;j<N-i-1;j++)                //内循环,控制相邻元素的比较
            if (a[j]>a[j+1])                 //若逆序,则交换
                t=a[j],a[j]=a[j+1],a[j+1]=t; //逗号表达式,实现数据的交换
    printf("输出结果: ");
    for(i=0;i<N;i++)
    printf("%-4d",a[i]);
    return 0;
}
```

【运行结果】

输入数据: 23 34 12 67 43 87 54 98 63 48
输出结果: 12 23 34 43 48 54 63 67 87 98

补充说明: 冒泡排序的比较次数和选择排序相同,但交换次数比选择排序大。

3. 数据检索

在处理大量数据时,经常要按某种方法找出所需的数据,这个过程称为检索或查找。常用的检索方法有顺序检索、二分检索、菲波那契检索、跳步检索等。当要检索的数据已经大小有序时,采用二分检索的搜索次数最多为 $\log_2 n$ 次(其中 n 是数据总个数),是一种比较快的检索方法。

案例 5.9 顺序检索算法。

【案例描述】

已知整型数组 $V[10]$,从键盘输入一整数 x,查找 x 是否在数组 V 中。若在,屏幕输出"查找成功"并显示其下标;若不在,显示查找失败。

【必备知识】

顺序检索:也称顺序查找,它不要求数据有序。依次审查数组中的数据是否要查找的数据,若是,则结束审查;否则,继续审查,直至结尾。顺序查找的平均查找次数为 $(n+1)/2$。

【案例实现】

```
#include <stdio.h>
```

```
#include <stdlib.h>
int main()
{   int i,x,k,tag=0;
    int V[10]={10,20,30,40,50,60,70,80,90,100};
    scanf("%d",&x);                              //输入查找数据
    for(i=0;i<10;i++)
        if(V[i]==x)
        {   tag=1;                               //查找成功的标识
            k=i;                                 //变量 k 存放查找成功位置
            break;   }
    if (tag)
        printf("查找成功位置: %d\n",k);
    else
        printf("查找失败!\n");
    return 0;
}
```

案例 5.10 二分检索算法。

【案例描述】

假设有 n 个从小到大排好序的数,存放在数组 v 中,请编制程序实现二分检索(又称对分检索或折半查找)算法。

【必备知识】

二分检索算法通过每次将搜索区间缩小一半的方法,很快将搜索区间缩小为一个元素,从而确定是否查找到待查的数据。先将待查找的数据存放在一维数组 v 中,并设立三个标记:low 指向搜索区间顶部,high 指向搜索区间底部,mid=(low+high)/2 则指向搜索区间中部。开始时,令 low=0,high=$n-1$,即将整个数组作为搜索区间。当要查找某个 x 是否在数组 v 中时,按下列步骤进行。

① 求 mid=(low+high)/2,判断 $v[\text{mid}]$ 是否等于 x,若 $v[\text{mid}]=x$,则已搜索到,查找结束;若 $v[\text{mid}]<x$,说明 x 在区间后半部分,可令 low=mid+1,high 保持不变,即将该区间后半部分作为新的搜索区间;若 $v[\text{mid}]>x$,说明 x 在区间的前半部分,可令 high=mid-1,low 保持不变,即将该区间上半部分作为新的搜索区间。总之,经过这次处理,搜索区间已缩小为原来的一半。

② 在新的搜索区间上求 mid=(low+high)/2,重复与①中相同的操作,可继续将搜索区间进一步缩小。

③ 经过有限次(最多 $\log_2 n$ 次)搜索后,最终结果是:或者 x 已找到,或者已出现 low=high,即区间缩小为只有一个元素。如果是后一种情况,就可以肯定地得到 x 是否在数组中的结论。

二分查找的初始状态,如图 5-6 所示。

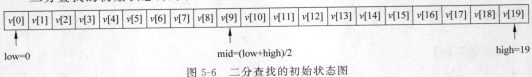

图 5-6 二分查找的初始状态图

若 $v[\mathrm{mid}]<x$，缩小查找区间状态如图 5-7 所示。

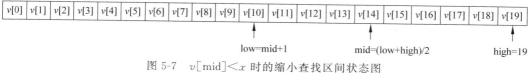

图 5-7　$v[\mathrm{mid}]<x$ 时的缩小查找区间状态图

若 $v[\mathrm{mid}]>x$，缩小查找区间状态如图 5-8 所示。

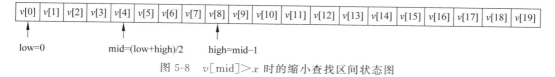

图 5-8　$v[\mathrm{mid}]>x$ 时的缩小查找区间状态图

【案例实现】

```c
#include <stdio.h>
#define N 20
main()
{   int v[N],x,low,high,mid,i;
    printf("Enter data being sorted :\n");
    for (i=0;i<N;i++)                    /* 输入原始有序数据存入数组 v 中 */
        scanf("%d",&v[i]);
    printf("Enter number to be searched :\n");
    scanf("%d",&x);                      /* 输入待查找的数据,存入 x 中 */
    low=0;
    high=N-1;
    mid=(low+high)/2;
    while (low<high&&x!=v[mid])          /* 该循环用于缩小查找区间 */
    {   if(x<v[mid])
            high=mid-1;
        else
            low=mid+1;
        mid=(low+high)/2;
    }
    if (x==v[mid])                       /* 判断查找成功与否 */
        printf("%d is at position %d.of array.\n ",x,mid);
    else
        printf("%d is not in array. \n ",x);
}
```

【运行结果】

程序运行时,先读入 N 个有序数,然后读入要查找的 x,继而使用二分检索算法来进行查找。程序运行情况如下：

```
Enter data being sorted:
   2    5    7    9   12   23   28   34   38   42
  46   56   59   62   68   78   79   82   88   98
```

```
Enter number to be searched:
  38
38 is at position 8.of array.
```

知识拓展

算法的意义

上面介绍的最大值、最小值、排序、查询等是程序设计中最基础的算法，算法是解决问题的准确而完整的方法和步骤。在计算机软件领域，编程的目的是利用计算机解决特定的问题，编程之前首先需要明确计算机解决该问题的具体方法和步骤，这个具体方法和步骤就是编写程序所需要的"算法"，算法是计算机完成一个任务所需的有限步骤。算法是人工智能的核心，人工智能依据数据得出来的指向结果都是通过算法的运行计算出来的。因此，在人工智能产业链金字塔结构中，塔尖是算法。

5.5.2 字符串处理函数

1. 字符串处理库函数

C 语言本身不提供字符串处理的能力，但是 C 编译系统提供了大量的字符串处理库函数，它们定义在标题文件 string.h 中，使用时只要包含这个标题文件，就可以使用其中的字符串处理函数。

1）求字符串长度函数 strlen()

案例 5.11 求字符串长度。

【案例描述】

用 strlen()函数测试给定字符串的长度。

【必备知识】

strlen()函数用来计算字符串的长度，即所给字符串中包含的字符个数（不计字符串末尾的'\0'字符），其调用格式如下

strlen(字符串);

其中，函数的参数可以是字符型数组名或字符串常数，函数的返回值是字符串长度。

【案例实现】

```
#include <string.h>
int main()
{   char s[]="ab\n\012\\\"";
    printf("%d  ",strlen(s));
    s[3]=0;
    printf("%d\n",strlen(s));
    return 0;
}
```

说明

① 字符串"ab\n\012\\\""中除含有两个普通字符'a'和'b'外，还含有四个转义字符，分别是'\n'、'\012'、'\\'和'\"'，由于每个转义字符只计作一个字符，且字符串末尾的'\0 '不计入

字符串长度之内,因此该字符串的长度是 6。

②在 C 语言中,'\0'、0 和 NULL 是等价的,都表示\0'字符。经过 s[3]＝0 赋值后,数组 s 中存放的是"ab\n\0\\\"",而在计算字符串长度时,遇到\0'字符就认为字符串结束,因此该字符串的长度计为 3。注意,字符\0'和'0'的区别。

【运行结果】

程序运行后,输出结果如下:

6　3

2) 字符串复制函数 strcpy()

案例 5.12　字符串复制。

【案例描述】

字符串复制函数的使用示例。

【必备知识】

strcpy()函数用来将源字符串复制到目标字符串中,它的调用格式如下:

strcpy(str1,str2);

其中,str1(目标)必须是字符型数组名,str2(源)可以是字符型数组名或字符串常数;函数返回值是目标字符串。例如:

char str1[20],str2[20];
strcpy(str1,"Visual C++");

表示将字符串常数"Visual C++"复制到 str1 中,犹如把字符串"Visual C++""赋值"给了字符数组 str1。

① 为保证能合法复制,要求 str1 的大小应足够容纳 str2 中的全部字符。

② 字符串复制,仅仅是将源字符串的各个字符逐个覆盖目标字符串中对应位置上的字符,而不是字符串的整体替换。例如:

char str1[10]="TJCU C++",str2[10]="QHDX";
strcpy(str1,str2);

复制前 str1 中的存储内容如图 5-9(a)所示。

复制后 str1 中的存储内容如图 5-9(b)所示。

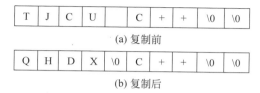

| T | J | C | U | | C | + | + | \0 | \0 |

(a) 复制前

| Q | H | D | X | \0 | C | + | + | \0 | \0 |

(b) 复制后

图 5-9　复制前后 str1 中的存储内容

【案例实现】

```
#include <string.h>
int main()
{   char str[2][4];
```

```c
        strcpy(str[0],"you"); strcpy(str[1],"me");
        printf("%s   %s\n",str[0],str[1]);
        str[0][3]='&';
        printf("%s   %s\n",str[0],str[1]);
        return 0;
    }
```

说明：程序中 strcpy(str[0],"you") 的作用是将字符串"you"复制到 str[0]中；同样，strcpy(str[1],"me") 的作用是将字符串"me"复制到 str[1]中。这时，数组 str 的存储情况如图 5-10(a)所示。

因此，第一个 printf()输出的结果如下：

you me

执行赋值语句 str[0][3]='&'后，str[0]末尾的'\0'字符被替换成了字符'&'，数组 str 的存储情况，如图 5-10(b)所示。

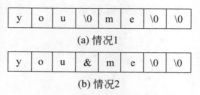

(a) 情况1

(b) 情况2

图 5-10　数组 str 的存储情况

第二个 printf()函数在输出完 str[0]后，由于没有遇到'\0'字符，将继续输出 str[1]中的字符，直到遇到'\0'字符为止。因此，第二个 printf()的输出如下：you&me　me。

【运行结果】

you me
you&me me

3）字符串比较函数 strcmp()

案例 **5.13**　字符串比较。

【案例描述】

编制程序，从给定的 5 个字符串中找出最小的字符串。

【必备知识】

strcmp()函数用来对两个字符串进行比较，确定其大小，它的调用格式如下：

strcmp(str1,str2);

其中，str1 和 str2 可以是字符型数组名或字符串常数。

字符串比较的方法是，依次对 str1 和 str2 对应位置上的字符逐对进行比较，当出现第一对不相同的字符时，就以这一对字符 ASCII 代码值的大小决定这两个字符串的大小。比较的结果作为函数值返回：若 str1＝str2，则返回 0 值；若 str1＞str2，则返回 1；若 str1＜str2，则返回－1。例如：

strcmp("China","France");

返回－1。

可将 5 个字符串存放在一个二维字符型数组 str 中,并设置一个一维字符型数组 st 用来存放最小的字符串。先将 str 中第一个字符串复制到 st 中,并以 st 为基准,逐个与 str 中余下的 4 个字符串比较,每次比较,总是将较小的字符串复制到 st 中。比较结束后,st 中存放的就是最小的字符串。

【案例实现】

```c
#include <string.h>
int main()
{   char str[][10]={"Book","Basic","Boolen","Babble","Basket"},st[10];
    int i;
    strcpy(st,str[0]);
    for(i=1;i<5;i++)
        if(strcmp(st,str[i])>0)
            strcpy(st,str[i]);
    printf("Minimum string is: %s\n",st);
    return 0;
}
```

【运行结果】

```
Minimum string is: Babble
```

4)字符串连接函数 strcat()

案例 5.14   字符串连接。

【案例描述】

字符串连接函数的使用。

【必备知识】

strcat()函数用来将第 2 个字符串连接到第 1 个字符串的末尾,它的调用格式如下:

```
strcat(str1,str2);
```

其中,str1 必须是字符型数组名。函数返回值为第一个字符串。经过连接后,第 1 个字符串末尾的'\0'字符将被第 2 个字符串的第 1 个字符取代,第 2 个字符串不变。

【案例实现】

```c
#include <string.h>
int main()
{   char s1[20]="Visual ",s2[]="C++",str[50]="Microsoft";
    strcat(str,strcat(s1,s2));
    printf("%s\n",str);
    return 0;
}
```

说明:程序中使用了 strcat()函数的嵌套调用,内层调用为 strcat(s1,s2),它将 s2 中的字符串连接到 s1 的末尾,使 s1 中存放的字符串变为"Visual C++",该字符串也是 strcat(s1,s2)的返回值。外层调用为 strcat(str,strcat(s1,s2)),相当于 strcat(str,"Visual C++"),因此,str 中存放的字符串为"Microsoft Visual C++"。

【运行结果】

```
Microsoft Visual C++
```

2. 字符型数组的应用

字符型数组在文字处理方面有着广泛的应用。

案例 5.15 回文判断。

【案例描述】

若一个字符串正读和反读都一样称为回文,如 level、madam 等。编一段程序验证输入的字符串是不是回文。

【案例分析】

要验证一个字符串是不是回文,只要分别将它的第一个字符和最后一个字符、第二个字符和倒数第二个字符,直至最中间的两个字符进行比较,如果对应相等,说明它是回文,否则就不是。

【案例实现】

```
#include <string.h>
#include <stdio.h>
int main()
{   char str[80];
    int i,k,Tag=1;
    gets(str);
    k=strlen(str);
    for(i=0;i<k/2;i++)
        if(str[i]!=str[k-i-1]) {Tag=0;break;}
        if(m) printf("%s is yes.\n",str);
        else printf("%s is no.\n",str);
    return 0;
}
```

补充说明:程序中使用了变量 Tag 作为标志(Tag=1,假设其为回文),其作用是标识循环是正常结束还是非正常退出。当逐对比较的字符都对应相同时,表示该字符串是回文,循环将正常结束,Tag 的值不发生改变;当逐对比较的字符中有一对不相同时,就说明该字符串不是回文,后续的比较就不再进行,先令 Tag=0,而后通过 break 控制循环提前结束。因此,在循环出口处,根据 Tag 的值就可确定字符串是不是回文。

案例 5.16 字符串替换字符。

【案例描述】

编制程序,其功能是从键盘输入一个字符串,然后将该字符串中的字符'a'全部替换成字符'b'。

【案例分析】

通过循环从字符串的第一个字符起逐个向后搜索,凡遇到字符'a',就用赋值语句将它替换成字符'b'。当已达到字符串末尾的'\0'字符时,整个替换工作结束。

【案例实现】

```
#include <string.h>
#include <stdio.h>
int main()
{   char str[80];
    int i=0;
    gets(str);
    printf("before replacing: %s\n",str);
    while(str[i])
    {   if (str[i]=='a')
        str[i]='b';
        i++;
    }
    printf("after replacing: %s\n",str);
    return 0;
}
```

案例 5.17　输入字符串,删除指定字符。

【案例描述】

编制程序,其功能是从键盘输入一个字符串,然后将该字符串中指定的字符删除。

【案例分析】

由于字符串占用一片连续的存储空间,删除某个字符只要将该字符后续的字符顺序向前移动一个位置。例如,要删除字符串"abcd"中的'b',只要将字符'c'和'd'顺序向前移动一个位置。

【案例实现 1】

```
#include <string.h>
#include <stdio.h>
int main()
{   char str[80],ch;
    int i=0,j;
    printf("Enter a string:");
    gets(str);
    printf("Enter a character to be deleted:");
    scanf("%c",&ch);
    while(str[i])
    {   if (str[i]==ch)
            for(j=i;str[j];j++)
                str[j]=str[j+1];
        else
            i++;
    }
    str[i]='\0';
    printf("after deleting: %s\n",str);
    return 0;
}
```

说明:程序中用改变 i 的值来逐个审视 str 字符串中的各个字符是不是要删除的字

符。如果要删除的字符连续出现,为使这些字符都被删除,每当移动完该字符后续的字符后,暂不修改 i 的值,继续判断移动到 i 位置上的字符是不是还要删除。

【案例实现 2】

还可以换一个思路,就是把不需要删除的字符统统保留下来。方法是用两个下标 i 和 j,若 str[i]不是要删除的字符时,就把该字符保留在 str[j]中。例如,要删除字符串"abcd"中的'b',只要顺序字符'a'、'c'和'd'保留在 str[0]、str[1]、str[2]中,最后增加一个末尾的'\0'字符。程序如下:

```
#include <string.h>
#include <stdio.h>
int main()
{   char str[80],ch;
    int i=0,j;
    printf("Enter a string:");
    gets(str);
    printf("Enter a character to be deleted:");
    scanf("%c",&ch);
    for(i=j=0;str[i];i++)
        if (str[i]!=ch)
            str[j++]=str[i];
    str[j]='\0';
    printf("  After deletion: %s\n",str);
    return 0;
}
```

【运行结果】

上述两个程序的效果相同。运行时,若输入的字符串为"Thissi ss a sdesks.",要删除的字符为's',则程序运行结果如下:

```
Enter a string:Thiss iss a sdesks.
Enter a character to be deleted:s
After deletion:Thi i a dek.
```

说明:字符移动完成删除操作后,要在字符串的末尾加上'\0',否则,不能满足指定要求。

案例 5.18 字符串中插入字符。

【案例描述】

编制程序,其功能是从键盘输入一个字符串,然后在指定的字符前插入一个字符。

【案例分析】

插入字符,实际上是将该字符及其后续字符均向后移动一个位置,在空出的位置上放置要插入的字符。例如,要在字符串"abcd"中的字符'b'前插入一个字符'e',只要将字符'b'、'c'、'd'顺序后移一个位置,在腾出的空位上放入字符'e'即可。

【案例实现】

```
#include <string.h>
#include <stdio.h>
```

```
int main()
{   char str[80],ch1,ch2;
    int i=0,j,k;
    printf("输入字符串: ");
    gets(str);
    printf("输入欲插入字符位置: ");
    scanf("%c%*c",&ch1);
    printf("输入欲插入的字符: ");
    scanf("%c",&ch2);
    while(str[i])
    {   k=strlen(str);
        if (str[i]==ch1)
        {   for(j=k;j>i;j--)
            str[j]=str[j-1];
            str[i]=ch2;
            str[k+1]='\0';
            i++;
        }
        i++;
    }
    printf("插入后的字符串: %s\n",str);
    return 0;
}
```

【运行结果】

程序运行时,如果从键盘输入的字符串为"abcdbbefg",要在字符'b'的前面,插入字符'X',则程序运行结果如下所示。

输入字符串: abcdbbefg
输入欲插入字符位置: b
输入欲插入的字符: X
插入后的字符串: aXbcdXbXbXefg

补充说明:

① 在执行 scanf("%c",&ch1) 时,从键盘输入一个字符并以回车符结束,输入的字符被变量 ch1 接收,但回车符将被下一个 scanf() 中的 ch2 接收,为此,增加了一个抑制输入控制符"%*c",其作用是使回车符被跳过。

② 为了插入一个字符,需要移动指定位置及其后续的各个字符,这种移动要从字符串末尾开始顺序移动。因此,字符串中最后一个字符的位置要由字符串的长度确定,而随着字符的插入,字符串的长度是在变化的。

③ 由于字符的移动,造成字符串末尾的'\0'字符被最后一个字符替换掉,因此,在插入字符后,应在字符串末尾增加一个'\0'字符。

④ 当在某字符前插入一个字符后,该字符已被移动到下一个位置,为了防止无休止地插入,一旦某字符前已插入字符,就应跳过该字符。例如,当字符串"abcd"中的字符'b'前插入一个字符'X'后,字符'b'已经移动到第 3 号位置上,这时就应跳过'b'字符,继续审视再下一个字符。

案例 5.19 字符串排序。

【案例描述】

编制程序,其功能是从键盘输入 5 个字符串,然后将这 5 个字符串进行升序排列。

【案例分析】

对字符串进行有序排列,与前面章节讲的数值型数据排序类似,可以采用选择排序算法,也可以采用冒泡排序算法进行。所不同的是字符串不能直接进行大小的比较,需要应用 strcmp() 函数,而字符串的相互赋值需要应用 strcpy() 函数。下面的程序采用选择排序对字符串进行排序,欲排序的字符串存放在二维数组 str[5][12]中,数组 array[12]用于存放字符串间相互复制的过渡字符串。

【案例实现】

```
#include <stdio.h>
#include <string.h>
#define N 5
#define M 12
int main()
{   int i,j,k;
    char str[N][M],array[M];
    for (i=0;i<N;i++)            /* 该循环用于输入初始字符串 */
        scanf("%s",str[i]);
    printf("\n 原始字符串序列: ");
    for (i=0;i<N;i++)            /* 该循环用于输出初始字符串 */
        printf("\n      %s",str[i]);
    for (i=0;i<N-1;i++)          /* 外循环,用于控制比较的轮数 */
    {   k=i;
        for (j=i+1;j<N;j++)      /* 内循环,用于控制每轮比较的次数 */
            if (strcmp(str[j],str[k])<0) /* 采用 strcmp() 函数比较字符串的大小 */
                k=j;
        if (i!=k)               /* 必要时采用 strcpy() 函数进行字符串的交换 */
        {   strcpy(array,str[i]); strcpy(str[i],str[k]);
            strcpy(str[k],array);
        }
    }
    printf("\n 最终有序字符串序列: ");
    for (i=0;i<N;i++)            /* 该循环用于输出最终排序结果 */
    printf("\n      %s",str[i]);
    printf("\n");
    return 0;
}
```

【运行结果】

程序运行时,如果从键盘输入的字符串:"China"、"France"、"America"、"Japan"、"English",则程序运行结果如下所示。

```
China
France
America
Japan
English
```

原始字符串序列：

　China
　France
　America
　Japan
　English

最终有序字符串序列：

　America
　China
　English
　France
　Japan

习题 5

一、选择题

1. 假设 short int 型变量占两字节的存储单元，若有定义：

```
short int x[10]={0,2,4};
```

则数组 x 在内存中所占字节数为(　　　　)。

　A. 3　　　　　　　　B. 6　　　　　　　　C. 10　　　　　　　　D. 20

2. 下列一维数组的定义中，错误的是(　　　　)。

　A. int a[4]={1};　　　　　　　　　　　　B. int a[4]={1，2，3}；

　C. int a[4];　　　　　　　　　　　　　　D. int a[4]={1，2，3，4，5}；

3. 在 C 语言中，引用数组元素时，下标的数据类型允许是(　　　　)。

　A. 只能是整型常数　　　　　　　　　　　B. 实型常数或表达式

　C. 整型常数或表达式　　　　　　　　　　D. 任何类型的表达式

4. 以下程序的输出结果是(　　　　)。

```
main()
{   int a[4][4]={{1,3,5},{2,4,6},{3,5,7}};
    printf("%d%d%d%d\n",a[0][3],a[1][2],a[2][1],a[3][0]);
}
```

　A. 0650　　　　　　　　B. 1470　　　　　　　　C. 5430　　　　　　　　D. 输出值不确定

5. 下面的程序运行后，输出结果是(　　　　)。

```
main()
{   int a[3][3]={{1,2},{3,4},{5,6}},i,j,s=0;
    for (i=1;i<3;i++)
        for (j=0;j<=i;j++)
            s+=a[i][j];
    printf("%d\n",s);
}
```

　A. 18　　　　　　　　B. 19　　　　　　　　C. 20　　　　　　　　D. 21

6. 若定义：

```
int a[][4]={1,2,3,4,5,6,7,8,9};
```

则数组 a 的第一维的大小是(　　　)。

    A. 2　　　　　　　　B. 3　　　　　　　　C. 4　　　　　　　　D. 不确定

7. 设有数组定义：

```
char array[]="China";
```

则数组 array 所占的空间为(　　　)。

    A. 4B　　　　　　　B. 5B　　　　　　　C. 6B　　　　　　　D. 7B

8. 设已定义：

```
char s[]="\"abcd\\England\"\n";
```

则字符串 s 所占的字节数是(　　　)。

    A. 19　　　　　　　B. 18　　　　　　　C. 15　　　　　　　D. 14

9. 若有定义和语句：

```
char s[10];
s="abcd";
printf("%s\n",s);
```

则运行结果是(以下□代表空格)(　　　)。

    A. abcd　　　　　　　　　　　　　　　　B. a

    C. abcd□□□□□　　　　　　　　　　　D. 编译不通过

10. 函数调用 strcat(strcpy(str1,str2),str3)的功能是(　　　)。

    A. 将字符串 str1 复制到字符串 str2 中，再连接到字符串 str3 之后

    B. 将字符串 str1 连接到字符串 str2 之后，再复制到字符串 str3 之后

    C. 将字符串 str2 连接到字符串 str1 之后，再将字符串 str1 复制到字符串 str3 中

    D. 将字符串 str2 复制到字符串 str1 中，再将字符串 str3 连接到字符串 str1 之后

二、填空题

1. 若定义：

```
int a[2][3]={{2},{3}};
```

则值为 3 的数组元素是_____。

2. 若定义：

```
char a[15]="windows-9x";
```

则执行语句

```
printf("%s",&a[8]);
```

后的输出结果是_____。

3. 下列程序的输出结果是_____。

```
main()
```

```
{   char b[]="Hello,you";
    b[5]=0;
    printf("%s\n",b);
}
```

4. 若有定义语句

```
char s[100],d[100]; int j=0,i=0;
```

且 s 中已赋字符串,请填空以实现字符串复制。(注意,不得使用逗号表达式)

```
while(s[i])
{   d[j]= _____;
    j++;
}
d[j]=0;
```

三、编程题

1. 编程计算矩阵 $a[5][5]$ 主对角线元素之和 s1、次对角线元素之和 s2 和周边元素之和 s3。

2. 编制程序将两个有序(假设升序)数组 a 和 b 归并成一个有序数组 c。例如 $a = \{1,3,5\}$,$b=\{2,4,6\}$,则归并后的 $c=\{1,2,3,4,5,6\}$。

归并排序算法如下:

(1) 先取数组 a、b 的第一个元素进行比较,将其中较小的元素放入数组 c;

(2) 取较小元素所在数组的下一个元素与上次比较中的较大元素进行比较,将较小元素放入数组 c;重复上述比较过程,直到一个数组的所有元素都已进入数组 c;

(3) 将另一个数组的剩余元素依次放入数组 c。

3. 编制程序统计一个字符串中各种小写字母的个数。

4. 编制程序测试字符串 str2 是否整体包含在字符串 str1 中,若包含,则指明 str2 在 str1 中的起始位置。例如:str1="abcde",str2="cd",则 str2 包含在 str1 中,起始位置为 3。

第6章

指针

　　指针是表示内存地址的一种低级数据类型,与变量、数组、函数以及函数之间的数据传递有着密切的关系。C 语言允许用指针来访问内存,支持内存的动态分配,用指针可以很方便地处理那些没有名字的数据,还能有效地处理诸如链表、树、图等复杂的数据结构。同时,指针既是 C 语言最强的特性,也是 C 语言最危险的特性,指针使用不当,很容易指到意想不到的地方,产生的错误也很难发现。正由于指针的强大功能和不可忽视的缺点,要求我们必须牢固掌握指针的概念和操作,才能正确地使用指针。本章主要介绍指针的概念,用指针访问变量、数组及处理字符串的方法。

6.1　地址、指针和指针变量

6.1.1　地址和地址的运算

1. 地址的概念

　　在计算机中,内存是一个连续编号或编址的空间。也就是说,每一个存储单元(在微型计算机中通常是 1B)都有一个固定的编号,就像门牌号码一样,这个编号称为地址。

　　程序中使用的变量代表的是内存中的一个存储位置,不同类型的变量占用的存储单元字节数也可能不同。为此,把变量所占用的存储单元首字节的地址作为变量的地址。

　　数组占用连续的存储空间,数组名是该连续空间的首地址,是一个常数;数组元素的地址是该数组元素所占存储单元首字节地址。

【概念应用】

　　在程序中进行了如下的定义:

```
int d[2];
float b;
```

　　编译系统为这些变量和数组分配的内存空间如图 6-1 所示。图 6-1 中每个方格代表 1B 的存储单元,方格的上方是变量名,下方是该存储单元的地址(十六进制表示)。各个变量的地址是它所占存储空间第一字节的地址,例如,数组 d 的首地址为 FF78,数组元素 d[0] 和 d[1] 的地址分别为 FF78 和 FF7C,变量 b 的地址为 FF74。需要注意,一是不同的编译系统对变量地址的分配方式可能不同；二是内存分配情况随计算机不同及当前内存状况和程序规模不同而不同，因此，图 6-1 所示的地址值仅是一个参考值（为简化说明，图中只给出了 16 位地址中的后四位）。

图 6-1　变量及其地址

2. 地址的运算

变量在编译过程中被映射成内存地址，这个地址是由编译系统安排的，编程者无从得知。为了使编程者获得变量的地址，C 语言提供了取地址运算符；为了使编程者能用获得的地址访问内存中的数据，C 语言提供了访问地址运算符。

1）取地址运算符

取地址运算符是"&"，它的使用格式如下：

```
&v
```

其中，"&"是一个一元运算符（结合性为从右到左），v 是变量或数组元素。

案例 6.1　取地址运算符 & 案例。

【案例描述】

用 & 运算符获得变量或数组元素的地址。

【必备知识】

&v 可用来获得变量或数组元素的地址，这种形式在 scanf() 函数中已使用过，这里只对 & 运算符作简要说明。

（1）"&"只能施加在变量或数组元素上，从而得到该变量或数组元素的地址。"&"不能施加在常数或表达式上，例如，不能对数组名施加 & 运算，也不能对诸如 25 或 a＋b 这样的常数或表达式施加 & 运算。

（2）"&"在形式上虽然与位操作中的按位与运算符完全相同，但按位与运算符是一个二元运算符，二者在使用上不会发生混淆。

【案例实现】

```
#include <stdio.h>
int main()
{   int a=1;
    float b=2.0;
    double c=3.0;
    int d[6];
    printf("address of a is %p\n",&a);
    printf("address of b is %p\n",&b);
    printf("address of c is %p\n",&c);
    printf("address of array d is %p\n",d);
    printf("address of d[0] is %p\n",&d[0]);
    printf("address of d[1] is %p\n",&d[1]);
```

```
        return 0;
    }
```

【运行结果】

address of a is 0012FF7C

address of h is 0012FF78

address of c is 0012FF70

address of array d is 0012FF58

address of d[0] is 0012FF58

address of d[1] is 0012FF5C

补充说明：在 printf()函数中，地址量的输出要用％p 或％x 作为格式控制字符，二者的差别在于：％p 输出的地址固定为 8 位(十六进制数)，不足 8 位的补以前导 0，而％x 则不加前导 0。

2）访问地址运算符

访问地址的运算符有两个，"[]"和" * "，它们的使用形式不同，但功能等价，都用来访问指定地址中的数据。

（1）[]运算符。"[]"是一个二元运算符，其使用格式如下：

add[exp]

其中，add 和 exp 作为[]的两个运算量：add 是一个地址量，exp 是整型表达式，表示从 add 开始的偏移量。也就是说，add[exp]的功能是从地址 add 开始，向高地址方向偏移 exp 个数据单元后，取该地址中的值。

【概念应用 1】

上一章将数组元素 $a[j]$ 理解为将下标 j 放在"[]"中表示其在数组中的位置 j，实际上，由于"[]"是运算符，$a[j]$ 表示从地址 a（数组名是该数组的首地址）开始向地址增大的方向移动 j 个数据单元后，取该地址中的值。这里所说的数据单元与数据类型有关，如果 a 是整型数组，那么，$a[j]$ 就是从地址 a 开始，向高地址方向移动 $j \times$ sizeof(int)字节后，取该地址中的值。

【概念应用 2】

[]不仅可以施加在数组名上，也可以施加在简单变量上。[]处于所有运算符最高优先级上，结合性为从左到右。例如，x 是一个简单变量，&x 是它的地址，$(\&x)[0]$ 就表示取 x 的值。

（2） * 运算符。 * 是一个一元运算符，其使用格式如下：

* exp

其中，exp 是地址表达式。 * exp 用来访问 exp 地址中的数据。

【概念应用 3】

一维数组 a 第三个元素的地址为 $\&a[2]$ 或 $a+2$，对它们施加 * 运算得到 $*(\&a[2])$ 或 $*(a+2)$，都表示访问 $a[2]$ 的值。

" * "运算符和 & 同处于 C 运算符集中的第二优先级上，比"[]"低一个级别，结合性为从右至左。虽然" * "运算符在形式上与乘法运算符相同，但乘法运算符是二元运算符，二者在使用上不会产生混淆。

需要强调的是,"＊"和"[]"这两种运算符在功能上是完全等价的,二者可以互换使用。表6-1～表6-3分别列出了＊运算符和[]运算符在取变量、一维数组元素和二维数组元素地址,以及访问变量、一维数组元素和二维数组元素值的各种等价使用形式。

表 6-1　变量的取址与取值

变量名	取变量地址	访问变量值
a	$\&a$	$*\&a$　$(\&a)[0]$

表 6-2　一维数组元素的取址与取值

一维数组元素名	取数组元素 $a[i]$ 地址	访问数组元素 $a[i]$ 值
$a[i]$	$a+i$ $\&a[i]$	$a[i]$　$*(a+i)$ $*\&a[i]$

表 6-3　二维数组元素的取址与取值

二维数组元素名	取数组元素 $a[i][j]$ 地址	访问数组元素 $a[i][j]$ 值
$a[i][j]$	$*(a+i)+j$ $a[i]+j$ $\&a[i][j]$	$*(*(a+i)+j)$ $(*(a+i))[j]$ $*(a[i]+j)$　$a[i][j]$ $*\&a[i][j]$

6.1.2　指针和指针变量

1. 指针和指针变量的概念

指针是地址的代名词,变量的指针就是该变量的地址。例如,b 是变量,&b 就是 b 的指针。

指针变量是一种专门用来存放地址的特殊变量。它不像普通变量那样存放通常意义下的数据,而是存放一种特殊的数据——地址。

指针和指针变量之间的关系是:指针变量用来存放指针,指针是指针变量的值。

指针和指针变量的区别如下:指针是常量、变量或数组的地址,是在编译过程中确定的,在程序运行过程中,其值保持不变;而指针变量可以被赋值,可以指向新的对象,因此,它是变量。虽然指针和指针变量具有不同的概念,但人们有时并不去区分指针和指针变量,而把指针和指针变量都称为指针,可以从上下文区别它们。本书此后将指针变量简称为指针,而把地址意义上的指针仍称为地址。

2. 指针的定义

定义指针的一般形式如下:

[存储类型]　数据类型　＊指针 1,＊指针 2,…

其中,带有＊号的变量就是指针,这里的＊只是一个说明符,它既不是乘法符号,也不是访问地址符号。

【概念应用】

```
char * pc;
int * pi;
float * pf;
```

定义了 3 个不同数据类型的指针 pc、pi 和 pf。

3. 用指针访问变量的方法

如果将变量的地址存放在指针中,称该指针指向了变量。这时,既可以通过变量名来访问其中的数据,也可以通过指针来访问。

(1) 使指针指向变量的方法。为使指针指向某一变量,就要把变量的地址存放在指针中,常采用如下两种方法。

① 初始化。在定义指针的同时,用所指变量的地址给其赋值。

【概念应用】

```
char ch='A', * pc=&ch;
float a=3.0, * pa=&a;
```

指针变量 pc、pa 分别被初始化为指向变量 ch 和 a。注意,这里有 4 个变量,它们占用内存的情况如图 6-2 所示,不同的 C 编译系统或存在差异。

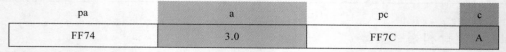

pa	a	pc	c
FF74	3.0	FF7C	A

FF70 FF71 FF72 FF73 FF74 FF75 FF76 FF77 FF78 FF79 FF7A FF7B FF7C

图 6-2 指针变量指向变量示意图

从图中可看到,变量 ch 所在存储单元的首地址为 FF7C,指针 pc 占用的存储单元首地址 FF78,变量 a 占用的存储单元首地址为 FF74,指针 pa 占用的存储单元首地址 FF70。经初始化后,变量 ch 和 a 的地址分别存放在指针 pc 和 pa 中,即指针 pc 中的值为 FF7C,pa 中的值为 FF74。

②赋值方法。先定义指针,然后用赋值语句将所指变量的地址赋给它。

【概念应用 1】

```
char ch, * pc;
int a, * pa;
pc=&ch; pa=&a;
```

【概念应用 2】

一旦将指针指向了某个变量,就可以用指针来访问变量。通常将用变量名访问的方法称为直接访问,用指针访问的方法称为间接访问。这就好像为了访问张三,一种方法是直接根据其家庭住址找到他,另一种方法是从派出所找到他的家庭住址,再由这个住址找到他。前者是直接访问,后者是间接访问。派出所存放了张三的家庭住址,是指针。

(2) 用指针访问变量的方法。由于指针中存放了所指变量的地址,因此可以通过访问地址运算符来访问变量的值。

案例 6.2 指针访问变量。

【案例描述】

用指针访问变量示例。

【案例实现】

```
#include <stdio.h>
int main()
{   int a, * pa=&a;           //指针 pa 指向变量 a
    scanf("%d",pa);          //等价于 scanf("%d",&a);
    (* pa)++;                //等价于 a++;
    printf("%d\n",pa[0]);    //等价于 printf("%d\n",a);
    return 0;
}
```

【运行结果】

程序运行时,若从键盘输入 10,则输出结果为 11。

补充说明:程序中的 * pa 与 a 等价,(* pa)++与 a++等价。由于" * "和"++"优先级相同,结合性均为从右到左,因此,(* pa)++中的括号是必需的。若写成 * pa++就表示先取 a 的值,然后将 pa 指向下一个数据单元,而下一个数据单元中的值是不确定的,从而带来不安全性。

(3) 几点说明。

① 被指针所指向的变量一定要在相应的指针之前定义。例如:

```
char * pc=&ch;
char ch;
```

是错误的。因为在对指针 pc 初始化时要取变量 ch 的地址,此时,变量 ch 尚未定义。所以要先定义变量,然后才能定义指向变量的指针。

② 指针必须存放变量的地址。例如:

```
int a, * pa;
pa=a;
```

是错误的,因为 a 的值不是地址。

③ 从技术上讲,任何类型的指针都可以指向内存中的任何位置,为什么还要规定指针的数据类型呢?因为指针的所有运算都与它所指向的对象的类型密切相关,所以 C 语言规定一种类型的指针只能指向同类型的对象。例如:

```
int * pi; char ch;
pi=&ch;
```

将 int 型的指针指向 char 型数据对象是错误的。同样,不同类型指针之间不能相互赋值。

④ 指针的数据类型决定了该指针可以指向何种类型的数据对象,指针本身也有自己的数据类型,即指针本身都是整型类型,每个指针要占用 4B 的存储单元。

⑤ 如果只定义了指针,而没有通过初始化或赋值的方式使之指向某个对象,这种指针的值是不确定的,不能引用,否则就会导致不可知错误,甚至危及程序的正常运行。为

避免这类错误和危险的发生,通常给未指向对象的指针赋 NULL(NULL 是 C 编译系统定义的宏,它与 0 或'\0'等价),称之为空指针,这样做是为了更安全。例如:

```
int * pi=NULL;                //NULL 可以替换为 0 或'\0'
```

其中,pi 被定义为空指针,当在程序中不慎对它进行了移动、比较等操作时,系统就会报错而不会危及其他。

⑥ void 型指针是没有指向具体的数据对象,仅指向内存的某个地址,而该地址所存储的数据对象的类型也尚未确定,因此,void 型指针也称为无指定类型指针。例如:

```
void * p;
```

其中,void 指针是一种具有独特性质的指针,它不能直接用来访问数据,但可以通过强制类型转换将它转换成某种数据类型的指针,然后用它来访问同类型的对象。本章后续章节中使用的动态内存分配函数的返回值就被定义成 void 型的指针。

6.2   指针的运算

指针的运算就是地址的运算。由于这一特点,指针运算不同于普通变量,它只允许有限的几种运算。除了可对指针赋值外,指针的运算还包括指针加减一个整数、指针自加和自减、两个指针相减、指针与指针或指针与地址之间进行比较等。

1. 指针加减整数

指针 p 加减一个整数 n,即 $p+n$(或 $p-n$),表示 p 向地址增大或减小的方向移动 $n \times$ sizeof(type)字节,从而得到一个新的地址。其中,type 代表指针的数据类型。

【概念应用】

若指针 p 为 int 型,p 中的地址值为 10,则 $p+1$ 表示地址 14(整型数据占用 4B)。

案例 6.3   指针加减整数。

【案例描述】

指针加减一个整数示例。

【案例实现】

```
#include <stdio.h>
int main()
{   int v[10]={10,20,30,40,50,60,70,80,90,100},n;
    int * pb=v;
    printf("%x,%x \n",pb,pb+5);
    pb=pb+5;
    printf("%d,%d,%d,%d\n", * (pb+3), * pb, * (pb-1), * (pb-3));
    return 0;
}
```

【运行结果】

```
24fe00,24fe14
90,60,50,30
```

补充说明：需要指出，当指针 pb 进行了 $pb+n(pb-n)$ 运算后，pb 的值没有发生改变，即它的指向没有发生变化，$pb\pm n$ 只代表一个新的地址值。

2. 指针的自加和自减

指针自加和自减运算将对指针赋值，使指针的值发生改变，从而指向新的地址。

【概念应用】

对指针进行了 $++p$ 运算后，指针将指向下一个数据单元。

案例 6.4 指针的自加。

【案例描述】

指针自加示例。

【案例实现】

```
#include <stdio.h>
#include <stdlib.h>
int main()
{   int v[10]={10,20,30,40,50,60,70,80,90,100},n;
    int * pb=&v[5];
    printf("%x,  %d \n",pb, * pb);
    pb++;
    printf("%x,  %d \n",pb, * pb);
    printf("%x,  %d \n",++pb, * pb);
    printf("%x,  %d \n",--pb, * pb);
    return 0;
}
```

【运行结果】

```
18fb1c,   60
18fb20,   70
18fb24,   80
18fb20,   70
```

3. 两个同类型指针相减

两个同类型的指针相减，为了保证这两个指针之间存放的是同类型的数据，通常用于数组的情况，相减的结果是这两个指针之间所包含的数据个数。显然，两个指针相加是无意义的。

案例 6.5 同类指针相减。

【案例描述】

两个同类型指针相减示例。

```
#include <stdio.h>
int main()
{   float x[10];
    float * p, * q;
    p=&x[0];
```

```
        q=&x[5];
        printf("q-p=%d\n",q-p);
        return 0;
    }
```

说明：指针 p 指向数组元素 x[0]，指针 q 指向数组元素 x[5]，其间相差 5 个元素，因此程序的运行结果为 q－p＝5。

【运行结果】

```
q-p=5
```

4. 指针的比较

两个同类型的指针，或者一个指针和一个地址量可以进行比较（包括＞、＜、＞＝、＜＝、＝＝和！＝），比较的结果可以反映出两个指针所指向的目标的存储位置之间的前后关系，或者反映出一个指针所指向的目标的存储位置与另一个地址之间的前后关系。

① 如果指针 p 和 q 都指向同一数组的成员，或指向存储相同类型数据的连续存储区，当关系表达式

$p<q$

成立时，表示 p 所指向的数据位于 q 所指向的数据之前。

② 指针与零之间进行相等性比较，即

$p==0$

或

$p!=0$ //0 也可以写成'\0'或 NULL)

常用来判断指针 p 是否为一空指针。

6.3　指针与数组

6.3.1　指针与一维数组

1. 使指针指向一维数组

要用指针访问一维数组，首先要定义指向一维数组的指针。

【概念应用】

定义

```
int a[5], *p=a;            //或 *p=&a[0];
```

后，指针 p 就与数组 a 建立了"指向"的关系。

2. 用指针访问一维数组

由于数组占用的是一片连续的存储单元，一旦定义了指向数组的指针，就可以通过移

动指针来访问数组的各个元素,即若指针 p 指向数组 a 的首地址,那么,$p+1$ 就是数组元素 $a[1]$ 的地址,$p+i$ 就是数组元素 $a[i]$ 的地址,通过对这些地址施加"$*$"或"[]"运算就可以访问任何一个数组元素中的数据。

案例 6.6 访问一维数组的方法。

【案例描述】

用指针实现一维数组的输入和输出。

【必备知识】

设已经定义:

int $a[10]$, $*p=a$;

则访问数组元素 $a[0]$ 和 $a[i]$ 的地址及数据的各种等价形式如表 6-4 所示。

表 6-4 访问一维数组元素地址及数据的各种等价形式

对象	数组元素 $a[0]$		数组元素 $a[i]$	
访问方式	数组名	指针	数组名	指针
地址访问形式	a $\&a[0]$	p $\&p[0]$ $\&*p$	$a+i$ $\&a[i]$	$p+i$ $\&p[i]$ $\&*(p+i)$
数据访问形式	$a[0]$ $*a$	$p[0]$ $*p$	$a[i]$ $*(a+i)$	$p[i]$ $*(p+i)$

从表 6-4 中可以看出,一维数组中的各个元素既可以用数组名访问,也可以用指向该数组的指针访问。同时,由于运算符"$*$"和"[]"的等价性,从而演变出多种等价的访问形式。这充分体现了 C 语言的灵活性。从表 6-4 中还可以总结出一条规律,即各种等价访问形式中,凡是出现数组名 a 的位置上都可以用指针 p 替换。采用指针对数组的访问,有助于我们更好的理解 C 语言数组的下标为什么从 0 开始了。

【案例实现】

```
#include <stdio.h>
void main()
{   int a[10], * p=a;
    printf(" Input Data:");
    for (;p<a+10;p++)
        scanf("%d",p);
    printf(" Output Data:");
    for (p=a;p<a+10;p++)
        printf("%3d ", * p);
    printf("\n");
}
```

说明:在该程序中,当定义了指向数组 a 的指针 p 后,在 scanf() 执行时,虽然每次循环时 scanf() 的输入项都是 p,但由于 p 的值随着 p++ 在不断改变,即 p 的指向在不断向数组的底部移动,因此能把输入的数据依次保存到各数组元素中。循环结束后,指针 p 已指到数组 a 最后一个元素的后面，因此在输出时，要将 p 重新移回数组 a 的首地址（即 p＝a;）。

【运行结果】

程序执行时，从键盘输入及输出结果显示如下：

```
Input Data: 1 2 3 4 5 6 7 8 9 10
Output Data: 1  2  3  4  5  6  7  8  9  10
```

案例 6.7 一维数组访问的应用。

【案例描述】

用数组和指针模拟堆栈。

【必备知识】

堆栈是一种先进后出或后进先出的数据结构，它的特点是最先进栈的数据要到最后才能出栈。例如，若干列火车通过一条铁轨入库，最后入库的火车要最先出库，其他的火车才能依次出库。为了模拟堆栈，可以设置一个指向数组的指针，通过指针的移动可以很方便地模拟入栈和出栈。

【案例实现】

假设堆栈长度为 N（整数），程序如下：

```
#include <stdio.h>
#define N 10
int main()
{   int a[N];
    int * p=a;
    printf("  PUSH Data:");
    while (p<a+N)                 //PUSH(入栈)，a[0]为栈底，a[N-1]为栈顶
        scanf("%d",p++);
    printf("  POP  Data:");
    while (p>a)                   //POP(出栈)
        printf(" %d  ", * --p);
    printf("\n");
    return 0;
}
```

说明：程序的第一个 while 循环模拟入栈操作，通过将指针逐步向数组的底部移动来顺序输入各个元素值；第二个 while 循环模拟出栈操作，通过将指针逐步向数组的顶部移动来反序输出各个元素值。

【运行结果】

程序执行时，从键盘输入及输出结果显示如下：

```
PUSH Data: 1 2 3 4 5 6 7 8 9 10
POP  Data:10  9  8  7  6  5  4  3  2  1
```

6.3.2　指针与二维数组

如果定义了指向二维数组的指针，也就可以用指针来访问二维数组的各个元素。与

一维数组不同的是,一维数组的逻辑结构和存储结构是一致的,都表现为线性空间,而二维数组的逻辑结构和存储结构是不同的,其逻辑结构是二维空间,存储结构则是线性空间。为了方便用户用逻辑结构思考问题的习惯,也兼顾二维数组存储结构的效率,C语言为二维数组提供了三种指针形式。

1. 按二维数组的存储结构定义指针

二维数组存储时是按行的顺序将各个元素依次存放在一片连续的存储单元中,相当于把二维数组按一行一行拉直,然后存放到一维线性空间中。如果能计算出二维数组各个元素在一维空间中的位置,就可以将二维数组作为一维数组来处理。

案例 6.8 按存储结构定义指针访问二维数组。

【案例描述】

定义一个 int 型二维数组 $a[M][N]$,按存储结构定义指向数组的指针 p,利用指针按行的顺序输入数据,并按矩阵形式输出数组 a 的值。

【案例分析】

将二维数组 $a[M][N]$ 按存储结构转化为一维数组来处理,则该数组的第一个元素地址为 $a[0]$,最后一个元素的地址为 $a[0]+M*N-1$,通过顺序移动指针就可以按行序输入和输出 $M*N$ 个元素。

【必备知识】

如果定义了二维数组 $a[M][N]$,则根据"按行存放"的规律,如果已知下标 i、j,可以计算出数组元素 $a[i][j]$ 的存储地址如下:

`&a[0][0]+i*N+j`

如果定义一个指针,并使它指向二维数组 a 的第一个元素 $a[0][0]$,即如果

`int a[3][4], *p=&a[0][0];`

则 $p+i*N+j$ 就是 $a[i][j]$ 的地址,用 $*(p+i*N+j)$ 就可以访问 $a[i][j]$ 的值。反过来,如果已知当前地址为 p+k,则通过下式:

`i=k/N`
`j=k%N`

可以计算出数组元素的下标 i 和 j。按二维数组的存储结构定义指针之后,访问该数组各个元素的主要等价形式见表 6-5 所示。

表 6-5　按存储结构访问二维数组元素地址及数据的各种等价形式

对象	数组元素 $a[0][0]$		数组元素 $a[i][j]$	
访问方式	数组名	指针	数组名	指针
地址访问形式	$a[0]$ $\&a[0][0]$	p $\&p[0]$	$\&a[0][0]+i*N+j$ $a[0]+i*N+j$	$p+i*N+j$ $\&p[i*N+j]$
数据访问形式	$a[0][0]$ $(*a)[0]$	$p[0]$ $*p$	$*(\&a[0][0]+i*N+j)$ $*(a[0]+i*N+j)$	$*(p+i*N+j)$ $p[i*N+j]$

由于按二维数组的存储结构定义的指针需要计算各元素在存储空间中的位置,因而使用较少。

【案例实现】

```
#include <stdio.h>
#define M 5
#define N 4
int main()
{   int a[M][N], * p=a[0],i,j;
    printf(" 向二维数组赋值:\n");
    for (;p<a[0]+M * N;p++)              //用指针向二维数组赋值
        scanf("%d",p);
     p=a[0];                             //指针返回数组首地址
    printf("\n 输出二维数组值:\n");
    for(i=0;i<M;i++)                     //用双重循环输出二维数组值
    {   for(j=0;j<N;j++)
        printf(" %5d",p[i * N+j]);
        printf("\n");
    }
    return 0;
}
```

【运行结果】

向二维数组赋值:

```
 1    2    3    4    5
 6    7    8    9   10
11   12   13   14   15
16   17   18   19   20
```

输出二维数组值:

```
 1    2    3    4
 5    6    7    8
 9   10   11   12
13   14   15   16
17   18   19   20
```

2. 行指针

按二维数组的存储结构定义指针,增加了额外的计算量,也缺乏直观性。为此,C 语言提供了两种按二维数组逻辑结构定义指针的方法:行指针和指针数组。下面先介绍行指针。

行指针依据的是二维数组的递归定义:二维数组 $a[M][N]$ 可以看成含 M 个元素的一维数组 $a[M]$,而 $a[M]$ 的每个元素 $a[i]$ 又都是含 N 个元素的一维数组。数组 $a[M]$ 的每个元素代表二维数组的一行,故称之为行向量。定义一个指向行向量的指针,称为行指针。

案例 6.9 用行指针访问二维数组。

【案例描述】

用行指针求二维数组 $a[M][N]$ 各行的平均值，并将各行平均值依次存放在数组 $b[M]$ 中。二维数组各元素的值为 0～100 的随机整数。

【必备知识】

(1) 行指针的定义。

行指针的定义格式如下：

[存储类型]　数据类型　(＊指针)[N]

其中，指针名连同其前面的"＊"一定要用"()"括起来，"[]"中的 N 是一个整数，表示二维数组的列数。例如，一个指向含有 4 列元素的二维数组的行指针可定义如下：

```
int a[4][5],(*p)[5]=a;
```

定义中，同时出现了"＊"和"[]"，由于"[]"的优先级高于"＊"，用"()"将 $*p$ 括起来，让 p 先与"＊"结合，说明 p 是一个指针，然后再与[5]结合，表示 p 指向每行含有 5 个元素的二维数组的行。

(2) 将行指针指向二维数组。行指针 p 形式上像一个数组，实际上是一个指向二维数组某一行的指针，与普通的指针变量一样只需要 4B 的存储空间。不同的是，行指针所指向的一维数组的每一个元素都是含 N 个元素的一维数组，因此，行指针是以行为单位移动的，也就是说，行指针加 1 将移动到下一行。

正由于行指针 p 是指向一维数组 $a[M]$ 的，为了使行指针 p 指向 $a[M]$ 的首地址，应该用 a 或 $\&a[0]$ 来对行指针初始化或赋值。

(3) 用行指针访问二维数组。用行指针 p 来访问二维数组 a 时，先要将行指针移到指定行上，然后再访问指定列。其中，$p+i$ 表示指针指向 a 的第 i 行，而 $p[i]+j$ 则表示指针访问第 i 行的第 j 列，如图 6-3 所示。

	↓$p[i]$+0	↓$p[i]$+1	↓$p[i]$+2	↓$p[i]$+3
p+0→	$a[0][0]$	$a[0][1]$	$a[0][2]$	$a[0][3]$
p+1→	$a[1][0]$	$a[1][1]$	$a[1][2]$	$a[1][3]$
p+2→	$a[2][0]$	$a[2][1]$	$a[2][2]$	$a[2][3]$

图 6-3　行指针移动示意图

在定义了行指针以后，访问二维数组各元素的主要等价形式如表 6-6 所示。

表 6-6　用行指针访问二维数组元素地址及数据的各种等价形式

对象	数组元素 $a[0][0]$		数组元素 $a[i][j]$	
访问方式	数组名	指针	数组名	指针
地址访问形式	a $\&a[0][0]$ $a[0]$ $\&a[0]$	p $\&p[0][0]$ $p[0]$ $\&p[0]$	$\&a[i][j]$ $a[i]+j$ $*(a+i)+j$	$\&p[i][j]$ $p[i]+j$ $*(p+i)+j$

对象	数组元素 $a[0][0]$		数组元素 $a[i][j]$	
访问方式	数组名	指针	数组名	指针
数据访问形式	$a[0][0]$ $*(a[0])$ $**a$ $(*a)[0]$	$p[0][0]$ $*(p[0])$ $**p$ $(*p)[0]$	$a[i][j]$ $*(a[i]+j)$ $*(*(a+i)+j)$ $(*(a+i))[j]$	$p[i][j]$ $*(p[i]+j)$ $*(*(p+i)+j)$ $(*(p+i))[j]$

【案例实现】

```
#include <stdio.h>
#include <stdlib.h>
#include <time.h>
#define M 5
#define N 4
void main()
{   int a[M][N],(*pa)[N]=&a[0],i,j;        //pa 是行指针变量
    float b[M],*pb=b,s;                      //pb 是指针变量
    srand((unsigned)time(NULL));             //产生时间序列的随机数种子
    printf("二维数组原始值：\n");
    for (i=0;i<M;i++)
    {   for (j=0;j<N;j++)
        {   pa[i][j]=rand()*100/32767;       //生成 0～100 的随机整数
            printf("%3d ",pa[i][j]);
        }
        printf("\n");
    }
    for (i=0;i<M;i++)                        //计算各行平均值
    {   s=(float)pa[i][0];
        for(j=1;j<N;j++)
            s+=pa[i][j];
        pb[i]=s/N;
    }
    printf("二维数组各行平均值：\n");
    for(i=0;i<M;i++)                         //输出各行平均值
        printf("a[%d]=%.2f  ",i,pb[i]);
    printf("\n");
}
```

【运行结果】

```
二维数组原始值：
14   8  42  70
12  12  68  77
52  79   6  42
18  93  44  40
33  96  79  66
二维数组各行平均值：
a[0]=33.50  a[1]=42.25  a[2]=44.75  a[3]=48.75  a[4]=68.50
```

补充说明：假设定义了二维数组 a[M][N] 及行指针(* p)[N]，行指针具有如下特点。

① 行指针依据的是二维数组的递归定义，二维数组是由行向量 a[M] 组成的，而 a[M] 的首地址是 a 或 &a[0]，为了使行指针指向二维数组，应该使用 a[M] 的首地址来对行指针初始化或赋值，而 * a 或 a[0] 是 a[M] 的第一个元素，不能用作行指针的初始化。

② 行指针每加 1，相当于跳过一个行向量，即指向二维数组的下一行。

③ 行指针 p[i] 或 * (p+i) 指向二维数组 a 的第 i 行，因此，p[i]+j 和 * (p+i)+j 分别与 a[i]+j 和 * (a+i)+j 等价，都表示 a[i][j] 的地址。也就是说，指向某一行的行指针再加 1，就将行指针移向本行的下一行。

④ 行指针存放的是一维数组 a[M] 的首地址，而 a[M] 的每个元素 a[i] 又是第 i 个行向量的首地址，因此，行指针本质上是一个二级指针(二级指针的概念见 6.6 节)。因此，用行指针访问二维数组的元素，必须经过两次访问地址运算，第一次访问地址运算得到行向量的首地址，第二次访问地址运算才能得到二维数组元素的值。

3. 指针数组

由于行指针只能通过移动指针来指向二维数组的某一行，可以设想，可以使用若干个指针组成一个数组，每个指针分别指向二维数组的某一行，这就避免了指针的移动。如果一个数组的每个元素都是指针，这样的数组称为指针数组。

案例 6.10　用指针数组访问二维数组。

【案例描述】

用指针数组求二维数组 $a[M][N]$ 各行的最大值，并将各行最大值依次存放在数组 $b[M]$ 中。二维数组各元素的值为 $50 \sim 100$ 的随机整数。

【必备知识】

(1) 指针数组的定义。指针数组的定义格式如下：

[存储类型]　数据类型　* 指针[M]

从定义形式上，指针数组和行指针有两点不同。

① 指针名连同其前面的"*"不能用"()"括住，这时，根据运算符"[]"优先于"*"，指针先与[M]结合，表示它是数组，然后再与"*"结合，表示它是指针数组；

② "[]"中的整数 M 表示指针数组元素个数，每个元素可指向二维数组的一行。例如：

```
int a[4][5], * p[4]={a[0],a[1],a[2],a[3]};
```

和行指针不同，指针数组要占用一片连续的存储单元，其每一个元素都需要 4B 存储空间，数组名就是这片存储单元的首地址，也是一个常量。

(2) 使指针数组指向二维数组。指针数组依据的是二维数组的逻辑结构，其每个元素分别指向二维数组的一行，因此，要使指针数组 p 指向二维数组 a，要用数组各行的首地址，如{a[0],a[1],a[2],…}、{* a, * (a+1), * (a+2),…}或{&a[0][0],&a[1][0],&a[2][0],…}来对指针数组各元素初始化或赋值。

（3）用指针数组访问二维数组。指针数组的元素 $p[i]$ 存放的是二维数组第 i 行的首地址 $a[i]$，因此 $p[i]+j$ 与 $a[i]+j$ 代表的都是 $a[i][j]$ 的地址，二者是等价的。于是，如果要访问数组元素 $a[i][j]$，只需在将 $p[i]$ 行中移动 j 列就可以了，即 $*(p[i][j]$ 或 $p[i][j]$。与用行指针访问二维数组的表示形式比较后可以发现，虽然指针数组和行指针存在诸多不同，但是在定义了指针数组以后，访问二维数组各个元素的等价形式与行指针情况完全相同，参见表 6-6。

【案例实现】

```c
#include <stdio.h>
#include <stdlib.h>
#include <time.h>
#define M 5
#define N 4
void main()
{   int a[M][N], * pa[M]={a[0],a[1],a[2],a[3],a[4]},i,j;
    //定义二维数组,数组指针指向二维数组的每一行
    int b[M], * pb=b, s;
    srand((unsigned)time(NULL));          //产生时间序列的随机数种子
    printf(" 二维数组原始值: \n");
    for (i=0;i<M;i++)
    {   for (j=0;j<N;j++)
        {   pa[i][j]=rand() * 50/32767+50;   //生成 50~100 的随机整数
            printf("%3d ",pa[i][j]);
        }
        printf("\n");
    }
    for (i=0;i<M;i++)                      //寻找各行最大值
    {   s=pa[i][0];
        for(j=0;j<N;j++)
            if(s<pa[i][j]) s=pa[i][j];
        pb[i]=s;
    }
    printf("\n 二维数组各行最大值: \n");
    for(i=0;i<M;i++)                       //输出各行最大值
        printf("a[%d]:%3d  ",i,pb[i]);
    printf("\n");
}
```

【运行结果】

二维数组原始值:
```
64  52  91  52
96  82  61  70
58  55  76  68
74  55  55  78
70  58  84  60
```
二维数组各行最大值:
a[0]:91 a[1]:96 a[2]:76 a[3]:78 a[4]:84

补充说明：指针数组的特点如下。

① 指针数组 * p[M]依据的是二维数组 a[M][N]的逻辑结构，其各个元素 p[i]分别指向二维数组的对应行。为了使指针数组指向二维数组，应该使用 a 数组第 i 行的首地址 a[i]或 * (a+i)或 &a[i][0]来对指针数组元素 p[i]初始化或赋值。

② 指针数组的元素 p[i]存放的是二维数组各行的首地址 a[i]，而 a[i]又是 a 数组第 i 行的首地址，因此指针数组本质上也是一个二级指针。

③ 虽然指针数组和行指针在定义依据、定义格式、初始化方式、存储方式都不一样，但访问二维数组元素的地址和数据的形式则是完全相同的，掌握其中一个，可以套用到另一个。例如，无论 p 是行指针还是指针数组，p+i、p[i]或 * (p+i)都表示指向数组的第 i 行。p[i][j]、* (* (p+i)+j)、* (p[i]+j)均可以访问数组元素 a[i][j]。

在程序设计实践中，行指针更多地用于二维数值型数组，指针数组则更多地用于二维字符型数组(字符串)操作。下一节还要继续介绍用指针数组处理多个字符串的方法。

6.4 指针与字符串

C 语言有两种字符串：一种是存放在字符型数组中的字符串，另一种是字符串常数。

存放在字符型数组中的字符串，它的首地址是数组名，程序可以通过数组名来访问或处理它。因此，数组名也就是该字符串的名字，这种字符串也称为有名字符串。

字符串常数被保存在内存的常数存储区中，因为它是常数，不能用"&"运算来获得它的地址。因此，它没有名字，不能通过名字来引用它，故称为无名字符串。

1. 有名字符串的处理

对有名字的字符串，既可以用数组名，也可以用指向该数组的指针来访问或处理它。

案例 6.11 有名字符串的复制。

【案例描述】

编写程序，将字符串 scr 复制到字符串 des 中(不使用 strcpy()函数)。

【案例分析】

为了实现该功能，需要定义两个字符型数组 scr[]和 des[]，scr 作为源字符串，des 作为目的字符串。将数组 scr 中的各个字符依次读出，并顺次存入数组 des 中，直到数组 scr 中'\0'字符为止。

为了体现对比效果，分别通过数组名引用和指针引用两种方式来编写该程序。

【案例实现 1】

用数组名引用时，只要不断改变数组 scr 和 des 的下标，顺序地从数组 scr 中读出各个字符，每读出一个字符 scr[i]，就通过 des[i]=scr[i]把它存放到 des 数组的对应元素中，当遇到 scr 数组中的'\0'字符时，scr 中的所有字符已被复制到 des 中。程序如下：

```
#include <stdio.h>
void main()
{   char des[80],scr[]="The campus is very beautiful.";
```

```
    int i=0;
    while (des[i]=scr[i])
        i++;
    printf("%s\n",des);
    printf("%s\n",scr);
}
```

说明：程序中用赋值表达式 des[i]＝scr[i]作为 while 循环的条件，当尚未遇到 scr 字符串末尾的'\0'字符时，执行复制功能，当复制到 scr 字符串末尾的'\0'字符时，控制复制过程结束。

【运行结果 1】

```
The campus is very beautiful.
The campus is very beautiful.
```

【案例实现 2】

用字符型指针引用时，定义两个指针 ps 和 pd 使之分别指向数组 scr 和 des，然后通过对指针的加 1 运算，即用＊pd＋＋＝＊ps＋＋同时完成移动指针、赋值和循环测试三重功能。程序如下：

```
#include <stdio.h>
void main()
{   char des[80],scr[]="The campus is very beautiful.",*pd=des,*ps=scr;
    while (*pd++=*ps++)
                        ;                    /* 注意此行的空语句不可省略 */
    printf("%s\n",des);
    printf("%s\n",scr);
}
```

【运行结果 2】

```
The campus is very beautiful.
The campus is very beautiful.
```

案例 6.12　有名字符串长度计算。

【案例描述】

编写程序，计算从键盘输入的一个字符串的长度，并使用 strlen()函数检验。

【案例分析】

将输入的字符串存放在数组 str 中，通过移动指针进行计数，就可以得到字符串的长度，将求得的长度与调用 strlen()的结果比较，看是否相等。

【案例实现】

```
#include <stdio.h>
void main()
{   int n,k;
    char str[80],*ps=str;
    gets(str);
    for (n=0; *ps++;n++)        //移动指针和计数
        ;
```

```
        k=strlen(str);
        if(n==k)
            printf("字符串长度是：%d,检验正确\n",n);
        else
            printf("字符串长度检验不正确\n",n);
    }
```

补充说明：当指针 ps 指向 str[0]中的字符时,计数器 n＝0；当 ps 指到 str 中的'\0'字符时,n 的值就是字符串的长度。

【运行结果】

```
The campus is very beautiful.
字符串长度是：29,检验正确
```

2. 无名字符串的处理

对无名字符串,只能用指向它的字符型指针来访问它。同时,由于无名字符串是字符型常数,具有只读属性,因此,即使用指针也不能修改它。

案例 6.13 无名字符串窃取。

【案例描述】

从给定的字符串"The campus is beautiful."中,取出子串"beautiful"。

【案例分析】

通过赋值,使字符型指针 ps 指向字符串常数"The campus is beautiful.",然后将指针移动到第 14 个字符的位置上,如果'%c'控制输出,则输出 ps 所指的字符；如果用"%.9s"控制输出,则输出从第 14 个字符开始,输出紧随其后的 9 个字符的子串。

【案例实现】

```
#include <stdio.h>
void main()
{   char * ps;
    ps="The campus is beautiful";
    ps=ps+14;
    printf("%c   ", * ps);
    printf("%.9s\n",ps);
}
```

【运行结果】

```
b   beautiful
```

补充说明：用指针处理无名字符串应注意以下几个问题。

① 指向无名字符串的指针存放的只是该字符串的首地址,而不是字符串本身。例如,

```
char s[]="Visual C++", * ps="Visual C++";
printf("%d %d\n",sizeof(s),sizeof(ps));
```

输出结果是 11 和 4。因为数组 s 存放的是符串"Visual C++",需要 11B 内存空间(字符串末尾的'\0'需要占用的 1B),而指针 ps 存放的是字符串的首地址,只需要 4B 的内存

空间。

② 用赋值的方式使指针指向无名字符串时,由于每个无名字符串都占用各自的存储区,即使两个字符串完全相同,它们的地址也不一样。因此,当一个指针被多次赋值后,该指针将指向最新赋值的字符串,而原先存放的字符串就不能继续访问。例如,

```
char * ps;
ps="Visual C++";
ps="Microsoft";
```

指针 ps 起先指向"Visual C++"字符串,其后又指向"Microsoft"字符串,"Visual C++"并没有被"Microsoft"替换,而是"Visual C++"和"Microsoft"各自占用自己的存储单元,具有不同的起始地址。指针 ps 指向了"Microsoft",就不再指向"Visual C++",这时,若没有其他指针指向"Visual C++","Visual C++"将不可访问。

③ 由于无名字符串的只读属性,不能企图用指针来修改或替换它所指向的无名字符串。例如,定义

```
char * ps="Visual C++";        //使 str 指向无名字符串
```

后,若用

```
gets(ps);                      //将键盘输入的字符串保存到 ps 所指向的地址中
```

或

```
strcpy(ps,"Hello!");           //将字符串常数复制到 ps 所指向的地址中
```

或

```
ps[2]='X';                     //修改 ps 所指向的无名字符串中的字符
```

等方式来替换或修改原有的无名字符串"Visual C++",虽然能正常通过编译和连接,但到了运行时就会发现不能正常运行,其错误具有相当的隐蔽性。

3. 用字符型指针数组处理多个字符串

字符型指针数组既可以和二维字符型数组联合使用来处理多个有名字符串,也可以单独使用来处理多个无名字符串。

例如,定义

```
char s[5][80], * ps[5]={s[0],s[1],s[2],s[3],s[4]};
```

或

```
char * ps[]={"China","America","France","Japan","England"};
```

都可以用来处理五个字符串。前一种情况可以处理存放在数组 s 中的有名字符串,后一种情况用来处理无名字符串。

需要引起注意的是:若用字符型指针数组处理有名字符串,这些字符串占用的是连续的存储空间,无论指针的指向如何改变,总可以通过修改指针的指向重新访问任何一个字符串。但是,当用字符型指针数组处理无名字符串时,各个无名字符串所占存储单元之间可能并不连续,各字符串之间的联系只能依赖于指针,一旦某个指针中的地址被重新赋

值,则它所指向的字符串就不能访问,除非该字符串还有其他指针指向它。

案例 6.14 多个字符串排序。

【案例描述】

用选择排序算法对给定的 5 个字符串按从小到大的顺序排序。

【案例分析】

定义一个能存放 5 个字符串的二维字符型数组 cty[5][80],再定义一个指向 cty 的字符型指针数组 ps[5],使其每个元素指向一个字符串,并从键盘输入这些字符串存入字符型数组。在选择排序中,通过指针将每个字符串作为一个整体进行比较,在需要交换时,只交换指针数组元素的指向,并不交换数组中的字符。排序完成后,按指针数组元素的顺序输出各个字符串。

【案例实现】

```c
#include <stdio.h>
#include <string.h>
void main()
{   char cty[5][80], * ps[5], * temp;
    int i,j,k;
    for(i=0;i<5;i++)                            //使指针数组各元素指向各个字符串
        ps[i]=cty[i];
    for(i=0;i<5;i++)                            //输入字符串
        gets(cty[i]);
    for (i=0;i<4;i++)                           //选择法排序
    {   k=i;
        for (j=i+1;j<5;j++)
            if (strcmp(ps[k],ps[j])>0)
                k=j;
        temp=ps[k]; ps[k]=ps[i]; ps[i]=temp;    //指针数组元素指向交换
    }
    printf("升序排序结果: \n");
    for (i=0;i<5;i++)
    printf("%s\n",ps[i]);
}
```

【运行结果】

```
China
America
France
Japan
England
升序排序结果:
America
China
England
France
Japan
```

6.5　二级指针和多级指针

1. 一级指针、二级指针和多级指针的概念

前面介绍的指针是一级指针。一级指针是直接指向数据对象的指针,即其中存放的是数据对象如变量或数组元素的地址。二级指针是指向指针的指针,它并不直接指向数据对象,而是指向一级指针,也就是说,二级指针中存放的是一级指针的地址。类似地,三级指针是指向指针的指针的指针,即三级指针存放的是二级指针的地址,依此类推。例如,如果已经知道张三的家庭住址,就可以直接找到张三,这是变量名(因为变量名被映射成内存地址)访问;如果不知道张三的家庭住址,可以通过派出所找到张三的家庭住址,再根据家庭住址找到张三。派出所存放的张三的家庭住址就像一个指针,通过这个指针也可以找到张三;如果既不知道张三的家庭住址,也不知道派出所的地址,则可以通过公安局找到派出所的地址,再由派出所找到张三的家庭住址,最后找到张三。这里,派出所相当于一级指针,它存放了张三的家庭住址,公安局相当于二级指针,它存放了派出所的地址。图 6-4 是一级指针、二级指针和三级指针的示意图。

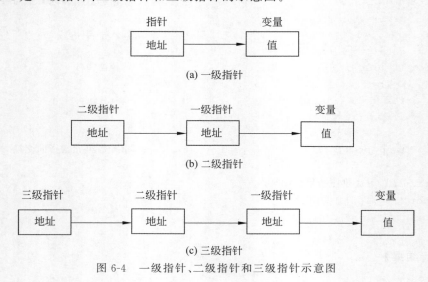

(a) 一级指针

(b) 二级指针

(c) 三级指针

图 6-4　一级指针、二级指针和三级指针示意图

2. 二级指针和三级指针的定义和使用

1) 二级指针和三级指针的定义

二级指针和三级指针的定义格式如下:

［存储类型］　数据类型　**指针名,***指针名

其中,指针名前面有两个 * ,表示是一个二级指针,指针名前有三个 * ,表示是一个三级指针。

【概念应用】

```
int a, * p1, * * p2, * * * p3;
p1=&a; p2=&p1; p3=&p2;
```

指针 p1 存放变量 a 的地址,即指向了变量 a;指针 p2 存放一级指针 p1 的地址,即指向了 p1;指针 p3 存放二级指针 p2 的地址,即指向了 p2。因此,p1 是一级指针,p2 是二级指针,p3 是三级指针。

2)二级指针和三级指针的使用

当一级指针 p1 指向变量 a,二级指针 p2 指向一级指针 p1,三级指针 p3 指向二级指针 p2,那么,访问变量 a 的值就有四种方法:变量名访问、一级指针访问、二级指针访问和三级指针访问。

【概念应用】

```
#include <stdio.h>
void main()
{   int a=100, * p1,**p2,***p3;
    p1=&a; p2=&p1; p3=&p2;
    printf("%d %d %d %d\n",a, * p1,**p2,***p3);
}
```

一般情况下,二级指针必须与一级指针联合使用才有意义,不能将二级指针直接指向数据对象。类似地,三级指针也必须与一级和二级指针联用才有意义。

平常在处理简单问题的时候,没有必要使用二级或三级指针。但是在实际应用中,要求在函数之间传递指针数据时经常会遇到这类问题。用得比较多的情况是二级指针与指针数组联用以解决多个字符串的处理及其在函数间的传递问题。

案例 6.15   二级指针的使用。

【案例描述】

利用二级指针编写程序,将键盘输入的 5 个字符串的第一个字母改为大写。

【案例分析】

将 5 个字符串保存在字符型二维数组 s 中,并定义指向该数组的指针数组 p[5] 和二级指针 pp,则 pp[i][0] 代表第 i 个字符串的第一个字符,若该字符是小写字母,则将其修改为大写;若为其他字符,则不作改变。

【案例实现】

```
#include <stdio.h>
#include <math.h>
void main()
{   char s[5][80], * p[5], * * pp=p;
    int i;
    for(i=0;i<5;i++)
    {   printf("输入字符串: ");
        p[i]=s[i];                      //使指针数组指向字符串
        gets(p[i]);
    }
    for(i=0;i<5;i++)
```

```
        if(pp[i][0]>='a'&&pp[i][0]<='z')
            pp[i][0]-=32;                        //首字母若小写则改为大写
    printf("处理后的字符串: \n");
    for(i=0;i<5;i++)                             //使用二级指针输出字符串
        printf("%s\n",pp[i]);
}
```

【运行结果】

输入及输出结果如下:

```
输入字符串: frank
输入字符串: chrismas
输入字符串: O'Jerry!
输入字符串: #2010-05-04#
输入字符串: software
处理后的字符串:
Frank
Chrismas
O'Jerry!
#2010-05-04#
Software
```

注意: 指针是 C 程序设计课程中最难以理解的内容,同样也是最为重要的内容,没有理解和掌握指针,就意味着没有学会 C 程序设计。学习指针重在理解,要透过表象看本质,指针的本质是通过地址调用变量,而非直接用变量值本身。

习题 6

一、选择题

1. 设有以下语句,则(   )不是对 a 数组元素的正确引用,其中 0≤i<10。

int a[10]={0,1,2,3,4,5,6,7,8,9},* p=a;

  A. a[p-a]   B. * (&a[i])   C. p[i]   D. * (* (a+i))

2. 有如下程序段:

int * p,a,b=1;
p=&a; * p=10; a= * p+b;

执行该程序段后,a 的值是(   )。

  A. 12   B. 11   C. 10   D. 编译出错

3. 若有说明: int i,j,=2,* p=&i;,则能完成 i=j 赋值功能的语句是(   )。

  A. i= * p;   B. * p= * &j;   C. i=&j;   D. i= * * p;

4. 若有以下定义和语句:

int a[]={1,2,3,4,5,6,7,8,9,10},* p=a;

则值为 3 的表达式是(   )。

A. p+=2，*(p++);   B. p+=2，*++p;

C. p+=3，*p++;   D. p+=2，++*p;

5. 下列程序输出数组中的最大值，由 s 指针指向该元素，则 if 语句中的判断表达式应该是（   ）。

A. p>s   B. *p>*s   C. a[p]>a[s]   D. p-a>p-s

```
#include <stdio.h>
void main()
{    int a[10]={6,7,2,9,1,10,5,8,4,3}, *p, *s;
     for (p=a,s=a;p-a<10;p++)
         if (_____) s=p;
     printf("The max:%d", *s);
}
```

6. 执行以下程序段后，m 的值为（   ）。

```
int a[2][3]={{1,2,3},{4,5,6}};
int m, *p;
p=&a[0][0];
m=(*p)*(*(p+2))*(*(p+4));
```

A. 15   B. 8   C. 10   D. 12

7. 设有以下定义：

```
int a[4][3]={1,2,3,4,5,6,7,8,9,10,11,12};
int (*prt)[3]=a, *p=a[0];
```

则下列能够正确表示数组元素 a[1][2]的表达式是（   ）。

A. *((*prt+1)[2])   B. *(*(p+5))

C. (*prt+1)+2   D. *(*(a+1)+2)

8. 若有以下定义和语句：

```
int w[2][3],(*pw)[3]; pw=w;
```

则对 w 数组元素的非法引用是（   ）。

A. *(pw[0]+2)   B. *(pw+1)[2]

C. pw[0][0]   D. *(pw[1]+2)

9. 以下选项中，错误的赋值是（   ）。

A. char s1[10]; s1="Ctest";   B. char s2[]={'C','t','e','s','t'};

C. char s3[20]="Ctest";   D. char *s[4]={"Ctest\n"};

10. 若有定义和语句：

```
int **pp, *p,a=10,b=20;
pp=&p; p=&a; p=&b;printf("%d,%d\n", *p,**pp);
```

则输出结果是（   ）。

A. 10,20   B. 10,10   C. 20,10   D. 20,20

二、阅读程序题

1. 下面程序的运行结果是_____。

```
#include <stdio.h>
void main()
{   int a,b,k=4,m=6, * p1=&k, * p2=&m;
    a=p1==&m;
    b=( * p1)/( * p2)+7;
    printf("a=%d,",a);
    printf("b=%d\n",b);
}
```

2. 以下程序的输出结果是＿＿＿＿＿。

```
#include <stdio.h>
void main()
{   int a[]={30,25,20,15,10,5}, * p=a;
    p++;
    printf("%d\n", * (p+3));
}
```

3. 以下程序的输出是＿＿＿＿＿。

```
#include <stdio.h>
void main()
{   int a[10]={19,23,44,17,37,28,49,36}, * p;
    p=a;
    printf("%d\n",(p+=3)[3]);
}
```

4. 下面程序的输出是＿＿＿＿＿。

```
#include <stdio.h>
void main()
{   int a[]={2,4,6}, * p=&a[0],x=8,i,b;
    for (i=0;i<3;i++)
        b=( * (p+i)<x)? * (p+i):x;
    printf("%d\n",b);
}
```

5. 下列程序的运行结果是＿＿＿＿＿。

```
#include <stdio.h>
void main()
{   int aa[3][3]={10,15,20,30,40,50,60,70,80};
    int i, * p=&aa[0][0];
    for (i=0;i<2;i++)
        if (i==0)
            aa[i][i+1]= * p+1;
        else
            ++p;
    printf("%d\n", * p);
}
```

6. 下列程序的运行结果是＿＿＿＿＿。

```
#include <stdio.h>
```

```
void main()
{   int a[3][4]={1,3,5,7,9,11,13,15,17,19,21,23};
    int (*p)[4]=a,i,j,k=0;
    for (i=0;i<3;i++)
        for (j=0;j<2;j++)
            k=k+*(*(p+i)+j);
    printf("%d\n",k);
}
```

7. 下面程序的输出是_____。

```
#include <stdio.h>
void main()
{   char *s="121";
    int k=0,a=0,b=0;
    do
    {   k++;
        if (k%2==0) { a=a+s[k]-'0'; continue; }
        b=b+s[k]-'0'; a=a+s[k]-'0';
    } while (s[k+1]);
    printf("k=%d a=%d b=%d\n",k,a,b);
}
```

8. 以下程序运行后的输出结果是_____。

```
#include <stdio.h>
void main()
{   char s[]="TJCU", *p;
    for (p=s;p<s+2;p++)
        printf("%s\n",p);
}
```

9. 下列程序中字符串中各单词之间有一个空格,则程序的输出结果是_____。

```
#include <string.h>
#include <stdio.h>
void main()
{   char str1[]="How do you do", *p1=str1;
    strcpy(str1+strlen(str1)/2,"es she");
    printf("%s\n",p1);
}
```

10. 下列程序的输出结果是_____。

```
#include <stdio.h>
void main()
{   int a[5]={2,4,6,8,10}, *p, **k;
    p=a;
    k=&p;
    printf("%d ",*(p++));
    printf("%d\n",**k);
}
```

三、编程题

1. 编写程序,用指针操作将一个一维数组中的 n 个整数作如下处理:顺序将前面各数后移 m 个位置,使最后面的 m 个数变成最前面的 m 个数。例如,有 5 个数:1,3,5,7,9,顺序后移 2 个位置后变成 7,9,1,3,5。

2. 编写程序,用指针操作将一个矩阵转置,即二维数组 a 的转置矩阵 b 满足下列条件:b 的行就是 a 的列。

3. 编写程序,用指针操作将从键盘输入的一段英文句子(不超过 80 个字符)中的所有空格删除。

4. 编写程序,用指针操作将一个字符串反序存放。

第7章

函数

C 语言遵循模块化程序设计的基本思想，一个 C 程序可以由若干个 C 函数构成。C 函数是组成 C 程序的基本单位。从用户的角度看，C 函数可分为标准库函数和用户定义函数两类。标准库函数是编译系统定义的，分别存放在不同的标题文件中，用户只要用 ♯include 包含其所在的标题文件后，即可直接调用它们；用户定义函数则是用户为解决自己的特定问题自行编制的。C 语言程序的优劣集中体现在函数上。如果函数使用恰当，可以使程序更有条理。对于规模较大的程序（例如 100 行以上），应该借助函数来降低编程难度和提高程序的可读性。本章从模块化程序设计的角度介绍如何编制所需要的 C 函数，包括函数的定义、调用以及函数之间的数据传递、变量的存储类型对函数调用的影响，最后介绍 main() 函数的参数。

7.1 模块化程序设计

模块化程序设计的思想是采用自顶向下（或自底向上）、逐步求精的方法，将一个复杂的问题分解成若干个相对独立的子问题，每个子问题对应一个功能独立的程序模块，将这些模块有机地连接在一起，构成一个完整的程序。

7.1.1 模块化程序设计的特点

模块化程序设计方法有很多特点，大体上归纳为如下几点。

（1）由于模块是相对独立的，并且其功能单一，因此每个模块，可以独立编写和调试。这样，一方面使复杂的程序设计工作得以简化，有效控制了程序设计的复杂度；另一方面可使一个模块中的错误不易扩散到其他模块中去，从而也提高了整个软件的可靠性。

（2）采用模块化结构的大型软件，可以根据模块的划分，由更多的人员同时进行集体开发，从而大幅度地缩短开发周期，加快软件的开发速度。

（3）软件的模块化，可以使开发人员如同搭积木一样，把每个功能模块进行相应的组合，实现一个完整的应用软件。这样做就意味着，一个人做出的程序模块，可以被其他人所使用；一次开发出的程序模块，可以在不同的应用程序中多次使用，提高模块的重用性。这就避免了程序开发过程中的重复劳动，提高了软件开发的效率。

（4）由于对模块化软件的测试、修正或更新，都是以模块为基本单位，因此对一个模块进行修正或更新时，不会影响其他模块。在软件中扩充若干新模块时，不会涉及整个应用软件的大范围的修改，即模块化软件具有良好的可维护性和可用性。

可维护性、可靠性、可理解性、可重用性和开发效率是衡量一个软件质量的主要评价指标。因此，模块化结构为保证和提高应用软件的质量，提供了一种重要途径和方法。

7.1.2　C语言程序的模块结构

在C语言中，一个程序模块可以通过一个或几个C函数来描述，因此使用C函数可以实现模块化程序设计。

（1）一个复杂的程序往往包含一个主模块和若干个子功能模块。在C语言中，通常用main()函数作为主模块，描述程序的总体框架，其他函数则作为子模块，完成特定的子功能。

（2）C函数是一种独立性很强的程序模块，所有的函数都处于平等地位，不存在从属关系，即在程序运行时，任何函数都可以调用其他函数，又可以被其他函数调用，甚至还可以自我调用。

（3）一个C程序的各个函数可以集中存放在一个程序文件中，也可以分散存放在几个程序文件中。

（4）函数之间的逻辑联系是通过函数调用实现的。C程序的执行总是起始于main()函数，再由main()函数调用其他函数，其他函数之间可以相互调用，最后终止于main()函数。例如，在图7-1中，main()函数调用fun1()和fun2()，fun1()调用fun11()，fun2调用fun21和fun22()，当main()函数执行结束时，整个程序运行终止。

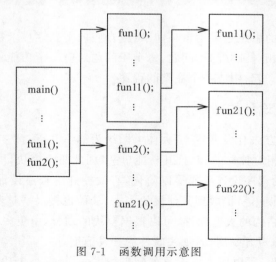

图7-1　函数调用示意图

📖知识拓展

模块化思维

从上述内容可以看出，C程序的执行是各函数相互调用、分工协作的结果。任何一个复杂的工程问题,都可以进行折分,折分的过程就是简化的过程,所谓简化,就是运用模块化思维,把它拆解成若干个容易完成的模块,做好每个模块,再组装起来,一个复杂的系统就完成了。模块化思维实际上是目标分解(Target decomposition)在程序设计中的应用,目标分解就是将总体目标在纵向、横向或时序上分解到各层次、各部门以至具体人,形成目标体系的过程。人生亦是如此,建立一个长期的目标,然后分解成一个个可操作的小目标,脚踏实地地完成每一个小目标,才能实现远大的理想。

7.2 C 函数的定义和调用

7.2.1 C 函数的定义

C 函数的定义格式如下:

［存储类型］［数据类型］函数名(形式参数表)
{
    函数体;
}

【概念应用】

```
float func(int x,float y)
{
    ...
}
```

定义函数应注意以下几点。

(1) 函数名。函数名是编译系统识别函数的依据,除了 main() 函数有固定名称外,其他函数由用户按标识符的命名规则自行命名。函数名与其后的“()”之间不能留空格,C 编译系统依据一个标识符后有没有圆括号来判定它是不是函数。和数组名一样,函数名也是一个常数,代表该段程序代码在内存中的首地址,也称为函数入口地址。

(2) 形式参数。函数的形式参数也称形参,用来建立函数之间的数据联系,它们被放在函数名后面的“()”中。当一个函数被调用时,形参接收来自调用函数的实参(也称实际参数)值,实现函数与函数之间的数据通信,称为参数传递。采用参数传递的好处是当多人合作编程时,每个人可不受约束地为自己所编程序中的变量命名。当某些变量需要与调用函数发生数据传递时,就把它们作为形式参数使用。形式参数可以是变量、数组、指针,也可以是函数、结构体等。当形式参数有多个时,相互之间用“,”隔开。例如:

```
int func(int x, int y)
```

也有的函数被调用时不需要与调用函数进行数据交换,也就不需要形式参数。这时,函数名后面的“()”中可以是空白或 void,这种函数称为无参函数。例如:

```
float sub(void)
```

或

```
float sub()
```

注意：即使是无参函数，函数名后面的"（）"也不能省略。

（3）函数的返回值。有的函数在运行结束时，需要将运算结果返回到调用函数。这个返回调用函数的运算结果称为函数的返回值，也是函数间进行数据传递的一种方式。函数返回值由 return 语句完成。例如，下面的函数用来将计算 x^n，并将计算结果返回调用程序：

```
#include <stdio.h>
float power(float x, int n)
{   int i;
    float s=1.0;
    for(i=0;i<n;i++)
        s=s*x;
    return s;                    //返回值
}
```

函数 power() 被调用后，由 return 语句将变量 s 的值传递给调用函数，s 称为 power() 函数的返回值。

返回值通常是一个表达式，放在 return 后面，可以加"（）"，也可以不加"（）"。例如，return 1，return（1），return(x)，return(x>y?x:y)等。return 语句是函数的逻辑结尾，不一定是函数的最后一条语句，一个函数中也允许出现多个 return 语句，但每次只有一个 return 语句被执行。如果 return 中的表达式类型与函数类型不一致，则被自动转换成函数的类型后返回。

如果函数没有返回值，可以用不带表达式的 return 作为函数的逻辑结尾。这时，return 的作用是将控制权交给调用函数，而不是返回一个值。也可以不用 return，因为 C 语言规定，当被调用函数执行到最后一个"}"时也能将控制权交给调用函数。

（4）函数的数据类型。函数的数据类型指的是该函数的返回值应具有的类型，可以是基本数据类型和指针类型。例如，上面定义的 float power() 函数中，计算结果 s 是 int 型的，但函数是 float 型的，则该函数的返回值 s 将被自动转换成 float 型后传递给调用函数。如果省略函数的数据类型，则默认为 int 型。

有些函数没有返回值，它仅完成某些操作（如输入、输出）而不向调用函数传递数据，这类函数称为无返回值函数，应将它们定义为无值类型，即在函数名前显式地加上关键字 void。如：

```
void print(floatx,float y)       //有参无返回值函数
void input(void)                 //无参无返回值函数
```

（5）函数体。函数体是函数实现预定处理功能的语句集合，其形式与 main() 函数完全相同。C 语言不允许在一个函数体内再定义另一个函数。

（6）函数的存储类型。函数的存储类型用来表征该函数能否被其他程序文件中的函数调用。当一个程序文件中的函数允许被另一个程序文件中的函数调用时，可以将它定义成 extern 型，否则，就要定义成 static 型。如果在函数定义时省略存储类型，则默认为 extern。7.4 节会对函数的存储类型对函数调用的影响作进一步讨论。

7.2.2 函数的调用

1. 函数调用的形式

下面以函数名调用为例，介绍函数调用的形式，函数指针调用将在下一节中讨论。

1) 有返回值的函数调用

案例 7.1 有返回值的函数调用。

【案例描述】

有返回值函数的表达式调用。

【必备知识】

一个函数调用另一个函数时，可以用函数名调用，也可以用函数指针调用。无论是哪种调用形式，都是表达式调用，即被调用函数的函数名或函数指针直接出现在调用函数的表达式中。有返回值的函数可以通过表达式或表达式语句的形式被调用。

【案例实现】

```
#include <stdio.h>
int mul(int x, int y)
{   return x * y; }
int main()
{   int a,b,c;
    printf("Input 2 data:");
    scanf("%d%d", &a, &b);
    c=mul(a,b)+a * b;                //表达式调用
    printf("c=%d\n",c);
    return 0;
}
```

说明：mul()函数是一个有返回值的函数，main()函数通过赋值语句 c＝mul(a,b) ＋ a * b 调用 mul()函数，函数名 mul 作为一个运算量出现在调用函数的赋值表达式中。程序运行时，采用两种方式传递数据，一种是 main()函数将实参 a 和 b 的值分别传递给 mul()函数的形参 x 和 y，使 x 得到 a 的值，y 得到 b 的值。mul()函数执行结束时，将 x * y 的值作为返回值回传到 main()中，成为变量 c 值的一部分。

【运行结果】

```
Input 2 data: 3   5
c=30
```

2) 无返回值的函数调用

案例 7.2 无返回值的函数调用。

【案例描述】

无返回值函数的独立表达式语句调用。

【必备知识】

无返回值的函数不能参加表达式的计算，只能以独立的表达式语句的方式被调用。

【案例实现】

```
#include <stdio.h>
void print()                          //用户定义函数
{   printf("2010\n");
    return;
}
void main()                           //主函数
{   printf("Visual C++ ");
    print();                          //表达式语句调用
}
```

说明：函数 print() 是无返回值函数，不能作为表达式的运算量出现在调用函数中。因此，main() 函数直接将表达式 print() 作为一条语句。程序运行时，语句"print();"被执行，显示"2010"。此外，print() 是一个无参函数，所以，main() 不向 print() 传递数据，但调用时，函数名 print 后面的圆括号是不能缺少的。

【运行结果】

```
Visual C++ 2010
```

2. 函数调用的过程

案例 7.3　函数调用过程示例。

【案例描述】

按下列公式计算组合数：

$$C_m^n = \frac{m!}{n!(m-n)!}$$

【案例分析】

对给定的 m 和 n，需要求出 3 个阶乘，才能求得组合数。为此，可以编写一个通用的阶乘函数 factor()，通过使用不同的参数，实现一个函数被多次重用的目的。

【案例实现】

```
#include <stdio.h>
int main()
{   int m,n,cmn,factor(int);          //factor(int)为函数声明
    printf("Input m and n:");
    scanf("%d%d",&m,&n);
    if (m<n)
        cmn=m,m=n,n=cmn;              //逗号表达式,若m<n,交换 m 和 n
    cmn=factor(m);                    //调用 factor()函数,计算 m!
    cmn=cmn/factor(n);               //调用 factor()函数,计算 m!/n!
    cmn=cmn/factor(m-n);             //调用 factor()函数,计算 m!/n!/(m-n)!
    printf("The combinations:%ld\n",cmn);    //输出组合值
    return 0;
}
int factor(int x)                     //阶乘函数定义
{   int y;
```

```
    for(y=1;x>0;x--)
        y=y*x;
    return (y);
}
```

说明：factor()函数的形参 x 用于接收不同的实参值,从而计算不同的阶乘值。当 main()第一次调用 factor()时,将 m 的值传给 factor()函数中的形参 x,然后执行 factor()的函数体,计算结果(m!值)由 return 返回 main()函数,存入 main()中定义的变量 cmn 中;第二次调用 factor()时,将 n 的值传给 factor()函数中的形参 x,factor()运行结束时,获得的计算结果是 n!,由 return 返回 main()并参加表达式 cmn/factor(n)的计算,结果为 m!/n!仍存放在变量 cmn 中;第三次调用时,将 m-n 的值传给 factor()函数中的形参 x,factor()的计算结果(m-n)!被返回给 main()参加表达式 cmn/factor(m-n)的计算,结果为 m!/n!/(m-n)!保存在 cmn 中,最后将 cmn 输出。

【运行结果】

```
Input m and n:6   10
The combinations: 210
```

补充说明：由此可以看出:当一个函数调用另一个函数时,总是先暂停执行自己的后续指令,并进行现场保留(保存后续指令的地址、程序的中间结果等)、参数传递(如果有的话)等中断处理,然后才转去执行被调用函数;当被调用函数执行完成后,再由调用函数接收程序控制权,并传递返回值(如果有的话)、恢复保留的现场、回收被调用函数中使用的 auto 型变量所占用的存储空间等恢复中断的处理,然后继续执行先前被中断的后续指令。

3. 函数的作用域和函数的声明

1) 函数的作用域

函数的作用域指的是该函数能被哪些位置上的函数调用,函数定义的位置决定函数的作用域。C 语言规定:函数的作用域是从定义的位置起,直到源文件的末尾。这就意味着定义位置在后的函数可以直接调用在它前面定义的函数,而定义位置靠前的函数不能直接调用其后定义的函数,必须对被调用函数进行函数声明后才能调用它。例如,在案例 7.1 和案例 7.2 中,mul()和 print()都定义在 main()之前,main()可以直接调用它们;在案例 7.3 中,factor()定义在 main()之后,所以 main()不能直接调用它,需要在 main()中对 factor()进行函数声明后才能调用。也就是说,函数声明可以扩展其作用域。

2) 函数声明的形式

函数声明的一般形式如下:

数据类型 函数名(形式参数表);

【概念应用】

下面的两种声明形式都可以使用:

```
int factor(int x);          //带完整的形参说明
int factor(int);            //只带形参的类型
```

其中,第一种形式 int factor(int x)的参数名 x 完全是占位用的,它们可以任意指定名称,不一定要和实际定义的 factor()中的形参名相同,也可以和程序中已经定义的任意标识符同名;第二种形式 int factor(int)只给出了参数的类型而省略了参数名,既能提供编译系统进行参数类型检查的信息,又没有冗余,因而得到更多编程者的青睐。

3)函数声明的位置

函数声明的位置决定了该函数的作用域被扩大到什么程度。

若在调用函数的函数体内声明,则该函数的作用域仅限于本调用函数体内声明位置之后的范围。案例 7.3 中,在 main()函数体内对 factor()进行了声明,就只能在 main()函数体内声明位置之后的地方进行函数调用,不能在声明位置之前调用,也不能由 main()函数之前定义的函数调用。

若在函数体外声明,则被声明函数的作用域是从声明处开始直到整个源文件结束。因此,从声明位置开始往后的所有函数都可对该函数进行调用,而不必再加声明。

7.3 数据传递

当一个函数调用另一个函数时,函数之间传递数据的方式有 3 种,即参数传递(又称形参-实参结合)方式、函数返回值方式和全局变量方式,使用最灵活的是参数传递方式,使用最方便的是函数返回值方式,不提倡使用的是全局变量方式。

7.3.1 参数传递方式

参数传递方式是在形参和实参之间进行的数据传递。传递的数据可以是变量、数组、指针、结构、函数等;可以是单个数据,也可以是一组数据。

1. 参数传递的过程和特点

(1)参数传递的过程。有参函数在未被调用时,其中的形参没有值,它的值要在程序运行时,由调用它的函数通过实参传递过来,称为参数传递。在 C 语言中,参数传递是一种值传递,即调用函数将实参的值复制到被调用函数对应的形参中。实参的值既可以是一般意义上的值(如整数、字符等),也可以是地址值(即指针)。因此当被调用函数执行时,函数中的形参就用复制来的值参加运算,如图 7-2 所示。

(2)参数传递的特点。

① 形参是一种 auto 型的局部变量,它与实参各自占用自己的存储单元,在参数传递前,形参与实参并无联系。这时,形参的值是不确定的,不能引用。

② 当函数被调用的时候,参数传递才会发生。这时,实参的值被复制到对应的形参中,形参取得了初值,可以对形参进行操作或引用,但当形参所在的函数运行结束时,形参所占的存储单元将被释放,其值也不复存在。

③ 参数传递中,形参和实参不是靠名称相同来传递数据,而是在对应位置之间传递数据,这就要求形参和实参在数据类型、个数和顺序上一一对应,如果出现类型或数量上的冲突,在编译或运行时将会报错。

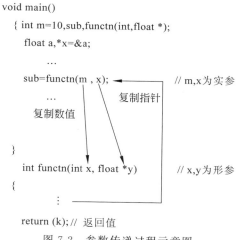

图 7-2　参数传递过程示意图

2. 变量的传递

当需要在调用函数与被调用函数间传递数据时,既可以传递变量的值,也可以传递变量的地址。

1) 变量(含数组元素或表达式)值的传递

案例 7.4　变量值的传递。

【案例描述】

分析下面的程序,main()能否通过调用函数 swap()来实现变量 x 和 y 的交换。

【必备知识】

当形参是变量名时,对应的实参可以是变量、数组元素或表达式。

参数传递时,实参(变量、数组元素或表达式)的值将被复制到对应的形参中。形参获得实参的值后就终止与实参的联系。尽管形参的值在运行过程中可能发生改变,但不会对实参的值产生影响。函数调用结束后,形参所在的存储单元将被释放。

【案例实现】

```
#include <stdio.h>
void swap(int a,int b)                      //定义 swap()函数,形参为简单变量
{   int t;
    t=a,a=b,b=t;                            //逗号表达式,用于变量的交换
    printf("在 swap() 函数内: a=%db=%d\n",a,b);
}
int main()                                  //主函数
{   int x,y;
    printf("输入整数 x,y: ");
    scanf("%d%d",&x,&y);
    printf("调用 swap()函数前: x=%dy=%d\n",x,y);
    swap(x,y);                              //调用 swap()函数
    printf("调用 swap()函数后: x=%dy=%d\n",x,y);
    return 0;
```

```
    }
```

说明：函数 swap()的功能是实现 a、b 值的交换。当 main()调用 swap()时,通过参数传递将实参 x、y 的值复制到 swap()的形参 a、b 中,使 a 和 b 分别得到了 x 和 y 的值。在 swap()执行时,a、b 的值发生了交换,因此,在 swap()中 printf()输出的 a、b 值是交换后的值。但由于形参和实参各自占用自己的存储单元,形参值的改变不影响对应的实参。因此,main()中的 x 和 y 并没有发生交换,如图 7-3 所示。

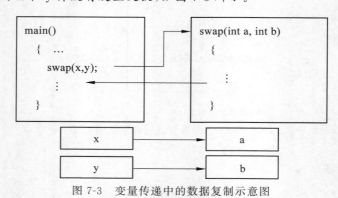

图 7-3 变量传递中的数据复制示意图

【运行结果】

输入整数 x,y：5 20
调用 swap()函数前：x=5 y=20
在 swap()函数内：a=20 b=5
调用 swap()函数后：x=5 y=20

补充说明：变量值传递的最大特点是数据单向传递,即只能将实参的值传递给形参,而形参的值则不能回传给实参,是一种单向的数据传递,这种数据传递方式对数据隐藏特别有利。

2）变量地址的传递

案例 7.5 变量地址的传递。

【案例描述】

分析下面的程序,判断 main()能否通过调用函数 swap()用来实现变量 x 和 y 的交换。

【必备知识】

当形参是指针时,对应的实参可以是变量的地址或指向变量的指针。

参数传递时,调用函数将变量的地址或指向变量的指针传递给对应的形参,作为形参的指针变量将复制实参的地址值。这时,如果实参是变量的地址,对应的形参也保存了同样的地址；如果实参是指向变量的指针,对应的形参就和实参同时指向同一变量。因此,实参和形参指向的是同一内存空间,此时对形参的任何操作实际上也是对实参操作。

【案例实现】

```
#include <stdio.h>
void swap(int * a,int * b)                          //定义 swap()函数,形参为指针
```

```
{    int t;
     t=* a, * a=* b, * b=t;                                  //指针所指的存储单元的内容交换
     printf("在 swap() 函数内:a=%d b=%d\n", * a, * b);
}
int main()                                                   //主函数
{    int x,y;
     printf("输入整数 x,y: ");
     scanf("%d%d",&x,&y);
     printf("调用 swap() 函数前: x=%d y=%d\n",x,y);
     swap(&x,&y);                                            //调用 swap() 函数
     printf("调用 swap() 函数后: x=%d y=%d\n",x,y);
     return 0;
}
```

说明：当 main() 调用 swap() 时，实参 x 和 y 的地址被复制到形参 a 和 b(a 和 b 是指针变量)中，使指针 a 和 b 分别指向 x 和 y 的空间。由于 * a 和 x 等价，* b 和 y 等价，在 swap() 中进行的 * a 和 * b 的交换也就是 main() 中 x 和 y 的交换。所以，在调用 swap() 后，swap() 和 main() 中输出的都是交换后的数据，如图 7-4 所示。

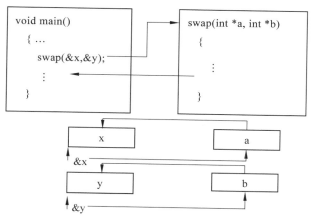

图 7-4　指针传递中的地址复制示意图

【运行结果】

输入整数 x, y: 5　20
调用 swap() 函数前: x=5　y=20
在 swap() 函数内: a=20　b=5
调用 swap() 函数后: x=20　y=5

补充说明：地址值传递的最大特点是形参和实参指向同一地址，形参的改变将使对应的实参作相同的改变。

案例 7.6 参数传递。

【案例描述】
利用参数传递代替函数返回值传递。

【案例分析】
下面的两个程序都能求两个数的和。程序 1 采用函数返回值的方式传递两数之和，

程序 2 采用参数传递方式传递两数之和。

【案例实现】

//程序 1: 采用函数返回值的方式传递两数之和

```c
# include <stdio.h>
float plus(float,float);
void main()
{   float a,b,c;
    printf("Input a and b:");
    scanf("%f%f",&a,&b);
    c=plus(a,b);
    printf("%.1f+%.1f=%.1f\n",a,b,c);
}
float plus(float x,float y)
{   return x+y;
}
```

//程序 2: 采用参数传递方式传递两数之和
```c
# include <stdio.h>
void plus(float,float,float * );
void main()
{   float a,b,c;
    printf("Input a and b:");
    scanf("%f%f",&a,&b);
    plus(a,b,&c);
    printf("%.1f+%.1f=%.1f\n",a,b,c);
}
void plus(float x,float y,float * z)
{   * z=x+y;
}
```

说明: 程序 2 在 plus() 中增加了一个形参 z, 它是一个指针。在执行时, 指针 z 复制 main() 中变量 c 的地址, 因此, plus() 中的 *z 与 main() 中的 c 是等价的, 即 c 中存放的是 a+b 的值。这样, 函数 plus() 通过参数传递既从 main() 中获得数据, 也能将计算结果通过形参传递回 main() 函数。

【运行结果】

```
Input a and b: 5.0   10.0
5.0+10.0=15.0
```

3. 数组的传递

1) 一维数组的传递

案例 7.7 一维数组传递及排序。

【案例描述】

编写函数 sort(), 将主函数传递过来的一维数组的前 *N* 个元素按降序排列。

主调用函数可以将一维数组整体传递给被调用函数,这时,实参可以是数组名或指向数组的指针,对应的形参必须是数组名或指针。

一维数组的传递本质上就是指针传递。无论实参是数组名还是指向数组的指针,代表的都是数组的首地址,当对应的形参是指针时,该指针将复制实参数组的首地址,从而指向实参数组;当形参是数组名时,C 编译系统将该数组名自动转换成指针来复制实参数组的首地址。因此,作为形参的数组名和指针具有完全相同的传递机制,占用的存储空间也是相同的均包含 4B。

【案例分析】

本例 main() 函数中用数组名作实参,sort() 函数用指针作形参。因为要求 sort() 函数能按指定数量的数组元素排序,该函数应提供两个形参,指针 p 用来接收实参数组的首地址,变量 n 用来接收要排序的元素个数。

【案例实现】

```
#include <stdio.h>
void sort(int * p,int n)                    //采用选择排序编写函数,指针 p 作形参
{   int i,j,t;
    for (i=0;i<n-1;i++)
        for (j=i+1;j<n;j++)
            if (p[i]<p[j])
            {   t=p[i],p[i]=p[j],p[j]=t;
            }
}
void main()                                 //主函数
{   int a[10]={2,8,7,5,9,12,10,3,1,6},i,N;
    printf(" 排序前的数组序列: ");
    for (i=0;i<10;i++)
        printf("%d  ",a[i]);
    printf("\n 输入参与排序元素的个数: ");
    scanf("%d",&N);
    sort(a,N);                              //数组名 a 作实参
    printf(" 排序后的数组序列: ");
    for (i=0;i<10;i++)
        printf("%d  ",a[i]);
    printf("\n");
}
```

说明:参数传递时,形参指针 p 复制了实参数组 a 的首地址,因而指向实参数组 a。因此,sort() 函数中的 p[i] 就是 main() 函数中的 a[i],从而用指针 p 实现了对数组 a 的排序。

【运行结果】

排序前的数组序列: 2 8 7 5 9 12 10 3 1 6
输入参与排序元素的个数: 6
排序后的数组序列: 12 9 8 7 5 2 10 3 1 6

补充说明:调用 sort() 函数前后 a 数组存储情况如图 7-5 所示。

	a[0]	a[1]	a[2]	a[3]	a[4]	a[5]	a[6]	a[7]	a[8]	a[9]
调用sort()前	2	8	7	5	9	12	10	3	1	6
调用sort()后	12	9	8	7	5	2	10	3	1	6
	p[0]	p[1]	p[2]	p[3]	p[4]	p[5]				

图 7-5　一维数组传递时,形参指针指向实参数组

案例 **7.8**　一维数组传递及计算。

【案例描述】

编制 average() 函数,求一维数组各元素的平均值,main() 函数中提供一维数组的数据,通过调用 average() 函数获得数组元素的平均值。

【案例分析】

本例 main() 函数用数组名作为实参,average() 函数用数组名作为形参。

【案例实现】

```
#include <stdio.h>
float average(int des[10])              //计算平均值,数组名作形参
{   int i;
    float avg;
    for (avg=0,i=0;i<10;i++)
        avg+=des[i];
    avg/=10;
    return avg;                         //返回值为数组元素的平均值
}
void main()
{   int i,scr[10];
    float mv;
    printf("Input 10 interage data: ");
    for (i=0;i<10;i++)
        scanf("%d",&scr[i]);
    mv=average(scr);                    //实参为数组名 a,mv 用于接收返回值
    printf("Average=%f\n",mv);
}
```

说明:被调用函数 average() 的形参用的是数组名 des[10],但在参数传递时,数组名 des 被转换成指向 int 型数组的指针变量 * des,它接收实参数组 scr 的首地址,从而指向实参数组 scr。因此,des[i] 与 scr[i] 是等价的,如图 7-6 所示。

scr[0]	scr[1]	scr[2]	scr[3]	scr[4]	scr[5]	scr[6]	scr[7]	scr[8]	scr[9]
des[0]	des[1]	des[2]	des[3]	des[4]	des[5]	des[6]	des[7]	des[8]	des[9]

图 7-6　一维数组传递时,形参数组名被转换成指针

【运行结果】

```
Input 10 interage data:
12  23  34  45  56  67  78  89  93  104
Average= 60.100000
```

补充说明：正由于当形参用数组名时，会被转换成指针。因此，在函数首部的形参说明中，数组的维界大小是无关紧要的，可以用任意整数作维界，也可以写成隐含尺寸数组或指针的形式。例如，在例 7.8 中，被调用函数 average() 使用以下形式，具有相同的效果和传递机制：

```
float average(int des[10])          //形参为定界数组,维界可以是任何整数
float average(int des[ ])           //形参为隐含尺寸数组
float average(int * des)            //形参为指针变量
```

2）二维数组的传递

案例 7.9 二维数组传递及计算。

【案例描述】

编写程序，求二维数组中的最大元素。

【必备知识】

主调用函数如果要将二维数组整体传递给被调用函数，可以用数组名或指向该数组的行指针作为实参，而被调用函数则用数组名或指向二维数组的行指针作为形参。参数传递时，如果形参是行指针，则直接接收实参数组的首地址；如果形参是二维数组名，则会被自动转换成指向二维数组的行指针。因此，作为形参的数组名和行指针具有相同的传递机制，占用相同的存储空间，均为 4B。

【案例分析】

main()函数中定义一个二维数组 scr[M][N] 及指向它的行指针 (* ph)[N]，用行指针调用子函数 max_value ()。max_value()用数组名 array[M][N] 作为形参，参数传递时，数组名 array 被自动转换成行指针 (* array)[N]，并复制 main() 函数实参 ph 中的地址值，从而成为实参数组 scr 的行指针。

【案例实现】

```
/ * 主函数 main() * /
# include <stdio.h>
# include <stdlib.h>
# include <time.h>
# define M 4
# define N 5
void main()
{   int scr[M][N],( * ph)[N]=scr,max_value(int array[M][N]);
    int i,j,smax;
    srand((unsigned)time(NULL));            //产生时间序列的随机数种子
    printf("二维数组初始值: \n");
    for (i=0;i<M;i++)
    {   for (j=0;j<N;j++)
        {   ph[i][j]=rand() * 100/32767;    //生成 0～100 的随机整数
            printf("%4d ",ph[i][j]);
        }
        printf("\n");
            system("Pause");
    }
```

```
    smax=max_value(ph);                              //实参为行指针 ph
    printf("\n 二维数组中的最大值：%d\n",smax);
}
/* 子函数 max_value() */
int max_value(int array[M][N])                       //形参为二维数组名 array
{   int i,j,max;
    max=array[0][0];
    for (i=0;i<M;i++)                                //双重循环,求数组中的最大值
        for (j=0;j<N;j++)
            if (max<array[i][j])
                max=array[i][j];
    return (max);                                    //返回值为二维数组各元素的最大值
}
```

说明：本例 max_value()用二维数组名 array 作形参,在参数传递时,该数组名会被自动转换成二维数组的行指针并复制实参指针 ph 中的地址值,从而指向 main()函数中的数组 scr。所以,main()中的 scr[i][j]与 max_value()中的 array[i][j]表示的是同一存储空间。

【运行结果】

```
二维数组初始值：
 6  29  82  77  10
65  65  47  63  41
58  21  31  46  78
56  41  50  25  60
二维数组中的最大值：82
```

补充说明：同样由于二维数组名被自动转换成行指针,因此,在 max_value()函数首部的参数说明中,二维数组第一维的维界大小是无关紧要的,可以用任意整数作维界,也可以写成隐含尺寸数组或行指针的形式：

```
max_value(int array[4][5])                   //或形参为定界数组,其中,第一维界大小任意
max_value(int array[M][N])
max_value(int array[][5])                    //或形参为隐含尺寸数组
max_value(int array[][N])
max_value(int (*array)[5])                   //或形参为行指针
max_value(int (*array)[N])
```

4. 字符串的传递

1) 单个字符串的传递

主调用函数如果要将一个字符串传递给被调用函数,可以用一维字符型数组名或指向字符型数组的指针作实参,被调用函数则用一维字符型数组、一维隐含尺寸数组或字符型指针作形参。参数传递时,作为形参的数组名将被转换成字符型指针,接收实参的首地址。这与前面介绍的一维数组的传递方式是相同的。

2) 多个字符串的传递

用二维数组存放多个字符串时,一个字符串相当于二维数组的一行,通常要作为一个

独立的单位来处理。因此,用指针数组来处理多个字符串是最常用的方法。调用函数如果要将多个字符串传递给被调用函数,通常用字符型指针数组作实参,被调用函数则用字符型指针数组或字符型二级指针作形参。为什么要用二级指针呢? 这是由于实参是指针数组,是一级指针,形参要复制一级指针(指针数组)的首地址,因此,形参必须要用二级指针。也就是说,如果形参是二级指针,就能直接复制实参指针数组的首地址;如果形参是指针数组名,则将被自动转换成二级指针,复制实参的首地址。

案例 7.10　字符串数组的传递。

【案例描述】

编制程序将给定的 5 个字符串中的字母转换成大写。

【案例分析】

编制子函数 Upper(),用字符型指针数组作形参,其功能是将传送过来的各个字符串中的所有字母全部转换成大写;在 main() 中定义一个二维字符型数组存放 5 个字符串,并定义了指向该数组的指针数组 st[5],通过该指针数组将 5 个字符串整体传递给 Upper 函数中的形参,在 Upper() 中对各个字符串中的字符进行小写字母转换成大写字母的处理。

【案例实现】

```
/* 主函数 main() */
#include <stdio.h>
#include <ctype.h>
void Upper(char * str[]);
void main()
{   char s[5][80], * sp[5];
    int i;
    for(i=0;i<5;i++)
        sp[i]=s[i];
    printf(" 请输入 5 个字符串 \n");
    for(i=0;i<5;i++)
        gets(sp[i]);
    Upper(sp);                        //实参为指针数组名
    printf("\n 变更为大写后的字符串:\n");
    for(i=0;i<5;i++)
        puts(sp[i]);
}
/* 子函数 Upper() */
void Upper(char * str[5])             //形参为指针数组名
{   int i,j;
    for(i=0;i<5;i++)
        for(j=0;str[i][j];j++)
            str[i][j]=toupper(str[i][j]);   //将指定字符转换成大写
}
```

说明:本例中的实参和形参都是指针数组,参数传递时,作为形参的指针数组名 str 被自动转换成一个二级指针,指向实参指针数组 sp[]。另外,程序中使用了字符处理函数 toupper() 来将指定的字母转换成大写字母,该函数定义在标题文件 ctype.h 中。

【运行结果】

请输入 5 个字符串
This is a desk.
Hello Kitty!
computer
Microsoft Company
english book
变更为大写后的字符串：
THIS IS A DESK.
HELLO KITTY!
COMPUTER
MICROSOFT COMPANY
ENGLISH BOOK

补充说明：在传递多个字符串时，无论实参是二维字符型数组还是字符型指针数组，对应的形参可以是定界指针数组、隐含尺寸指针数组或二级指针。例如，本例中的子函数 Upper() 可以定义成如下 3 种形式之一：

```
void Upper(char * str[10])              //形参为定界指针数组
void Upper(char * str[])                //形参为隐含尺寸指针数组
void Upper(char * * str)                //形参为二级指针
```

思考：如何将例 7.10 中的被调用函数 Upper() 改写成用二级指针作形参，并观察程序运行效果。

7.3.2 函数返回值方式

函数返回值只能用来由被调用函数向调用函数单向传递数据。如果只传递单个数据，可以用变量或表达式作为函数的返回值；如果要传递一批数据，则可以用指针作为函数的返回值。

1. 基本类型函数

如果函数的返回值是 int、float 等基本数据类型或结构类型的变量或表达式，这类函数称为基本类型或基类型函数。前面介绍的案例 7.1、案例 7.3、案例 7.8、案例 7.9 都使用了基类型函数来单向传递数据。

使用基类型函数应注意以下两点。

（1）基类型函数不能返回数组、字符串或函数。

（2）当被调用函数的数据类型与函数中 return 后面表达式的类型不一致时，表达式的值将被自动转换成函数的类型后传递给调用函数。

2. 指针型函数

如果函数的返回值是一个指针，即返回一个地址，这类函数称为指针型函数。指针型函数的返回值可以是数组名、字符串首地址或指针变量。

1）指针型函数的定义

指针型函数的定义格式如下：

［数据类型］＊函数名（形式参数表）

指针型函数的结构特点是函数名前有一个"＊"，表示它是某种数据类型的指针。

【概念应用】

```
float   * sub(int a, char * c)            //指针型函数
{   float b[10];
    ...
    return b;                             //返回指针,即数组 b 的首地址
}
```

2）指针型函数的返回值

指针型函数的返回值是一个地址（指针），如果这个地址是某个变量的首地址，则可以返回一个值；如果这个地址是数组的首地址，则可以返回多个值。

案例 7.11　指针型函数作为返回值。

【案例描述】

编写函数，其功能是将一维数组中的最大元素和最小元素存放在一个数组中，并将该数组作为函数返回值。

【案例分析】

find()函数接收来自 main()函数中数组 scr 的首地址及数组中包含的元素个数 n，并找出该数组中的最大值和最小值，分别存放在数组元素 $m[0]$ 和 $m[1]$ 中，最后将数组 m 的首地址返回 main()函数，main()函数应使用同类型的指针来接收返回值。

【案例实现】

```
#include <stdio.h>
#include <stdlib.h>
#include <time.h>
int * find(int a[],int n)                 //数组 a 接收主函数传递过来的数组
{   int i,m[2], * p=m;                     //定义指针 p,用作返回值
    m[0]=m[1]=a[0];
    for(i=0;i<n;i++)
    {   if(m[0]<a[i]) m[0]=a[i];
        if(m[1]>a[i]) m[1]=a[i];
    }
    return p;                             //返回数组 m 首地址,使用数组名 m 也可以
}
void main()
{   int i,scr[10], * p;
    srand((unsigned)time(NULL));          //产生时间序列的随机数种子
    printf("一维数组初始值: \n");
    for (i=0;i<10;i++)
    {   scr[i]=rand() * 100/32767;        //生成 0~100 的随机整数
        printf("%4d ",scr[i]);
    }
    printf("\n");
```

```
        p=find(scr,10);                    //指针 p 接收子函数返回的地址
        printf("  max=%d   min=%d\n",p[0],p[1]);
    }
```

说明：find()函数中定义的数组 m，m[0]用于存放数组 scr 的最大元素，m[1]用于存放数组 scr 的最小元素，数组 m 的首地址被作为返回值。main()中定义了一个与 find()具有相同数据类型的指针 p，用来接收数组 m 的首地址，从而得到最大值和最小值。

【运行结果】

```
一维数组初始值:
36  55  33  99  35  79  70  51  39  41
max=99    min=33
```

案例 7.12　利用指针型函数传递字符串。

【案例描述】

编制子函数 char ＊func()，实现标准库函数 strcat()的功能，即接收两个字符串，然后将第二个字符串连接到第一个字符串的末尾。

【必备知识】

通常采用指针型函数用于传递字符串操作。

【案例分析】

func()函数是一个指针型函数，并使用两个字符型指针作形参，一个用于接收源字符串的首地址，另一个用于接收目的字符串的首地址。函数执行时，先通过 while 循环将指针 pc1 移到第一个字符串的末尾，再通过第二个 while 循环将第二个字符串连接到第一个字符串的末尾，最后通过字符型指针 ps 将连接后的字符串的首地址返回 main()函数。

【案例实现】

```
#include <stdio.h>
char ＊func(char ＊pc1, char ＊pc2)
{   char ＊ps=pc1;                //指针 ps 保存字符串 pc1 的首地址
    while(＊pc1++);               //指针移到字符串 pc1 的末尾
    pc1--;                       //指针移到字符串结束标识符('\0')位置
    while(＊pc1++=＊pc2++);        //将字符串 pc2 追加到 pc1 的末尾
    ＊pc1='\0';                   //为字符串 pc1 添加结束标识符
    return ps;                   //返回字符串 pc1 首地址
}
void main()
{   char s1[80],s2[80],＊p;
    printf("\n 第一个字符串:");
    gets(s1);
    printf(" 第二个字符串:");
    gets(s2);
    p=func(s1,s2);
    printf(" 连接后的字符串:");
    puts(p);
}
```

第一个字符串：Visual
第二个字符串：C++ 2010
连接后的字符串：Visual C++ 2010

思考：为什么 func()函数用指针 ps 作为返回值而不直接用 pc1 作为返回值呢？因为指针 pc1 在程序执行的过程中指向位置已发生改变，故不能用来返回连接后字符串的首地址。

7.3.3　全局变量方式

全局变量是在函数外部定义的变量，可以被它所在源程序文件中定义位置靠后的所有函数引用，若在一个函数中改变了全局变量的值，其他函数中的同名全局变量也随之改变，因此，可以利用全局变量在函数间传递数据。请看下面的程序：

```
#include <stdio.h>
int c;                //变量 c 定义为全局变量
void sub(int x, int y)
{    c=x+y;
}
void main()
{    int a,b;
     scanf("%d%d",&a, &b);
     sub(a,b);
     printf("%d\n",c);
}
```

由于程序中的 c 被定义为全局变量，当 sub()函数中给 c 赋值后，main()函数中的同名变量 c 也具有相同的值。所以，main()函数中的 c 就是 a、b 之和。

需要指出，利用全局变量实现函数间的数据传递，加大了函数之间的数据耦合，削弱了函数的内聚性，从而降低了整个程序的可靠性和通用性。因此，在程序设计中不提倡使用这种方式。

7.3.4　函数指针

函数是存储在内存代码区的一段程序，函数名就是该程序代码的入口地址。如果定义一个指针 pf 并存放某个函数的入口地址，那么 pf 就称为指向该函数的函数指针。7.2 节已讨论过用函数名调用函数，即用函数指针来调用函数；7.3 节已讨论过数据在函数间的传递，即用函数指针进行函数在函数间的传递。

案例 7.13　用函数指针调用函数示例。

【案例描述】

abs()函数用来求任意一个实数的绝对值，main()函数中用函数指针调用该函数。

【必备知识】

1）函数指针的定义

函数指针的定义格式如下：

[存储类型] 数据类型 (＊函数指针)(形参表);

其中,数据类型是指该指针所指向的函数的类型,存储类型应与它所指向的函数的存储类型相同。函数指针的说明形式类似于二维数组的行指针,其差别在其后的"()"上,行指针使用"[]",而函数指针则使用"()"。

```
int (＊func)(float,float);
```

定义了一个函数指针 func,它可以指向一个 int 型的带有两个 float 形参的函数。

　　类似地,也可定义函数指针数组,其定义格式如下:

　　　[存储类型] 数据类型 (＊函数指针[n])(形参表);

其中,函数指针后面加了一个维界 n,表示数组的大小。

【概念应用】

```
void (＊point[3])(int,float);
```

　　定义了 3 个元素的函数指针数组 point,它的每一个元素可以指向一个 void 型的带有 int 和 float 形参的函数。

　　2) 用函数指针调用函数

　　定义了函数指针并使它指向某个函数,就可以用函数指针代替函数名来调用该函数。

　　(1) 使函数指针指向函数的方法。通过对函数指针初始化或赋值,可以使函数指针指向某个函数。若已定义如下函数:

```
float func(int x,float y)
{
    …
}
```

则可以定义指向该函数的函数指针 pf:

```
float (＊pf)(int,float)=func;          //初始化方式
```

或

```
float (＊pf)(int,float);
pf=func;                              //赋值方式
```

　　注意:用作初始化或赋值的函数名是该函数代码在内存中的首地址,函数名后不能加"()"。

　　(2) 用函数指针调用函数的方法。用函数指针调用函数的形式有两种形式:

```
函数指针(实参表);
(＊函数指针)(实参表);
```

　　例如,要调用上面定义的函数 func(),连同函数名调用在内,可以用下面的 3 个方法:

```
func(100,25.3)              //函数名调用
pf(100,25.3)                //函数指针调用
(＊pf)(100,25.3)            //函数指针调用
```

【案例实现】

```
#include <stdio.h>
float abs(float x)                      //求绝对值
{   if (x>=0)
        return (x);
    else
        return (-x);
}
void main()
{   float a,b,(*pf)(float)=abs;         //定义指向 abs()函数的指针 pf
    scanf("%f",&a);
    b=pf(a);                            //函数指针调用,也可以用 b=(*pf)(a);
    printf("%.3f 的绝对值是 %.3f\n",a,b);
}
```

【运行结果】

```
-15.86
-15.860 的绝对值是 15.860
```

3) 用函数指针传递函数

案例 7.14 用函数指针传递函数示例。

【案例描述】

用函数指针传递函数,实现嵌套调用。

【必备知识】

用函数指针传递函数指的是调用函数将另一个函数的入口地址传递给被调用函数,使被调用函数再调用指定的函数。如果调用函数 fa()要求被调用函数 fb()再调用第三个函数 fc(),那么,调用函数 fa()用函数名 fc 或指向函数 fc()的函数指针作实参,被调用函数 fb()用函数指针作形参,达到函数嵌套调用的目的。

用函数指针传递函数时,调用函数的实参为函数名或指向函数的指针,被调用函数的形参是函数指针。形参复制实参函数的入口地址,从而实现运行实参函数的目的。

【案例分析 1】

funa()函数的功能是求两个整数的和,funb()函数的功能是求两个整数的积,sub()函数形参中的函数指针(*fp)(int,int)用来传递函数。当 main()函数通过 z＝sub(fpa,x,y)＋ sub(funb,x,y)调用 sub()时,分别用指向 funa()的函数指针 fpa 和 funb()的函数名作为实参传递给 sub()中的对应形参,使 sub()函数中的函数指针复制 funa()和 funb()的入口地址,嵌套调用 funa()和 funb(),从而求得 x＋y＋x＊y 的值。

【案例实现 1】

```
#include <stdio.h>
int funa(int a, int b)                  //funa()函数用于求两个整数的和
{   return a+b;
}
int funb(int a, int b)                  //funb()函数用于求两个整数的积
{   return a*b;
```

```
    }
    int sub(int (*p)(int,int), int a, int b)     //用函数指针进行函数的传递
    {    return (*p)(a,b);
    }                                            //实现函数的嵌套调用
    void main()
    {    int x,y,z,(*fpa)(int,int)=funa;
         printf("输入两个整数：");
         scanf("%d%d",&x,&y);
         z=sub(fpa,x,y)+sub(funb,x,y);
         printf("函数调用运行后的结果：%d\n",z);
    }
```

【案例分析 2】

函数的传递本质上是一种更为灵活的嵌套调用方式。例如，上面的程序也可以用函数嵌套调用实现，即由 sub() 函数直接调用 funa() 和 funb()，而不再使用传递函数指针的方式调用它们，但使用灵活性降低。程序改写如下：

【案例实现 2】

```
#include <stdio.h>
int funa(int a, int b)
{    return a+b;
}
int funb(int a, int b)
{    return a*b;
}
int sub(int a, int b)
{    return funa(a,b)+funb(a,b);              //直接调用函数 funa() 和 funb()
}
void main()
{    int x,y,z;
     scanf("%d%d",&x,&y);
     z=sub(x,y);
     printf("%d\n",z);
}
```

【运行结果】

输入两个整数：5 10
函数调用运行后的结果：65

7.4 存储类型与函数调用

函数由数据定义与数据处理两部分组成，数据定义是用数据类型定义变量、数组等操作对象。变量被定义后，其作用范围是什么？分配在内存的何处？何时分配内存空间？其生命期有多长？这就是变量的存储类型要解决的问题。变量的存储类型共 4 种：auto、register、extern 和 static。

一个 C 程序是由若干个函数组成的，这些函数可能集中在同一个程序文件中，也可

能分散在几个程序文件中。当函数分散存放时,一个文件中的函数能否调用另一个文件中的函数?这是函数的存储类型要解决的问题。函数的存储类型有两种:extern 和 static。

7.4.1 变量的存储类型

变量的存储类型将影响变量的作用域和生命期,从而对函数调用带来影响。

1. 变量的作用域

变量的作用域是指变量在什么范围内可以被引用,即可见性。C 语言中,作用域从小到大分为 4 级:块级、函数级、文件级和程序级。

函数体内用内嵌花括号括住的程序段称为块。块级作用域指的是某个变量只能在块内被引用,也就是说,从定义位置开始,直到内嵌右花括号为止;

函数级作用域指的是某个变量只能在函数体内被引用,也是从定义位置开始,直到它所在函数最后的右花括号为止;

文件级作用域指的是某个变量可以被它所在文件位于其后定义的所有函数引用,但不能被其他文件内的函数引用;

程序级作用域指的是一个文件中定义的变量,可以在另一个文件中被引用。当然,这些文件同属于一个程序项目,故称为程序级作用域。

变量的作用域主要是由变量定义的位置决定的。变量在程序中定义的位置可以有 3 处:在函数体外部定义;在函数体内(包括块内)定义;在函数的形式参数表中定义。第 1 种称为全局变量,第 2 种称为局部变量,第 3 种称为形参,也是一种局部变量。局部变量具有块级或函数级作用域,全局变量具有文件级或程序级作用域。例如,下面的程序

```
1    #include <stdio.h>
2    int sum(int a,int b)              //变量 a 和 b 具有函数级作用域
3    {   int z;                        //变量 z 具有函数级作用域
4        z=a+b;
5        return z;
6    }
7    int z=100;                        //变量 z 具有文件级作用域
8    void main()
9    {   int x=200,y=300;              //变量 x,y 具有函数级作用域
10       {   int x=300;                //变量 x 具有块级作用域
11           printf("%d ",x);          //输出 300
12       }
13       printf("%d ",sum(x,y));       //输出 500
14       printf("%d\n",z);             //输出 100
15   }
```

中,sum()函数中定义了 3 个变量:形参 a 和 b 以及局部变量 z,它们都具有函数级作用域。第 7 行变量 z 在函数外部定义,属于全局变量,具有文件级作用域,可以被定义位置靠后的 main()函数引用,而不能被定义位置在前的 sum()函数引用。第 9 行定义的变量 x 和 y 具有函数级作用域。第 10 行的变量 x 在内嵌的"{}"中定义,只具有块级作用域。

当出现不同作用域的同名变量时,作用域小的变量优先。因此,程序第 11 行输出的 x 是块内的 x(300),第 13 行调用 sum()函数的实参 x 则是函数级的 x(200)。sum()函数体内使用的变量 z 与第 7 行定义的全局变量 z 并无关系。因此,程序第 14 行输出全局变量 z 的值(100)。

2. 变量的生命期

变量的生命期是指变量的寿命有多长,即存在性。生命期主要是由变量在内存中的存储位置决定的。

C 程序使用的内存区被分成 5 部分:代码区用于存放程序的可执行代码;常数存储区用于存放程序中定义的字符串常量及宏定义等;静态存储区用于存放程序中定义的全局变量和静态局部变量,const 常量则存放在静态存储区的只读部分;动态存储区即堆栈(stack)用于存放自动变量(包括 auto 型局部变量和形式参数)、程序调用时的现场保护信息和返回地址等;堆(heap)或堆块是一块自由存储区,程序可通过动态分配函数使用它,如图 7-7 所示。

图 7-7　C 程序内存划分示意图

存放在动态存储区内的局部变量,其生命期只限于它所在的程序块或所在函数的执行期内,即当它所在程序块或所在函数被执行时,其值是存在的,一旦它所在的程序块或所在函数执行结束,其值就不复存在;存放在全局变量和静态存储区内的局部变量和全局变量,其生命期与整个程序的执行期相同,只要程序还在运行,它们的值就不会消失。

3. 局部变量的存储特性

局部变量的存储类型有 auto、register 和 static,默认的存储类型为 auto。其中,auto 型局部变量存放在堆栈区,register 型局部变量存放在 CPU 的寄存器,static 型局部变量存放在静态存储区,因此它们具有各自的存储特性和生命期。

1) auto 型局部变量的存储特性

案例 7.15　auto 型变量初始化示例。

【必备知识】

auto 型变量的初始化是在程序执行期间完成的,它们所在的函数或程序段每次被调用,均要进行初始化操作。

【案例实现】

```
#include <stdio.h>
int found()
{   int x=5;                                    //变量 x 存储类型为 auto 型
    ++x;
    return x; }
void main()
{   int i;
    for (i=0;i<3;i++)                           //for 循环调用 found()函数
    printf(" i=%d   x=%d \n",i,found());        //注意 found()函数返回值
}
```

【运行结果】

```
i=0    x=6
i=1    x=6
i=2    x=6
```

说明：特别注意,found()函数每次被调用时,其中的变量 x 都要被重新初始化为 5。

补充知识：auto 型变量的值只在它们所在的函数或程序段执行期间才被保留,一旦它们所在的函数或程序段执行结束,其值就不再有效。例如,下面的程序

```
#include <stdio.h>
int found()
{   {   int x=5;                                //变量 x 作用域为块级
        ++x;
    }
    return x;                                   //编译时报错,提示变量 x 未定义
}
void main()
{   int i;
    for (i=0;i<3;i++)
        printf("%d",found());
    printf("\n");
}
```

在编译时将报错,因为在 found()中的 x 被定义在内层"{ }"中,在离开内层"{ }"后,x 就变成未定义变量,因而不能引用。注意,变量的生命期影响到变量的作用域。

2) register 型局部变量的存储特性

寄存器型变量也属于动态局部变量,因此其存储特性与 auto 型变量类似,唯一区别是 auto 型变量存放在动态存储区,而寄存器变量存储在 CPU 的寄存器中。由于 CPU 中寄存器存取速度要比存储器快得多,所以使用寄存器变量的主要目的是提高程序的运行速度,常用作循环控制变量。

注意：对寄存器变量的具体处理方式随不同的计算机系统而变化。有的计算机把寄存器变量作为自动变量来处理;有的计算机则限制了定义寄存器变量的个数,当 CPU 中寄存器放不下时,寄存器变量自动转变为自动变量存放到动态存储区。

3）static 型局部变量的存储特性。

案例 7.16　static 型局部变量示例。

【案例描述】

static 型局部变量的初始化和生命期。

【必备知识】

static 型局部变量和 auto 型局部变量既有相似之处，也有不同之处。

① static 型局部变量和 auto 型局部变量一样具有块级或函数级作用域，都是在程序执行时分配存储空间。

② 若 static 型局部变量未初始化，则 char 型变量自动赋 0 字符，int 型变量自动赋 0 值，浮点型变量自动赋 0.0 值；若要初始化，则只能使用常数而不能用已有初值的变量初始化，只能初始化一次。

③ static 型局部变量在退出作用域后，系统并不收回这些变量所占用的存储空间，其值被保留。它们的生命期一直延续到整个程序运行结束，即具有全程生命期。

【案例实现】

```
#include <stdio.h>
int found()
{   static int x=5;                        //变量 x 定义为静态型变量
    ++x;
    return x;
}
void main()
{   int i;
    for (i=0;i<3;i++)                       //for 循环调用 found()函数
        printf(" i=%d   x=%d \n",i,found()); //注意 found()函数返回值
}
```

【运行结果】

```
i=0    x=6
i=1    x=7
i=2    x=8
```

说明：因为 found()函数中的 static 型变量 x 在编译时被初始化为 5，在第一次被调用时，x 以初值 5 参加++x 的运算，返回时 x 的值为 6；在第二次被调用时，x 中的 6 被保留下来，经++x 运算后，返回时 x 的值是 7；在第 3 次被调用时，x 中的 7 被保留下来，经++x 运算后，返回时 x 的值是 8。该示例表明，局部变量经 static 说明后，具有全程生命期。

4. 全局变量的存储特性

全局变量的存储类型可以是 extern 或 static，默认的存储类型是 extern。static 型和 extern 型全局变量都存放在静态存储区中，因此具有如下相同的存储特性：

（1）在程序编译时分配存储空间，被存放在内存的全局变量和静态存储区中。

（2）若未初始化，则 char 型变量自动赋 0 字符，int 型变量自动赋 0 值，浮点型变量自

动赋 0.0 值。若要初始化,则只能用常数,不能用已有初值的变量初始化,且仅初始化一次。

（3）具有全程生命期。

二者的不同之处是：static 型全局变量的作用域被限制为文件级,extern 型全局变量的作用域可以被延伸到程序级。也就是说,全局变量的存储类型改变了其作用域而没有改变其生命期。

【必备知识】

static 型全局变量只能被所在文件定义位置在后的函数引用,不能被定义位置在前的函数引用,也不能被其他文件中的函数引用。

例如下面的程序分散在两个程序文件中。文件 file2.c 中定义的 static 型全局变量 x 只能被本文件中定义位置在后的函数 sub()引用,不能被另一个文件 file1.c 中的函数 main()引用;在文件 file2.c 中,函数 sub()定义在前,而 static 型全局变量 y 定义在后,因此,y 不能被 sub()引用。

```
/*file1.c*/
#include <stdio.h>
void main()
{   printf("%d\n",x);              //编译出错
}
/*file2.c*/
static int x=25;                   //定义静态型全局变量 x
void sub1()
{   printf("%d\n",x);              //可以引用
    printf("%d\n",y);              //编译出错
}
    static int y=100;              //定义全局变量 y
```

案例 7.17 文件内扩展全局变量的作用域示例。

【案例描述】

通过 extern 声明扩展全局变量的作用域。

【必备知识】

在同一个程序文件中,如果 extern 型全局变量的定义在后,而引用它的函数在前,只要对该变量进行 extern 声明,则位置靠前的函数就可以引用它,即扩展了它的作用域。

【案例实现】

```
#include <stdio.h>
int Max(int x,int y)
{   int z;
    z=x>y?x:y;
    return z;
}
void main()
{   extern int A,B;                //全局变量的 extern 说明
    printf("max=%d\n",Max(A,B));   //引用全局变量 A、B
}
```

```
int A=13,B=-8;                              //全局变量定义
```

说明：程序中,全局变量 A 和 B 是在程序末尾定义的,本来 main() 不能引用它们,但由于在 main() 中对它们进行了 extern 说明,使这两个变量可以被 main() 引用。

【运行结果】

```
max=13
```

案例 7.18　扩展全局变量的作用域到其他文件。

【案例描述】

通过 extern 声明将全局变量的作用域扩展到其他文件。

【必备知识】

一个程序文件中定义的 extern 型全局变量,另一个程序文件只要对该变量进行 extern 声明而不必另行定义,就可以将其作用域扩展到程序级,即位于同一个程序而不位于同一个文件中的函数也能引用它。

【案例分析】

假设文件 2 中包含求两个整数最大值的函数 Max(),并定义了全局变量 A 和 B;文件 ex1.c 中包含 main() 函数,它调用文件 ex2.c 中的 Max() 函数。由于要在 main() 数中引用 ex2.c 文件中的 Max() 函数及全局变量 A、B,所以必须在 main() 函数中用 extern 将全局变量 A、B 说明成外部变量,并用 extern 将函数 Max() 说明成外部函数(外部函数在下节讨论)。否则,main() 不能识别全局变量 A、B 及函数 Max()。

【案例实现】

第一个文件内容:

```
/*文件 1: ex1.c*/
#include <stdio.h>
extern int A,B;                          //声明 A、B 为外部变量
extern int Max(int,int);                 //声明 Max() 为外部函数
void main()
{   printf("max=%d\n",Max(A,B));
}
```

第二个文件内容:

```
/*文件 2: ex2.c*/
int Max(int x,int y)
{   int z;
    z=x>y?x:y;
    return z;
}
int A=100,B=7;                           //定义全局变量 A、B,注意它们不归属于任何函数
```

【运行结果】

```
max=100
```

7.4.2　函数的存储类型与函数调用

函数的存储类型可以是 extern 和 static,默认值为 extern。

1. 外部函数和内部函数

extern 型函数称为外部函数，static 型函数称为内部函数。当一个程序中的函数被分散存放在不同的源文件时，外部函数可以被其他源文件中的函数调用，内部函数则不能被其他源文件中的函数调用。所谓"外部"和"内部"是针对不同的源文件而言的，如果一个程序的所有函数都存放在同一个源文件中，而且它们都不被其他源文件中的函数调用，则外部函数和内部函数就没有区别。使用内部函数可以使函数的作用范围只局限于所在文件，即使在不同的源文件中出现了同名的函数，也互不相干。

2. 外部函数的特点

外部函数可以被其他源程序文件中的函数调用。

如果调用函数和被调用函数不在同一源文件中，而被调用函数又是 extern 型，则调用函数所在的源文件不必再定义该函数，只要对该函数进行 extern 说明后即可调用。例如：

```
/ * file1.c * /
int x;                          //全局变量 x
{    scanf("%d",&x);            //对变量 x 赋值
    ...
}
sub(float a[])
{    ...
}
/ * file2.c * /
extern sub();                   //对 file1.c 文件中的函数 sub()进行 extern 说明
void main()
{    int x;
    float b[10]={1,2,3,4,5.5,6.5,7.6,8.4,9.3,10.1};
    x=sub(b);                   //调用 file1.c 文件中的子函数 sub()
    ...
}
```

3. 内部函数的特点

内部函数只能被所在的源程序文件中的函数调用。如果调用函数的定义位置在前，而被调用函数的定义位置在后，则必须对被调用函数进行函数声明，见案例 7.3。

7.5　函数的递归调用

递归调用是一个函数直接或间接地调用自己，前者称为直接递归，后者称为间接递归。实现递归调用的函数称为递归函数。由于递归非常符合人们的思维习惯，而且很多数学函数和算法或数据结构都是采用递归定义的，因此递归调用颇具实用价值。

1. 递归函数举例

案例 7.19　递归函数举例。

【案例描述】

编写求 $n!$ 的递归调用程序。

$$n! = \begin{cases} 1, & n=0 \text{ 或 } n=1 \\ n(n-1)!, & n>1 \end{cases}$$

【案例分析】

在第 4 章介绍了采用循环结构实现阶乘的算法,现在可以根据 $n!$ 的递归定义,很容易编写出递归函数和主程序。

【案例实现】

```
#include <stdio.h>
int factor(int n)
{    if (n==0||n==1)                    //递归调用终止条件
         return (1);
     else
         return (n * factor(n-1));      //递归调用 factor()函数
}
void main()
{    int x,factor(int);
     printf("Input an Integer data:");
     scanf("%d",&x);
     printf("%d!=%d\n",x,factor(x));    //调用 factor()函数
}
```

2. 递归调用过程分析

前面介绍,函数的形参是 auto 型的局部变量。根据局部变量的作用域和生命期,递归程序在执行过程中每次对自身的调用,其形参尽管名称相同,但每一次从实参复制来的值是不同的,而且每次调用完成后,形参的值被压入堆栈,不再影响下一次调用,因此不同层次的调用,形参不会互相混淆,这是理解递归程序执行过程的基本依据。

递归程序的执行过程可分为两个阶段:递推和回推。

(1)"递推"阶段解决将问题一步一步转化成另一个问题,直到递归结束条件成立为止。

(2)"回推"是递推的逆过程。"回推"阶段从递归结束条件开始,一步一步回推计算结果,直到原问题出现为止。

下面以求 5! 为例,说明例 7.19 递归程序的执行过程:

① 第 1 层调用,factor()函数接收 main()函数中传递过来的实参值 5,即 n=5。由于不满足 n==1 或 n==0 的条件,因此执行 return(n * factor(n−1)),即要进行第二层调用,本次函数返回值为 5 * factor(4)将被压入堆栈保存起来。

② 进入第 2 层调用,形参 n 接收来自上一层的实参值 4,同样由于不满足 n==1 或 n==0 的条件,因此执行 return(n * factor(n-1)),要进行第 3 层调用,本次函数返回值为 4 * factor(3)将被压入堆栈保存起来。

③ 进入第 3 层调用,形参 n 接收来自第 2 层调用的实参值 3,由于不满足 n==1 或 n==0 的条件,因此执行 return(n * factor(n-1)),要进行第 4 层调用,本次函数返回值为 3 * factor(2)将被压入堆栈保存起来。

④ 进入第 4 层调用,形参 n 接收来自第 3 层调用的实参值 2,由于不满足 n==1 或 n==0 的条件,因此执行 return(n * factor(n-1)),要进行第 5 层调用,本次函数返回值为 2 * factor(1)将被压入堆栈保存起来。

⑤ 进入第 5 层调用,形参 n 接收来自第 4 层调用的实参值 1,这时已经满足 n==1 或 n==0 的条件,因此执行 return(1),即返回值为 1。至此,递推阶段结束,进入回推阶段。

⑥ 返回第 4 层调用,计算该层,调用 factor(2)的返回值为 2 * factor(1)=2 * 1=2。
⑦ 返回第 3 层调用,计算该层,调用 factor(3)的返回值为 3 * factor(2)=3 * 2=6。
⑧ 返回第 2 层调用,计算该层,调用 factor(4)的返回值为 4 * factor(3)=4 * 6=24。
⑨ 返回第 1 层调用,计算该层,调用 factor(5)的返回值为 5 * factor(4)=5 * 24=120。

⑩ 返回 main()函数,即 factor(5)的值为 120。

上述执行过程如图 7-8 所示。

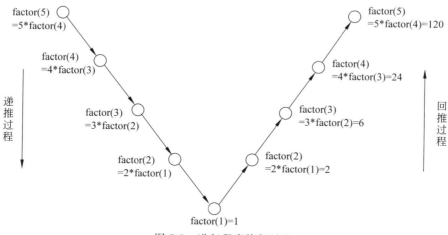

图 7-8　递归程序执行过程

3. 递归程序设计方法

设计递归算法,一般可分为两个步骤。

(1) 确定递归终止的条件。

(2) 确定将一个问题转化成另一个问题的规律。

案例 7.20 利用递归实现反序输出。

【案例描述】

用递归方法将输入的任意十进制整数按相反的顺序把各位数字输出。

【案例分析】

设计思路如下：

① 如果一个整数 n 只有一位，就可以将它直接输出。要确定这个整数只有一位，只要满足 n/10==0 的条件，这就是初始条件。

② 对超过一位的整数，可以先取出它的最低位，方法是用 n%10 实现。在取出最低位的同时，用 n=n/10 来降低该数的位数。

于是，就可以容易地编写出递归程序 prind()。

【案例实现】

```
#include <stdio.h>
void prind(int n)
{   if (n<0)
    { n=-n;putchar('-'); }              //处理负数
    putchar(n%10+'0');                  //输出最低位
    if ((n/=10)!=0)
        prind(n);                       //递归调用
}
void main()
{   int x;
    printf("Input:  ");
    scanf("%d",&x);
    printf("Output: ");
    prind(x);                           //调用 prind()函数
    printf("\n");
}
```

说明：程序在用 putchar()输出每一位数字时，用 n%10+'0'来把余数转换成对应的 ASCII 码，然后由 putchar()输出其对应的数字字符。例如，13%10 的值为 3,3+'0'的值为 51,其对应的字符是'3'。读者可与案例 4-13 进行对照分析，找出其中的共同点和差异。

【运行结果】

```
Input: -12345
Output: -54321
```

7.6 main()函数的参数与返回值

除了在递归程序中可能出现 main()函数自己调用自己的情况外，main()函数很少被其他函数调用。所以，前面用到的 main()函数一般写成

```
void main()
```

或

```
void main(void)
```

但是,main()函数也有参数和返回值,本节介绍 main()函数的参数、返回值及其应用。

案例 7.21 main()函数的参数使用示例。

【案例描述】

编一个名为 slink 的程序,其功能是将若干个指定的字符串连接成一个字符串。要求将文件名及各个要连接的字符串作为命令行参数。

【必备知识】

1. 命令行参数

C 语言可用来设计系统程序,如 Windows 操作系统中,字符操作界面的复制命令 COPY,可以用 C 语言编写。为此,要用到命令行参数的概念。

一般地,把操作系统状态下为了执行某个程序或命令而键入的一行字符称为命令行。通常命令行含有可执行文件名,有的还带有若干参数,并以回车符结束。例如:

```
C:\>copy file1.txt file2.txt ↵
```

就是一个命令行,其中,copy 是命令,file1.txt 和 file2.txt 是 copy 要求的两个参数。该命令行的功能是将 file1.txt 复制到 file2.txt 中。这三个相互用空格隔开的字符串统称为命令行参数。

2. main()函数的参数

如果用 C 语言编制一个名为 copy 的程序,如何用带参数的命令行形式来运行它呢?这就是 main()函数的参数要解决的问题。

main()函数的参数最常用的形式如下:

```
main(int argc,char * argv[])
```

其中,整型变量 argc 用来记录命令行中参数的个数,由程序运行时自动计算出来;字符型指针数组 argv 用来存放命令行中的各个参数的首地址,数组 argv 的容量由 argc 确定。

【案例实现】

```
#include <stdio.h>
#include <string.h>
void main(int argc,char * argv[])
{   int i;
    for (i=1;i<argc-1;i++)
    strcat(argv[1],argv[i+1]);
    printf("%s\n",argv[1]);
}
```

说明:在 D 盘根目录下创建 slink 项目,以 slink.c 为文件名,编译连接后将在 D:\slink\debug 下生成可执行文件 slink.exe。当用命令行的形式运行该程序时,首先要进入操作系统命令状态(在 Windows 10 环境中用"开始"|"程序"|"附件"|"命令提示符")。在命令提示符"C:\>"下,进行如图 7-9 所示的操作,即可得到运行结果。

【运行结果】

```
C:\Documents and Settings \Administrator> d:

D:\> cd slink\debug
D:\slink\Debug>slink Beijing Shanghai Tianjin Chongqing
BeijingShanghaiTianjinChongqing
```

补充说明：操作系统首先自动计算出全部命令行参数的个数为 5，并保存在第一个形参 argc 中，同时，根据 argc 确定第二个形参为 * argv[5]，并把第一个参数 slink 存放在 argv[0] 中（argv[0] 总是存放程序文件名），第二个参数 Beijing 存放在 argv[1] 中，第三个参数 Shanghai 存放在 argv[2] 中，第四个参数 Tianjin 存放在 argv[3] 中，第五个参数 Chongqin 存放在 argv[4] 中，如图 7-9 所示。

argc	5
argv[0]	slink\0
argv[1]	Beijing\0
argv[2]	Shanghai\0
argv[3]	Tianjin\0
argv[4]	Chongqing\0

图 7-9　main() 函数的参数

根据 main() 函数参数的存储安排，因此在程序中用 strcat() 将除文件名以外的各个参数依次连接到 argv[1] 中，最后输出 argv[1]。

通常将 argc 和 argv 这两个形参名看作 C 语言的准关键字，专门用作 main() 函数的参数。由于指针数组与二级指针具有相同的功效，所以有时也将 char * argv[] 写成 char **argv。

3. main() 函数的返回值

main() 函数也可以有返回值，这个返回值通常用来返回一个程序是否运行成功的标志，通知操作系统。

案例 7.22　main() 函数的返回值示例。

【案例描述】

修改案例 7.21 程序，当用户输入的命令行参数个数少于 2 时，屏幕显示"未送入要连接的字符串"，并返回操作系统；否则，将命令行中的各个参数（文件名除外）连接成一个字符串并显示出来。

【案例分析】

若用户输入的命令行参数不足两个字符串，main() 的返回值为 −1；若正确输入，则返回 0。

【案例实现】

```c
#include <stdio.h>
#include <string.h>
int main(int argc,char * argv[])
{   int i;
    if (argc<=2)
    {   printf("未送入要连接的字符串\n");
        return -1;
    }
    for (i=1;i<argc-1;i++)
```

```
            strcat(argv[1],argv[i+1]);
      printf("%s\n",argv[1]);
      return 0;
}
```

【运行结果】

D:\slink\Debug>slink Beijing
未送入要连接的字符串

D:\slink\Debug>slink Beijing Shanghai
BeijingShanghai

习题 7

一、选择题

1. 在下列关于 C 函数定义的叙述中,正确的是(   )。
    A. 函数可以嵌套定义,也可以嵌套调用
    B. 函数可以嵌套定义,但不可以嵌套调用
    C. 函数不可以嵌套定义,但可以嵌套调用
    D. 函数不可以嵌套定义,也不可以嵌套调用
2. 若函数为 int 型,变量 z 为 float 型,则该函数体内的语句 return(z);返回的值是(   )。
    A. int 型   B. float 型   C. 不定   D. 不确定
3. 以下所列各函数定义的首部中,正确的是(   )。
    A. void play(int,int)   B. void play(int a,b)
    C. void play(int a,int b)   D. sub play(a as integer,b as integer)
4. 在 C 语言中,形参默认的存储类型是(   )。
    A. auto   B. static   C. extern   D. register
5. 在调用函数时,如果实参是简单变量,它与对应形参之间的数据传递方式是(   )。
    A. 地址传递   B. 单向值传递
    C. 双向值传递   C. 传递方式由编译系统确定
6. 若调用函数的实参是一个数组名,则向被调用函数传送的是(   )。
    A. 数组的长度   B. 数组的首地址
    C. 数组每一个元素的地址   D. 数组每个元素中的值
7. 在 C 语言中,若要使定义在一个源程序文件中的全局变量只允许在本源文件中所有函数使用,则该变量的存储类型是(   )。
    A. auto   B. extern   C. static   D. register
8. 若已定义函数 max(int a,int b)及指向该函数的指针 p,则可以用指针 p 调用函数 max()的语句是(   )。

A. (* p)max(a,b);   B. * pmax(a,b);
C. * p(a,b);   D. (* p)(a,b);

9. 若以下程序

```
void main(int argc, char * argv[])
{   while (argc-->0)
        {   ++argv;  printf("%s  ", * argv);
        }
}
```

所生成的可执行文件名为 file1.exe，当从键盘输入以下命令并执行时，输出结果是（ ）。

file1 CHINA BEIJING SHANGHAI

A. C B S   B. F C B
C. CHINA BEIJING SHANGHAI   D. file1 CHINA BEIJING

二、阅读程序题

1. 以下程序的输出结果是＿＿＿＿＿。

```
#include <stdio.h>
void fun(int x, int y, int z)
{   z=x * x+y * y;
}
void main()
{   int a=8;
    fun(5,2,a);
    printf("%d\n",a);
}
```

2. 下列程序的输出结果是＿＿＿＿＿。

```
#include <stdio.h>
void f(int x,int y,int cp,int dp)
{   cp=x * x-y * y;
    dp=x * x+y * y;
}
void main()
{   int a=6,b=5,c=4,d=3;
    f(a,b,c,d);
    printf("%d %d\n",c,d);
}
```

3. 下列程序的输出结果是＿＿＿＿＿。

```
#include <stdio.h>
void fun(int * n)
{   while((* n)--);
    printf("%d\n", ++(* n));
}
```

```
void main()
{   int   a=10;
    fun(&a);
}
```

4. 下列程序的输出结果是_____。

```
#include <stdio.h>
void fun(int * x, int * y)
{   printf("%d   %d   ", * x, * y);
    * x=8;  * y=10;
}
void main()
{   int x=3,y=5;
    fun(&y, &x);
    printf("%d   %d\n", x, y);
}
```

5. 以下程序的运行结果是_____。

```
#include <stdio.h>
void main( )
{   int a[]={1,2,3,4},i,j=2;
    void f1(int * );
    for (i=1; i<3; i++)
    {   f1(a); j++ ;
    }
    printf("%d,%d\n", a[0],j);
}
void f1(int a[4])
{   int i,j=1;
    for(i=1; i<4; i++)
        a[i-1]=a[i];
    j++;
}
```

6. 以下程序的输出结果是_____。

```
#include <stdio.h>
#include <stdlib.h>
void amovep( int * p,int ( * a)[3],int n)
{   int i,j;
    for (i=0;i<n;i++)
        for (j=0;j<n;j++)
        {   * p=a[i][j]; p++;
        }
}
void main()
{   int * p,a[3][3]={{1,3,5},{2,4,6}};
    p=(int * )malloc(100);          //函数 malloc()用于申请内存空间
    amovep(p,a,3);
    printf("%d   %d\n",p[2],p[5]);
```

```
                                        //函数 free()用于释放内存空间
    free(p);
}
```

7. 以下程序运行后,输出结果是_____。

```
#include<stdio.h>
int sl(char * s)
{   char  * p=s ;
    while ( * p)  p++;
    return  (p-s) ;
}
void main( )
{  char * a="strawberry";
    int  i ;
    i=sl(a) ;
    printf("%d\n",i);
}
```

8. 以下程序运行后,如果从键盘输入 Hello Kitty<回车>,则输出结果为_____。

```
#include <stdio.h>
int func(char str[])
{   int num=0;
    while ( * (str+num)!='\0')  num++;
    return (num);
}
void main()
{   char str[10], * p=str;
    gets(p);
    printf("%d\n",func(p));
}
```

三、填空题

1. 下面的程序用来求数组 a 各元素的平均值,请填空。

```
#include <stdio.h>
float avr(int * pa,int n)
{   int i;
    float avg=0.0;
    for (i=0;i<n;i++)
        avg+= 【1】 ;
    avg/= 【2】 ;
    return avg;
}
void main()
{   int i,a[10 ]={1,2,3,4,5,6,7,8,9,10};
    float mean;
    mean=avr(a,10);
    printf("mean=%f\n",mean);
}
```

2. 函数 pi() 的功能是根据以下近似公式求 π 的值：

$$(\pi * \pi)/6 = 1 + 1/(2*2) + 1/(3*3) + \cdots + 1/(n*n)$$

请完善下面函数，以完成求 π 的功能。

```
#include <math.h>
double pi(long n)
{   double s=0.0;
    long k;
    for (k=1;k<=n;k++)
    s=s+_____;
    return(sqrt(6*s));
}
```

3. 以下函数用来求两整数之和，并通过形参将结果传回。请填空。

```
void func(int x, int y, _____ z)
{ *z=x+y; }
```

4. 以下函数的功能是：求 x 的 y 次方，请填空。

```
double fun( double x, int y )
{   int i;
    double z;
    for (i=1,z=x;i<y;i++)
    z=z*_____;
    return z;
}
```

5. 若已定义：int a[10],i;,以下 fun() 函数的功能是：在第一个循环中给前 10 个数组元素依次赋 1、2、3、4、5、6、7、8、9、10；在第二个循环中使 a 数组前 10 个元素中的值对称折叠，变成 1、2、3、4、5、5、4、3、2、1。请填空。

```
void fun( int a[])
{   int i;
    for (i=1;i<=10;i++)   【1】 =i;
    for (i=0;i<5;i++)     【2】 =a[i];
}
```

6. 设在主函数中有以下定义和函数调用语句，且 fun() 函数为 void 型，请写出 fun() 函数的首部。要求形参名为 m。

```
void main()
{   double s[10][22];
    int n;
    …
    fun(s);
    …
}
```

_____

四、编程题

1. 编写自定义函数，要求在主函数中输入一个整数，子函数 prime() 判断该整数是否为素数,若是素数,函数返回 1,否则返回 0。

2. 请编写自定义函数,函数的功能是求一个 int 型二维数组最大元素及其行下标和列下标(要求二维数组名作为实参,对应的形参用行指针),主函数的功能是输入二维数组元素的值,接收子函数传递过来的最大元素值及其行下标和列下标,并输出。

3. 编写程序,要求在主函数中输入一个字符串,子函数将该字符串中的大写字母转换成小写字母,小写字母转换成大写字母,其他字符不变,并将转换后的字符串返回主程序。

4. 用递归方法求 $1+2+3+4+\cdots+n$ 的和。

5. C_m^n 的递归定义为:$C_m^n = C_{m-1}^n + C_{m-1}^{n-1}$,其中

$$
C_m^n = \begin{cases}
C_m^0 = 1, & n = 0 \\
C_m^1 = m, & n = 1 \\
C_m^n = C_m^{m-n}, & n > \dfrac{m}{2}
\end{cases}
$$

编写一个求 C_m^n 的递归程序。

第8章

复合数据类型

第 5 章介绍的数组是一种复合数据类型,它是用基本数据类型构造出来的具有相同类型变量的集合。使用数组可以有效减少算法的复杂性,简化程序设计。但是,当要处理那些具有不同类型、而又相互关联的一组数据时,数组就显得力不从心。本章将介绍结构类型和枚举类型,结构类型可以方便地处理像"记录""链表"这样的静态和动态数据结构;枚举则是另一种符号常数,描述某种整数集合。

8.1　结构类型

在 C 语言中,结构类型常用来处理像"记录""链表"这样的静态和动态数据结构。例如,要描述一本图书记录,需要包含的信息包括书号、书名、作者、出版社、出版时间和定价等数据项,可以把它们组合在一起,形成一个新的数据类型,称为结构类型。其中书号、书名、作者、出版社和定价等称为结构的成员,它们可以是不同类型的数据。

案例 8.1　定义结构。

【案例描述】

定义一个结构类型 Book,包括书号、书名、作者、出版社、出版时间和定价等数据项。

【案例分析】

图书作为一种结构类型,需要包含书号、书名、作者、出版社和定价等称为结构的成员,它们可以是不同类型的数据。如果我们定义别的结构类型呢? 比如说电影,至少应该包含审批编号、电影名称、导演、主演、出品公司、上映时间等结构成员,再换一个,如果是歌曲呢?

由于结构类型包含的成员组合可能千差万别,所以结构类型不是唯一的,不能像 int、float 那样用一个固定的关键字来描述,而是让用户自己去定义结构类型的名称及其成员。

【必备知识】

定义结构类型的一般格式如下:

```
struct 结构标识符
{    数据类型    成员 1;
```

```
    数据类型    成员 2;
    …
    数据类型    成员 n; };
```

其中,struct 是关键字。struct Book 称为结构类型名;该结构类型含 n 个数据成员,这些
数据成员定义语句放在"{}"中构成复合语句,"{}"后面的";"是整个定义语句的结束。

在定义结构类型时,连续的同类型的结构成员可以出现在一条语句中。例如:

```
    数据类型 成员 1,成员 2,成员 3,…,成员 n;
```

同时,结构成员可以和程序中的其他标识符同名,也可以和另一个结构类型的成员同名。

结构类型可以在函数内部定义,也可以在函数外部定义。在函数内部定义的结构类型,只能在函数内部使用;在函数外部定义的结构,其有效范围是从定义处开始,直到它所在的源程序文件结束。

【案例实现】

例如,上面提到的图书记录如图 8-1 所示。

书号	书名	作者	出版社	定价
char number[8]	char bookname[20]	char author[10]	char express[10]	float price

图 8-1　图书记录

图书记录 struct Book 的结构类型定义为

```
struct Book
{   char number[8];
    char bookname[20];
    char author[10];
    char express[10];
    float price; };
```

知识拓展

结构类型的内存分配模式

定义了结构类型,并没有实际分配内存,只是规定了内存分配模式。如果用已定义的结构类型定义了结构变量或结构数组以后,就会按这种模式分配内存。

结构类型的内存分配模式是:各成员按照定义的先后顺序,根据自身的数据类型占用连续的存储单元。当程序中定义了某种结构类型的变量或数组后,编译系统将按照该结构的内存分配模式为结构变量及数组分配一片连续的存储单元。图 8-2 是上面定义的 struct Book 类型的内存分配示意图。

因此,一种结构类型所需要的内存空间字节数是各成员所需空间字节数的总和,可以用 sizeof(结构类型名)来得到所需字节数。例如,sizeof(struct Book)的值为 52。

案例 8.2 结构类型的初始化。

【案例描述】

定义 Book 结构变量 book1、book2[2]和 * book3 并初始化,其中 book3 指向变量 book2[2],初始化值如表 8-1 所示。

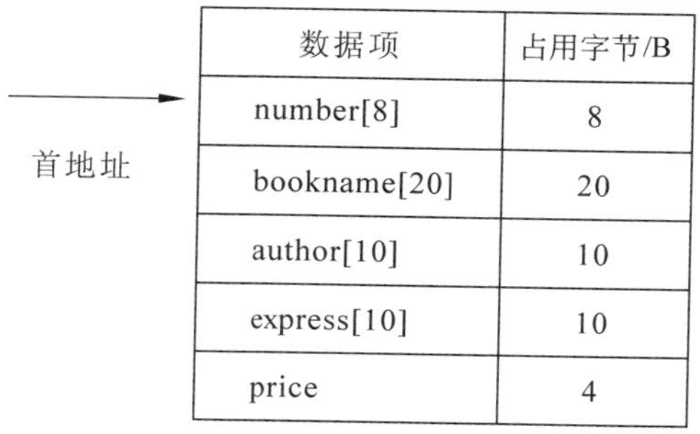

数据项	占用字节/B
number[8]	8
bookname[20]	20
author[10]	10
express[10]	10
price	4

首地址

图 8-2　结构的内存分配模式

表 8-1　案例 8.2 的数据

书　号	书　　　名	作　者	出　版　社	定价/元	对应变量
10035	计算机网络	吴明	高等教育出版社	18.5	book1
20001	操作系统教程	周静文	清华大学出版社	25	book2[2]
20002	石头记	吴承恩	商务书局	38.5	
...	...				

【必备知识】

1) 结构变量、结构数组和结构指针的定义

结构变量、结构数组或结构指针指的是某种结构类型的变量、数组或指针。它们既可以在定义结构类型的同时定义，也可以先定义结构类型，再用结构类型名定义。

第一种方式是先定义结构类型，再用该结构类型名定义变量、数组及指针。

```
struct 结构标识符
{   数据类型   成员 1;
    数据类型   成员 2;
    ...
    数据类型   成员 n; };
struct 结构标识符变量 1,变量 2;
```

第二种方式是在定义结构类型的同时定义变量、数组及指针。

```
struct 结构标识符
{   数据类型   成员 1;
    数据类型   成员 2;
    ...
    数据类型   成员 n; }变量 1,变量 2;
```

如果某种结构类型只用于一次性地定义结构变量、数组及指针，其结构标识符可以省略，称之为无名结构类型。

```
struct
{   数据类型   成员 1;
    数据类型   成员 2;
    ...
    数据类型   成员 n; }变量 1,变量 2;
```

2) 结构变量、结构数组和结构指针的初始化

由于结构类型是若干个成员组成的整体,要占用一片连续的存储单元,因此结构变量的初始化形式与前面介绍的一维数组相似,只要把对应各成员的初值放在"{}"(即初值表)中。结构数组的初始化则与二维数组相似,只要将各个元素的初值顺序放在内嵌的"{}"中,当整个数组的各个元素都有初始化数据时,内嵌"{}"也可以省略。

几点说明如下。

(1) 结构变量或结构数组初始化后,C编译系统将安排连续的存储空间,按结构成员的顺序将各个初值置于各成员对应的存储单元。

(2) 在对结构变量初始化时,不允许用","跳过前面的成员只给后面的成员赋初值,但可以只给前面的成员赋初值,后面未赋初值的成员自动赋 0 值(字符型数组赋空串)。

(3) 结构指针与前面介绍的基本类型的指针相比,除了所指向的对象不同外,在存储形式和使用形式上并没有差别。因此,可以通过用结构变量的首地址或结构数组的数组名作它的初值,从而使它指向对应的结构变量或结构数组。

【案例实现】

结构变量定义方式 1:

```
struct Book
{    char number[8];
     char bookname[20];
     char author[10];
     char press[10];
     float price; };
struct Book book1,book2[2], * book3;
```

结构变量定义方式 2:

```
struct Book
{    char number[8];
     char bookname[20];
     char author[10];
     char press[10];
     float price; } book1,book2[2], * book3;          //同时定义结构类型及变量
```

结构变量定义方式 3(无名结构):

```
struct
{    char number[8];
     char bookname[20];
     char author[10];
     char press[10];
     float price; } book1,book2[2], * book3;
```

结构变量初始化:

```
struct Book book1={"10035","计算机网络","吴明","高等教育出版社",18.5};
     //结构变量初始化
struct Book book2[2]={{"20001","操作系统教程","周静文","清华大学出版社",25},
              {"20002","石头记","吴承恩","商务书局",38.5}}; //结构数组初始化
```

```
struct Book  * book3=book2;                //结构指针 book3 初始化指向结构数组 book2
```

补充知识：如果一个结构的某些成员属于另一种结构类型，称之为嵌套结构。例如，将上述图书记录增加一个成员——出版日期，该成员是另一种结构类型的变量 ymd：

```
struct Date
{   int year,month,day; };
```

此时，可定义结构类型 struct Book 如下：

```
struct Book
{   char number[8];
    char bookname[20];
    char author[10];
    char press[10];
    struct Date ymd;            //嵌套结构成员
    float price; };
```

也可以直接将 struct Date ymd 嵌套在 struct Book 的定义中：

```
struct Book
{   char number[8];
    char bookname[20];
    char author[10];
    char press[10];
    struct Date                 //嵌套结构成员
    {   int year,month,day; }ymd;
        float price; };
```

可以看到，结构 struct Book 中的一个成员 ymd 是另一个结构 struct Date 的变量，ymd 有自己的 3 个成员 year、month 和 day。

案例 8.3 结构类型变量的输入与输出。

【案例描述】

定义一个结构，要求包含两个字符串、一个整型和一个子结构，子结构有两个成员分别是字符型和浮点型数据，定义该结构类型变量并赋值和输出。

【案例分析】

先定义结构类型，再定义结构变量，然后输入和输出。

【必备知识】

1) 访问结构成员运算符

由于结构变量包含若干不同类型的成员，而结构数组既包含数组元素，每个元素又包含不同的成员，因此访问或引用结构变量或结构数组元素的某个成员，必须指明该成员属于哪一个结构变量或数组元素。

C 语言提供了两种访问结构成员的运算符：".”和"->”，它们都是二元运算符，和"()""[]”一起处于最高优先级，结合性均为从左至右。

① "."运算符（俗称点运算符）适合于用结构变量或结构数组元素访问其成员。

② "->"运算符适合于用结构数组或结构指针访问其成员。

2）访问结构成员的方法

若已定义了一个结构变量或结构数组及指向它们的指针，要访问其成员，可以使用以下 3 种形式。

形式 1：

结构变量.成员名或结构数组元素.成员名

形式 2：

结构指针->成员名或结构数组->成员名

形式 3：

（＊结构指针）.成员名

形式 3 中的"（＊结构指针名）"实际上是一种等价的结构变量名或结构数组元素，因此，要用"."来访问。

若结构成员是内嵌的结构时，必须用若干个"."或"->"来顺序逐层定位到最里层的成员。

C 语言允许用一个结构变量对另一个同类型的结构变量整体赋值，例如：

```
struct st x1,x2={"101","abcd",28, 'n',45.8};
x1=x2;
```

这时，结构变量 x2 的各个成员分别对同类型结构变量 x1 的对应成员赋值。

除此之外，C 语言不允许对结构变量名直接进行赋值、输入和输出，只能对它的每个成员赋值、输入和输出。也就是说，要将结构变量的成员作为相对独立的个体对待。

【案例实现】

```
#include"stdio.h"
#include<string.h>
struct ST
{   char str[5],s[10];
    int a;
    struct
    {   char c; float w; }d;
};
int main()
{   int i;
    struct ST x[3];
    for (i=0;i<2;i++)
    {   printf(" Input 2 strings:\n");
        scanf("%s%*c",x[i].str);                //%*c用于屏蔽输入的回车符
        scanf("%s",x[i].s);
        printf(" Input int/char/float data:\n");
        scanf("%d%*c",&x[i].a);
        scanf("%c",&x[i].d.c);
        scanf("%f",&x[i].d.w);
    }
    x[2]=x[0];                                  //相同类型结构体数组元素间的赋值
```

```
    for(i=0;i<3;i++)
        printf("%5s %-9s %3d %c %.2f\n", x[i].str,x[i].s,x[i].a,x[i].d.c,x[i].d.w);
    return 0;
}
```

运行程序,输入相关数据后的输出结果如下:

```
Input 2 strings:
101
Book
Input int/char/float data:
12
M
34.5
Input 2 strings:
202
Fruit
Input int/char/float data:
10
F
21.6
    101 Book        12 M 34.50
    202 Fruit       10 F 21.60
    101 Book        12 M 34.50
```

8.2　结构数据在函数间的传递

结构类型的数据也可以在函数间传递,传递的方式也有参数传递、函数返回值和全局结构3种。全局结构和全局变量一样在函数外定义,可提供各个函数共享,使用比较简单,但不提倡,故不再介绍,下面仅介绍前两种传递方式。

案例 8.4　结构变量的参数传递。

【案例描述】

定义一个结构变量,其成员包括两个整数 a 和 b 及一个字符串 ch。主程序将该结构变量传递给自定义函数 fun(),fun()函数计算 a * b 并保存在 a 中,同时将字符串 ch 中第 3 个字符替换为'x',最后输出处理结果。

【案例分析】

从第 6 章和第 7 章的学习中,已经知道,数据传递的方式可以采用普通变量和指针变量。

【必备知识】

在参数传递方式下,可以通过传递结构成员、传递结构变量和结构数组,还可以通过结构指针来传递数据。采用参数传递方式时,需要定义一个全局结构类型(即外部定义),以保证实参和形参类型一致。

如果调用函数要将结构变量整体传递给被调用函数,可以采用以下 3 种形式。

(1)实参和形参都是同类型的结构变量名。

（2）实参是结构变量的地址，形参是同结构类型的指针。

（3）实参和形参都是同结构类型的指针。

由于结构中可能含有很多成员，从而占用较大的存储空间，因此，当形参是结构变量时，形参也需要占用和实参一样大的空间，同时需要不断使用堆栈来保存各个成员的当前值，需要花费额外的时间和空间开销。为此，通常用结构指针来传递结构数据。

【案例实现】

实现方法1（普通变量）：

```
#include"stdio.h"
#include<string.h>
struct Sample
{   int a,b; char ch[10];};
void func(struct Sample parm)              //形参为 a 结构变量
{   parm.a*=parm.b;
    parm.ch[2]='x';
    printf(" Sub: a=%d,   ch=%s\n",parm.a,parm.ch);
}
int main()
{   struct Sample arg={100,10,"TJCU"};
    func(arg);                                //结构变量的传递
    printf("Main: a=%d,   ch=%s\n",arg.a,arg.ch);
    return 0;
}
```

【运行结果】

```
Sub: a=1000,   ch=TJxU
Main: a=100,   ch=TJCU
请按任意键继续…
```

实现方法 2（指针变量）：

```
#include"stdio.h"
#include <string.h>
struct Sample
{   int a,b; char ch[10];};
void func(struct Sample * p)              //形参为结构指针
{   p->a*=p->b;
    p->ch[2]='x';
    printf(" Sub: a=%d,   ch=%s\n",p->a,p->ch);
}
void main()
{   struct Sample arg={100,10,"TJCU"};
    func(&arg);                                //结构指针的传递
    printf("Main: a=%d,   ch=%s\n",arg.a,arg.ch);
}
```

【运行结果】

```
Sub: a=1000,   ch=TJxU
Main: a=1000,   ch=TJxU
```

注意：利用结构指针传递结构的好处是既不需要逐个传送各成员的值，也不需要使用大量的堆栈空间来存放形参各个成员的值，因此可以有效地节省时间和空间；但也带来一定的弊端，即子函数对形参的操作将使实参各成员的值发生相应的变化，不利于数据的隐藏。

案例 8.5 结构变量的数组传递。

【案例描述】

建立一个通讯录：Input()用于输入通讯录数据，Display()用于输出通讯录，main()函数向 Input()和 Display()函数传递结构数组，用于函数间的数据传递。

【必备知识】

如果调用程序要将结构数组传递被调用函数，则可以用以下两种形式。

① 实参是结构数组名，形参是同类型的结构数组名或结构指针。

② 实参和形参都是同类型的结构指针。

【案例实现】

```
#include"stdio.h"
#define MAX 3
struct TXL
{   char name[10];
    char tele[12];
    char email[15];};
void Input(struct TXL p[])              //通讯录输入：结构数组作形参
{   int i;
    for (i=0;i<MAX;i++)
    {   printf("Name?   ");
        gets(p[i].name);
        printf("Tele?   ");
        scanf("%s%*c",p[i].tele);       //%*c用于抑制输入的回车符
        printf("E-mail?   ");
        scanf("%s%*c",p[i].email);      //%*c用于抑制输入的回车符
    }
}
void Display(struct TXL *p)             //通讯录输出：结构指针作形参
{   int i;
    for (i=0;i<MAX;i++,p++)
        printf("%-10s %-12s %-12s\n",p->name,p->tele,p->email);
}
void main()
{   struct TXL tx[MAX];
    Input(tx);                          //传递结构数组
    printf("  Name        Tele        E-mail\n");
    Display(tx);                        //传递结构数组
}
```

【运行结果】

```
Name?    Smith
Tele?    13812345678
```

```
E-mail?      Smith@163.com
Name?    Marry
Tele?      13012345678
E-mail?   Marry@sina.com
Name?      Linda
Tele?      16312345678
E-mail?      Linda@yahoo.com
Name           Tele              E-mail
Smith       13812345678      Smith@163.com
Marry       13012345678      Marry@sina.com
Linda       16312345678      Linda@yahoo.com
```

被调用函数可以通过返回一个结构变量或一个结构指针的方式向调用函数传递结构型数据。返回结构变量的函数称为结构函数,返回结构指针的函数称为结构指针函数。

案例 8.6 结构函数的返回值。

【案例描述】

一个通讯录查询示例。通讯录中包括编号、姓名、电话和邮箱。输入一个编号,由 Find()函数进行查找,根据查找结果输出查找到的人员信息。

【必备知识】

结构函数的返回值。定义或说明结构函数的一般形式如下:

struct 结构标识符   函数名(形参表)

例如,

```
struct STUD func (int x, int y)
{  …  }
```

就定义了一个 struct STUD 结构类型的函数,它可以将一个结构变量返回到调用函数。

【案例实现】

```
#include"stdio.h"
#include <stdlib.h>
#include <ctype.h>
struct TXL
{   int Num;
    char name[10];
    char tele[12];
    char email[15];};
struct TXL XS[]={101,"Smith","13812345678","Smith@163.com",
                 201,"Marry","13012345678","Marry@sina.com",
                 301,"Linda","16312345678","Lin@yahoo.com",0,'\0','\0','\0'};
struct TXL Find(int n)                    //结构型函数:按编号查找
{   int i;
    for (i=0;XS[i].Num!=0;i++)
        if (XS[i].Num==n) break;
    return(XS[i]);
}
void main()                              //主函数
{   int number;
```

```
        char ch='y';
        struct TXL result;
        while(toupper(ch)=='Y')            //允许重复查找
        {   printf("输入编号:");
            scanf("%d",&number);
            result=Find(number);            //接收结构函数返回的结构变量值
            if (result.Num!=0)
            {   printf("编号:%d   ",result.Num);
                printf("姓名:%s   ",result.name);
                printf("电话:%s   ",result.tele);
                printf("邮箱:%s   \n",result.email);
            }
            else
            printf("所找编号不存在! \n");
            printf("是否继续查找(Y/N)?");
            scanf("%*c%c",&ch);
        }
        system("pause");
}
```

【运行结果】

```
输入编号: 201
编号: 201  姓名: Marry  电话: 13012345678  邮箱: Marry@sina.com
是否继续查找<Y/N>?y
输入编号: 302
所找编号不存在!
是否继续查找<Y/N>?y
输入编号: 301
编号: 301  姓名: Linda  电话: 16312345678  邮箱: Lin@yahoo.com
是否继续查找<Y/N>?n
```

注意: 程序中的 Find() 是一个结构函数, 它根据指定的编号在结构数组 XS[]中进行顺序查找, 若找到所要求的编号就退出循环, 返回该编号对应的结构数组元素(相当于返回一个结构变量); 如果编号找不到, 则返回最后一个数组元素, 而最后一个数组元素已在初始化时赋予全 "0" 来作为该数组的结束标志。main() 中使用 while 循环以实现反复查找。

案例 8.7 结构指针函数的返回值。

【案例描述】

将案例 8.6 程序中的结构函数改用结构指针函数。

【必备知识】

定义或说明结构指针函数的一般形式如下:

struct 结构名   * 函数名(形参表)

例如,

```
struct STUD * func(int x,int y)
{ … }
```

定义了一个结构指针函数 func()，它可以将一个结构指针返回到调用函数。

【案例实现】

```
#include"stdio.h"
#include <stdlib.h>
#include <ctype.h>
struct TXL
{    int Num;
     char name[10];
     char tele[12];
     char email[15];};
struct TXL XS[]={{101,"Smith","13812345678",Smith@163.com},
     {201,"Marry","13012345678",Marry@sina.com},
     {301,"Linda","16312345678",Lin@yahoo.com},{0,'\0','\0','\0'}};
struct TXL * Find(int n)                    //结构型函数：按编号查找
     {   int i;
         for (i=0;XS[i].Num!=0;i++)
         if (XS[i].Num==n) break;
         return(&XS[i]);
     }
void main()                                 //主函数
{    int number;
     char ch='y';
     struct TXL * result;                   //定义结构指针变量
     while(toupper(ch)=='Y')                //允许重复查找
     {   printf("输入编号:");
         scanf("%d",&number);
         result=Find(number);              //接收结构指针函数返回值
         if (result->Num!=0)
         {   printf("编号:%d   ",result->Num);
             printf("姓名:%s   ",result->name);
             printf("电话:%s   ",result->tele);
             printf("邮箱:%s   \n",result->email);
         }
         else
             printf("所找编号不存在！\n");
         printf("是否继续查找(Y/N)?");
         scanf("%*c%c",&ch);
     }
     ystem("pause");
}
```

【运行结果】

输入编号：301
编号：301 姓名：Linda 电话：16312345678 邮箱：Lin@yahoo.com
是否继续查找<Y/N>?y
输入编号：302
所找编号不存在！
是否继续查找<Y/N>?y

输入编号：101
编号：101　姓名：Smith　电话：13812345678　邮箱：Smith@163.com
是否继续查找<Y/N>?n

注意： 与上例相比，本例程序有以下几点不同：

① Find()函数被定义成结构指针型，它的返回值是数组元素 XS[i]的首地址。

② main()中用来接收 Find()返回值的是结构指针。

③用结构指针访问结构成员时，要用"->"运算符。若使用"."运算符，应写成"(* result).成员名"的形式。

8.3　递归结构与链表

1. 递归结构

如果一个结构类型中的某些成员与该结构属于同一类型，称为递归结构，也叫自嵌套结构。实践中用得最多的递归结构是：结构的一个成员是指向本结构类型的指针。例如：

```
struct NODE
{   int data;
    struct NODE * next;
};
```

是一个描述节点的结构，由数据域和指针域两部分组成，数据域用于存放数据，指针域用于存放指向下一个节点的地址。

2. 链表的概念

链表是一种应用很广的数据结构，例如，操作系统使用链表结构来将磁盘上若干不连续的存储区链接成一片逻辑上连续的区域，以便存放较大的文件。

单向链表是一种最简单的链表，它由若干个节点首尾相接而成，每个节点都有数据域 data 和指针域 next，如图 8-3 所示。

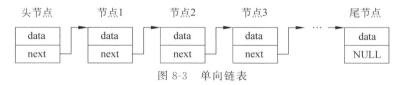

图 8-3　单向链表

单向链表中的节点可用上述递归结构来描述。通过指针将各个节点链接起来，就构成单向链表。根据各节点内存空间的分配方式，单向链表有静态链表和动态链表之分。

（1）静态链表。静态链表各个节点所需的存储空间是在编译时分配好的，每个节点都有自己的名字。例如，下面的定义和语句可以描述一个含 3 个节点的静态单向链表：

```
struct NODE
    {   int n;
```

```
        struct NODE  * next;
    }a,b,c, * p=&a;
a.next=&b;        //或 p->next=&b; 或（* p）.next=&b;
b.next=&c;        //或 p->next->next=&c; 或（*（* p）.next).next=&c;
c.next=NULL       //或 c.next=0; 或 c.next='\0';
```

在该链表中,a 为头节点,b 为中间节点,c 为尾节点,a、b、c 首尾相接。

（2）动态链表。动态链表各个节点所需要的存储空间是在程序运行时用动态内存分配的方式获得的,每个节点都没有名字,对链表的操作只能通过指针进行。下面下介绍内存的动态分配方法,然后介绍动态链表的基本操作。

案例 8.8   动态分配内存。

【案例描述】

编写程序,利用动态分配内存存放 N 个整数的一维数组,N 的值在程序运行过程中输入,然后再从键盘输入任意 N 个整数存入该数组中,并计算其各个元素的平方和。

【案例分析】

先通过 scanf() 函数获得 N 的值,用 malloc() 申请能存放 N 个 int 型数的动态内存。如果申请成功,就得到动态内存的首地址,将该地址存放在指针 p 中,通过移动指针存入 N 个整数,再通过移动指针获取各个数并计算它们的平方和。

【必备知识】

C 编译系统提供了四个内存动态分配函数：calloc() 和 malloc() 用于动态申请内存空间；realloc() 用于重新改变已分配的动态内存的大小；free() 用于释放不再使用的动态内存。这四个函数被定义在标题文件 stdlib.h 中。在程序设计实践中常用的是 malloc() 函数和 free() 函数。

（1）malloc() 函数。malloc() 函数的调用格式如下：

```
void * malloc(size)
```

这是一个指针型函数,用来按字节数申请内存分配。其中,参数 size 为 unsigned int 型,表示申请存储空间的字节数。如果申请成功,函数返回一个 void 型的指针,否则返回 NULL 指针。

void 型指针表示该地址并未指明存放何种类型的数据,具体到特定问题的使用时,再通过强制类型转换,将该地址转换指定类型存储单元的地址。

例如,申请 100 个整数的内存空间,可按以下方式调用：

```
int * p;
p=(int * )malloc(sizeof(int) * 100);
```

为了判定申请是否成功,通常要验证该函数的返回值是不是空指针（NULL 或 0）：

```
if (p==NULL)
    exit(1);
```

如果成功,可得到能存放 100 个整型数据的动态内存的起始地址,并把这个起始地址赋给指针变量 p；如果不成功,则由 exit(1) 退出程序运行。

（2）free（）函数。free（）函数的调用格式如下：

```
void free(p)
```

这是一个无返回值的函数,用来释放以 p 为起始地址的动态内存区。

（3）测试数据长度运算符。C 语言并不规定各种类型的数据占用多大的存储空间,同一类型的数据在不同的宿主机上可能占用不同的存储空间。为此,C 语言提供了测试数据长度运算符 sizeof,以测试各种数据类型的长度,它的一般格式如下：

```
sizeof(exp)
```

其功能是给出 exp 所占用的内存字节数。其中,exp 可以是类型关键字、变量或表达式。例如

```
sizeof(double),sizeof(x),sizeof(a+b),sizeof(3 * 1.46/7.28)
```

sizeof 是一元运算符,所有的一元运算符具有相同的优先级,结合性均为从右至左。下面举一个测试 C 语言中各种数据类型长度的例子,说明 sizeof 的作用。

【案例实现】

```
#include"stdio.h"
#include"stdafx.h"
void main()
{   int N,s,i, * p;
    printf("输入数据的个数: ");
    scanf("%d",&N);
    if((p=(int *)malloc(N * sizeof(int)))==NULL)      //动态内存申请
    {    printf("动态内存分配失败.\n");
         exit(1);                                      //结束程序运行
    }
    printf("输入 %d 个整数:\n",N);
    for(i=0;i<N;i++)
        scanf("%d",p+i);
    s=0;
    for(i=0;i<N;i++)
        s=s+ * (p+i) * ( * (p+i));                     //用指针操作动态内存
    printf("该 %d 个数的平方和: %d\n",N,s);
    free(p);                                           //释放动态内存
}
```

【运行结果】

```
输入数据的个数: 6
输入 6 个整数:
1  2  3  4  5  6
该 6 个数的平方和: 91
```

案例 8.9   创建链表。

【案例描述】

创建一个链表,其每个节点存放一个非 0 整数,若输入 0,则创建完毕。

【案例分析】

算法步骤如下。

① 通过动态内存分配申请一段存储空间,将起始地址存放在指针 h 中,h 节点数据域为空,专门存放头节点首地址,并作为函数返回值。由于此时链表只有一个节点,因此它既是头节点 h,也是当前节点 q,又是尾节点 p。

② 输入一个整数 a。

③ 若 a 不为 0,则进入④;否则,进入⑥。

④ 申请一个新节点 p,其 data 域存放整数 a,并通过将其首地址存入 q 节点的 next 域,使之被链接在当前节点 q 之后变成新的尾节点。再将 p 节点首地址存入指针 q,使 q 成为新的当前节点。

⑤ 继续输入下一个整数 a,返回③。

⑥ 结束循环,并在 p 节点的 next 域存放 NULL,作为链表结束的标记。

⑦ 将链表的头指针 h 返回调用函数。

【必备知识】

建立链表需要设置 3 个指针,h 指向链表的头节点(空节点:数据域为空),p 指向尾节点,q 指向当前节点,如图 8-4 所示。

图 8-4 链表工作指针示意图

创建链表的基本过程是:先申请一个头节点,然后依次申请新节点,并链接在前一个节点后,最后申请的新节点为链表尾节点。

【案例实现】

```
#include <stdio.h>
#include <stdlib.h>
struct NODE
{   int data;
    struct NODE * next;
};
struct NODE * Creatlist()              //创建链表
{   struct NODE * h, * p, * q;
    int a;
    h=(struct NODE *)malloc(sizeof(struct NODE));       //头节点数据域为空
    p=q=h;                      //h 为头节点,q 为当前节点,p 为尾节点,p、q 为头节点
    scanf("%d",&a);
    while (a!=0)
    {   p=(struct NODE *)malloc(sizeof(struct NODE));     //产生新节点 p
        p->data=a;              //a 存入 p 节点数据域
        q->next=p;              //将 p 节点链接在当前节点 q 之后,成为新的尾节点
        q=p;                    //q 为新的当前节点
        scanf("%d",&a);
```

```
        }
        p->next=NULL;                          //链表尾
        return h;                              //返回头节点首地址
    }
    int main()
    {   struct NODE * head;
        head=Creatlist();
        return 0;
    }
```

案例 8.10　输出链表。

【案例描述】

输出例 8.9 创建的链表。

【案例分析】

算法步骤如下:

① 根据调用程序传递来的链表首地址找到该链表的头节点,将头节点作为当前节点,取其 next 域中的地址存入指针 p,注意,头节点数据域为空。

② 若 p 不是 NULL,则进入③;否则,进入④。

③ 输出节点 p 的 data 域数据,并将该节点 next 域中的地址存入指针 p,返回②。

④ 返回调用函数。

【必备知识】

输出链表的基本过程是:从头节点开始,顺序查找链表中的各个节点,并输出各节点数据域中的数据,直到链表尾节点为止。

【案例实现】

```
void Printlist(struct NODE * h)
{   struct NODE * p;
    p=h->next;                                 //将头节点为当前节点,取其 next 域中的地址存入 p
    while (p!=NULL)                            //循环到尾节点
    {   printf("->%d ",p->data);
        p=p->next;                             //取当前节点 next 域中的地址存入 p
    }
    printf("\n");
}
int  main()
{   struct NODE * head;
    printf("输入数据,建立链表: ");
    head=Creatlist();
    printf("输出链表: ");
    Printlist(head);
    return 0;
}
```

【运行结果】

输入数据,建立链表: 9 8 7 6 5 4 3 2 1 0
输出链表: ->9 ->8 ->7 ->6 ->5 ->4 ->3 ->2 ->1

案例 8.11 删除链表节点。

【案例描述】

删除上例中生成的链表中的某个节点。

【案例分析】

节点查找算法步骤如下。

① 从链表头开始,将头节点作为当前节点,将其 next 域中的地址存入指针 p,q 为 p 的前驱节点。如果当前节点不是链表末尾,其 data 域值也不是要查找的 x,则进入下一步。

② 循环顺序移动 q 和 p 指针,保证 q 指针在前,p 指针在后。直到已达链表末尾或已找到其 data 域值为 x 的 p 节点,退出循环。

③ 如果已到链表末尾仍未找到 x,就返回 NULL 指针;如果已找到满足条件的 p 节点,就返回 q,即待删除节点的前驱节点的指针。

节点删除算法步骤如下。

① 如果头节点指针域为 NULL,显示"链表为空。",并返回 0;否则,调用查找函数 find();

② 若查找函数 Find() 的返回值 q 为 NULL,则显示"未找到待删节点。",并返回 0;否则,由 q 节点找到待删节点 p,并将待删节点 p 的后继节点连接到节点 q 的后面,并在释放 p 节点所占的内存空间后返回 1,如图 8-5 所示。

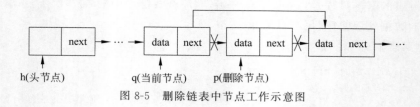

图 8-5　删除链表中节点工作示意图

【必备知识】

删除链表节点实质上是将待删除节点的后继节点直接链接到它的前驱节点上。为此,首先要找到待删除的节点 p 及其前驱节点 q,然后将 p 节点 next 域中的地址存入 q 节点的 next 域,并释放 p 节点所占的存储空间。

【案例实现】

查找链表中节点代码:

```
struct NODE * Find(struct NODE * h, int x)        //查找数据域为 x 的节点
{   struct NODE * p, * q;
    p=h->next;                    //将头节点为当前节点,取其 next 域中的地址存入 p
    q=h;
    while (p!=NULL&&p->data!=x)
    {   q=p;
        p=p->next;
    }
    if (p==NULL) q=NULL;          //未找到待删节点,返回 NULL
```

```
        return q;                        //返回待删节点的前驱节点首地址
    }
```

删除链表中节点代码：

```
int Dele(struct NODE * h, int x)        //删除数据域为 x 的节点
    {   struct NODE * p, * q;
        if (h->next==NULL)
        {   printf("链表为空。\n");
            return 0;
        }
        q=Find(h,x);
        if( q!=NULL )                    //待删除的节点是否存在
        {   p=q->next;                   //p 为待删节点
            q->next=p->next;             //将 p 的后继节点作为 q 节点的后继节点
            free(p);                     //删除节点 p 并释放它占用的内存空间
            printf("已删除指定节点。\n");
            return 1;
        }
        else
        {   printf("未找到待删节点。\n");
            return 0;
        }
    }
void main()
{   struct NODE * head;
    int n;
    char ch='y';
    printf("输入数据,建立链表：");
    head=Creatlist();
    printf("输出链表：");
    Printlist(head);
    while(toupper(ch)=='Y')
    {   printf("输入待删节点的值：");
        scanf("%d",&n);
        Dele(head,n);
        printf("是否继续删节点(Y/N)?");
        scanf("%*c%c",&ch);
    }
    printf("删除节点后的链表：");
    Printlist(head);
    system("pause");
}
```

【运行结果】

输入数据,建立链表：9 8 7 6 5 4 3 2 1 0
输出链表：->9 ->8 ->7 ->6 ->5 ->4 ->3 ->2 ->1
输入待删节点的值：16
未找到待删节点。
是否继续删除节点<Y/N>?y

输入待删节点的值：6
已删除指定节点。
是否继续删除节点<Y/N>?N
删除节点后的链表：->9 ->8 ->7 ->5 ->4 ->3 ->2 ->1

案例 8.12 在链表中插入节点。

【案例描述】

假设有一个链表，其中各节点 data 域中的数据已按从大到小的顺序排列，要将某个 data 域值为 x 的节点 s 插入适当的位置，仍保持有序排列。

【案例分析】

算法过程如下。

① 申请动态内存存放要插入的节点 s。

② 从链表的头节点开始（将指针 q 指向头节点，指针 p 指向下一节点），不断顺序移动指针 q 和 p，保证 q 节点在前，p 节点紧随其后，直到找到某一节点 p，它要么已到链表末尾，要么其 data 域值已小于 x，该节点就是 s 节点的后继节点。

③ 将 p 节点首地址存入 s 节点的 next 域，将 s 节点的首地址存入 q 节点的 next 域。如图 8-6 所示。

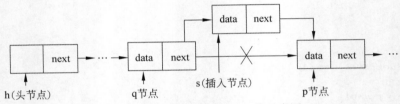

图 8-6 链表中插入节点 s 工作示意图

【必备知识】

在链表中插入节点，首先要找到待插节点的位置 p，然后申请新节点存储空间 s，并将新节点作为 p 节点的前驱节点，实现在 p 节点之前插入新节点。

【案例实现】

```
void Insert(struct NODE * h, int x)          //在数据域为 x 的节点前插入节点
{   struct NODE * p, * q, * s;
    s=(struct NODE *)malloc(sizeof(struct NODE));
    s->data=x;
    q=h;
    p=h->next;
    while (p!=NULL&&x<p->data)
    {   q=p;
        p=p->next;
    }
    s->next=p;
    q->next=s;
}

#include <stdio.h>                            //文件包含说明
```

```
    #include <stdlib.h>                              //文件包含说明
    struct NODE                                      //链表结构说明
    {   int data;
        struct NODE * next; };
    struct NODE * Creatlist();                       //以下为函数说明
    void Printlist();
    struct NODE * Find();
    int Dele();
    void Insert();
    int main()                                       //主函数
    {   struct NODE * head;
        int n;
        printf("输入数据,建立链表: ");
        head=Creatlist();                            //创建链表
        printf("输出链表: ");
        Printlist(head);                             //输出链表
        printf("输入待删节点的值: ");
        scanf("%d",&n);
        Dele(head,n);                                //删除链表中的节点
        Printlist(head);
        printf("输入待插入节点的值: ");
        scanf("%d",&n);
        Insert(head, n);                             //在链表中插入节点
        Printlist(head);
        return 0;
    }
```

【运行结果】

输入数据,建立链表: 20 18 16 14 10 8 6 4 2 1 0
输出链表: ->20 ->18 ->16 ->14 ->10 ->8 ->6 ->4 ->2 ->1
输入待删节点的值: 10
已删除指定节点。
->20 ->18 ->16 ->14 ->8 ->6 ->4 ->2 ->1
输入待插入节点的值: 9
->20 ->18 ->16 ->14 ->9 ->8 ->6 ->4 ->2 ->1

案例 8.13 链表应用。

【案例描述】

单向循环链表是链头和链尾相接的一种链表,如图 8-7 所示。编一个程序创建具有 N 个节点的单向循环链表,并计算该链表中每 3 个相邻节点数据域中数值的和,从中找出最小值。

【案例分析】

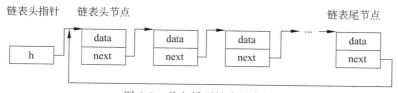

图 8-7 单向循环链表示意图

　　程序用动态内存分配的方式建立节点,用 h 存放链表头地址,用 p 存放新节点地址,用 q 存放尾节点地址,将最后一个节点的指针域存放链表头地址,形成循环链表。

【案例实现】

```c
#include <stdlib.h>
#define N 8
    struct NODE
    {   int data;
        struct NODE * next;};
int main()
{   struct NODE  * h, * p, * q;
    int i,m,m3;
    /* 建立 N 个节点的单向循环链表 */
    p=q=h=(struct NODE * )malloc(sizeof(struct NODE));
    printf("输入 %d 个整数: ",N);
    for (i=0;i<N;i++)
    {   scanf("%d",&p->data);                        //建立当前节点数据域
        p=(struct NODE * )malloc(sizeof(struct NODE));
        if (i==(N-1)) continue;
        q->next=p;                                   //保存下一节点首地址
        q=p;
    }
    /* 链头和链尾相接,形成单向循环链表 */
    q->next=h;
    /* p 指向链头 */
    p=h;
    /* 计算每 3 个相邻节点数据值之和,寻找最小值,直至回到链头 */
    m3=p->data+p->next->data+p->next->next->data;
    printf("输出相邻 3 个数的和: %d\t",m3);           //输出前 3 个节点数据之和
    for (p=p->next;p!=h;p=p->next)
    {   m=p->data+p->next->data+p->next->next->data;
        printf("%d\t",m);                            //输出相邻 3 个节点数据之和
        if (m3>m) m3=m;
    }
    printf("最小值: %d\n",m3);                        //输出最小值
    return 0;
}
```

【运行结果】

输入 8 个整数: 60　50　40　30　20　10　70　80
输出相邻 3 个数的和: 150　120　90　60　100　160　210　190
最小值: 60

8.4　枚举类型

　　枚举类型是列枚举元素的集合,其中,每个枚举元素代表一个值。如果一个变量只有有限几种可能的值,就可以将它定义成枚举类型变量。所谓"枚举"是将变量的值逐个列

举出来,变量的值只限于列举值的范围内。因此,枚举可以看成是 C 语言中定义符号常量的第 3 种方法。另外两种方法是在第二章讲的采用 define 和 const 进行的常量定义。

案例 8.14　枚举变量的应用。

【案例描述】

采用枚举型变量作为循环变量控制循环的执行。

【必备知识】

1）枚举类型及枚举变量的定义

枚举类型的定义形式如下:

```
enum 枚举标识符　　{枚举元素表}　[枚举变量];
```

其中,enum 是关键字,enum 连同其后的枚举标识符一起称为枚举类型名;花括号中的枚举元素是一个个由用户自行定义的标识符。例如,

```
enum color {red,yellow,blue,white,black};
```

定义了枚举类型 color,它的枚举元素依次为 red、yellow、blue、white 和 black。

枚举类型变量或数组的定义,可以套用 8.1 节中有关结构类型使用的 3 种方式。

2）枚举元素的取值

枚举元素是符号常量,它们的值不能用赋值或输入的方式获取,只能在定义或初始化时获得。

（1）未进行初始化的枚举元素,按其在枚举元素表中的排列次序依次从 0 开始取值,即第一个元素的值为 0,第二个元素的值为 1,以此类推。例如前面定义的枚举类型 color 中,red 的值为 0,yellow 的值为 1,…,black 的值为 4。

（2）可以在定义枚举类型时对枚举元素初始化,为一个或多个枚举元素指定希望的值。初始化时,每使用一个初值后,其后的元素依次比它前面的元素大 1。也允许多个元素取相同的值。例如

```
enum position {east,west=10,south=10,north} loc;
```

则未经初始化的 east 取 0 值,west 初始化为 10,south 初始化为 10,north 的值则在 south 的基础上递增 1,为 11。

3）枚举变量的使用

枚举变量允许进行 3 种运算:赋值运算、算术运算和关系运算。

（1）枚举变量的赋值不能通过键盘输入的方式进行,只能使用下列 3 种方式:

① 用枚举元素给枚举变量赋值。例如:

```
enum WEEK {sun=7,mon=1,tue,wed,thu,fri,sat} workday;
workday=sat;
```

则 workday 的值为 6。

② 同类型的枚举变量间相互赋值。

③ 用经过强制类型转换的整数值给枚举变量赋值。例如:

```
workday=(enum WEEK)6;
```

相当于 workday=sat。注意，赋给枚举变量的整数值不能超出枚举范围。

（2）枚举变量被视同整数，允许它们参与各种算术运算。

（3）枚举变量可以与枚举常数、同类型的枚举变量之间进行比较运算。

【案例实现】

```
#include <stdio.h>
enum Coin {penny,nickel,dime,quarter,half_dollar,dollar};
char name[][10]={"January","February","March","April","May","June","July",
                 "August","September", "October","November","December"};
int main()
{   enum Coin money;
    for(money=penny;money<=dollar;money++)
    printf("%s  ",name[2*money]);
    printf("\n");
    for(money=penny;money<=dollar;money++)
    {   switch(money)                     //注意枚举类型变量的应用方式
        {   case penny:printf("penny\n");break;
            case nickel:printf("nickel\n");break;
            case 2:printf("dime\n");break;
            case 3:printf("quarter\n");break;
            case 4:printf("half_dollar\n");break;
            case 5:printf("dollar\n");break;
        }
    }
    return 0;
}
```

【运行结果】

```
January  March  May  July  September  November
penny
nickel
dime
quarter
half_dollar
dollar
```

8.5 类型定义

C 语言为了适应用户的习惯和便于程序移植，允许用户通过类型定义将已有的类型名定义成新的类型标识符。经类型定义后，新的类型标识符与原标识符可以等效使用。

案例 8.15 类型定义。

【案例描述】

采用类型定义的方式为整型、字符型、浮点型、数组、结构进行重新定义。

【必备知识】

1）类型定义的形式

类型定义的一般形式如下：

```
typedef typename NewName;
```

其中,typedef 是类型定义关键字;typename 是已有的类型标识符,如 int、float、已定义过的结构、位段、枚举等;NewName 是新的类型标识符。

经过 typedef 定义的新类型标识符是原有类型标识符的别名。凡是原有类型标识符使用的地方都可以用新类型标识符等效替代。

2)类型定义的使用

(1)用新类型标识符定义变量。typedef 与变量的联用,只要用 typedef 将原类型关键字定义成新的类型标识符,就可以用新类型标识符来定义变量。例如,若进行如下类型定义:

```
typedef int INTEGER;
typedef float REAL;
typedef char CHARACTER;
```

就可以用新定义的类型标识符去定义变量:

```
INTEGER i,j;                    //等效于 int i,j;
REAL a,b;                       //等效于 float a,b;
CHARACTER ch1,ch2;              //等效于 char ch1,ch2;
```

(2)用新类型标识符定义数组、结构、指针、函数。下面以数组为例,介绍如何用 typedef 定义新类型标识符,然后用新类型符定义数组、结构、指针、函数的方法。若要用新类型标识符 CHARACTER 定义能存放 80 个字符的数组 s,可按下列步骤进行类型定义:

① 用常规定义的方式写出数组定义:

```
char s[80];
```

② 将上述定义中的数组名 s 用新类型标识符替换:

```
char CHARACTER[80];
```

③ CHARACTER[80]为新类型标识符,用 typedef 将上面的结果连接起来:

```
typedef char CHARACTER[80];
```

④用新类型标识符定义可存放 80 个字符的字符型数组 s:

```
CHARACTER s,a;                  //等效于 char a[80],s[80];
```

按照上述同样的步骤,可以用 typedef 定义二维数组、结构、指针、函数的新类型符。例如,用新类型符 Array 定义 int 型 3 行 4 列数组 x[3][4],y[3][4]的语句如下:

```
typedef int Array[3][4];
Array x,y;                      //等效于 int x[3][4],y[3][4];
```

用新类型符 DATE 定义下列 struct ST 结构类型的变量 birthday 和指针 p 的语句如下:

```
struct ST
{   int year;
    int month;
```

```
     int day;};
typedef struct ST DATE;        //定义新类型标识符 DATE
DATE birthday, * p;
```

用新类型符 PFLOAT 定义 float 型指针 p 的语句如下：

```
typedef float * PFLOAT;
PFLOAT p1,p2;                  //等效于 float * p1, * p2;
```

用新类型符 FCH 定义 char 型函数 af() 的语句如下：

```
typedef char FCH()
FCH af;                        //等效于 char af();
```

（3）类型的嵌套定义。用 typedef 定义了一个新类型符后，还可以再用 typedef 将新类型符定义成另一个新类型符，即嵌套定义。例如，上面已经定义了新类型符 FCH，并用它定义了 char 型函数 af()，还可以再将 FCH 定义成另一个新类型符 PFCH，并用该类型符定义函数指针 af：

```
typedef char FCH()             //定义新的函数类型标识符 FCH
typedef FCH * PFCH             //定义新的指针类型标识符 PFCH
PFCH af;                       //等效于 char ( * af)();
```

【案例实现】

```
typedef int ZX;
typedef float FD;
typedef char ZF;
typedef char ZF[40];
typedef int ZX[3][4]
typedef struct ST
{   int year;
    int month;
    int day;} RQ;              //定义新类型标识符 RQ
```

注意：

① 用 typedef 可以将已有的各种类型符定义成新的类型符，但不能直接定义变量。

② typedef 只是对已有的类型符增加一个新的别名，并不能创造新的类型，也不是取代现有的类型符。

③ typedef int INTEGER 与 #define INTEGER int 有相似之处，它们都是用 INTEGER 代表 int，但 #define 是在预编译时处理的，它只能作简单的字符串替换，而 typedef 是在编译时处理的，并不是作简单的字符串变换。

习题 8

一、选择题

1. 定义如下结构：

```
struct SK
{   int a; float b; }data, * p;
```

若指针 p 指向结构变量 data，即有 p ＝ &data;，则对 data 中的 a 域的正确引用是（　　）。

    A.（ * p).a   B.（ * p).data.a   C. p->data.a   D. p.data.a

2. 若定义如下结构，能打印出字母 M 的语句是（　　）。

```
struct Person { char name[9]; int age; };
struct Person CLASS[10]= {"John",17,"Paul",19,"Mary",18,"Adam",16};
```

    A. printf("%c\n",CLASS [2].name[1]);

    B. printf("%c\n",CLASS [2].name[0]);

    C. printf("%c\n",CLASS [3].name);

    D. printf("%c\n",CLASS [3].name[1]);

3. 下面的程序的输出是（　　）。

```
main()
{   struct Cmplx { int x;int y;} cnum[2]={1,3,2,7};
    printf("%d\n",cnum[0].y/cnum[0].x * cnum[1].x);
}
```

    A. 0   B. 1   C. 3   D. 6

4. 下列程序的输出结果是（　　）。

```
struct ABC
{ int a; int b; int c; };
main()
{   struct ABC s[2]={{1,2,3},{4,5,6}};
    int t;
    t=s[0].a+s[1].b;
    printf("%d\n",t);
}
```

    A. 5   B. 6   C. 7   D. 8

5. 设有如下结构定义：

```
struct Address
{   char name[30]; char street[40];
    char city[20]; char office[30];
    char phone[10]; int age;   } stud;
```

若用 printf("%s\n",…)访问该结构中 name 值的正确方法是（　【1】　），用 scanf("%d",…)访问结构元素 age 的地址的正确方法是（　【2】　）。

【1】A. stud->name   B. &stud.name   C. stud.&name   D. stud.name

【2】A. stud.&age   B. &stud.age   C. stud.age   D. stud->age

6. 下面程序的输出为（　　）。

```
#include <stdio.h>
struct ST
{   int x;
    int * y;
} * p;
```

```
int dt[4]={10,20,30,40};
struct ST aa[4]={50,&dt[0],60,&dt[1],70,&dt[2],80,&dt[3]};
main()
{    p=aa;
     printf("%d   ",++p->x);
     printf("%d   ",(++p)->x);
     printf("%d\n",++(*p->y));
}
```

    A. 10　20　20　　　　B. 50　60　21　　　　C. 51　60　21　　　　D. 60　70　31

7. 设有以下语句

```
struct ST
{    int n;
     struct ST *next;
};
static struct ST a[3]={5,&a[1],7,&a[2],9,'\0'},*p;
p=&a[0];
```

则值为 6 的表达式是(　　　)。

    A. p->n++　　　　　B. ++p->n　　　　　C. (*p).n++　　　　D. p++->n

8. 以下程序的输出结果是(　　　)。

```
#include <stdio.h>
struct STU
{    int num; char name[10]; int age; };
void Fun(struct STU *p)
{    printf("%s\n",(*p).name); }
main()
{    struct STU students[3]={ {9801,"Zhang",20},{9802,"Wang",19},{9803,"Zhao",
     18}};
     Fun(students+2);
}
```

    A. 18　　　　　　　　B. Wang　　　　　　　C. Zhang　　　　　　　D. Zhao

9. 若已建立如图 8-8 所示的单向链表结构：在该链表结构中,指针 p、s 分别指向图中所示节点,则不能将 s 所指的节点插入到链表末尾,仍构成单向链表的语句是(　　　)。

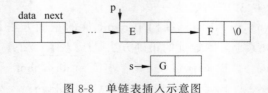

图 8-8　单链表插入示意图

    A. p=p->next;s->next=p;p->next=s;

    B. s->next=NULL;p=p->next;p->next=s;

    C. p=p->next;s->next=p->next;p->next=s;

    D. p=(*p).next;(*s).next=(*p).next;(*p).next=s;

10. 有以下结构类型说明和变量定义,且如图 8-9 所示指针 p 指向变量 a,指针 q 指向变量 b。则不能把节点 b 连接到节点 a 之后的语句是(　　　　)。

```
struct node
{   char data;
    struct node * next;
} a,b, * p=&a, * q=&b;
```

A. a.next＝q;　　　　B. p.next＝&b;　　　　C. p->next＝&b;　　　　D. (＊p).next＝q;

图 8-9　节点示意图

二、填空题

1. 若有以下定义和语句,则 sizeof(a)的值是_____。

```
struct Date
{   int day;
    int month;
    int year;
} a;
```

2. 若有以下结构类型说明和结构变量定义,则变量 a 在内存所占的字节数是_____。

```
struct stud
{   char num[6];
    int s[4];
    double ave;
} a, * p;
```

3. 有以下定义和语句,可用 a.day 引用结构成员 day,请写出引用结构成员 a.day 的其他两种形式 【1】 、 【2】 。

```
struct { int day; char month; int year; } a, * b;
b=&a;
```

4. 现有如图 8-10 所示的存储结构,每个节点含两个域:data 是指向字符串的指针域,next 是指向节点的指针域。请填空完成此结构的类型定义和说明。

Head →｜data｜next｜ → ｜data｜next｜ → … → ｜data｜next｜

图 8-10　单循环链表示意图

```
struct Link
{   【1】 ;
    【2】 ;
} * head;
```

5. 若要使指针 p 指向一个 double 型的动态存储单元,请填空。

```
p=_____ malloc(sizeof(double));
```

6. 用以下语句调用库函数 malloc()，使字符指针 st 指向具有 11 字节的动态存储空间，请填空。

```
st=(char *) _____ ;
```

7. 变量 root 有如图 8-11 所示的存储结构，其中 sp 是指向字符串的指针域，next 是指向该结构的指针域，data 用以存放整型数，请填空，完成图 8-11 所示的结构类型说明和变量 root 的定义。

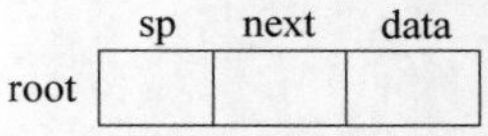

```
struct List
{   char * sp;
    【1】 ;
    【2】 ;
} root;
```

图 8-11　数据结构

8. 以下函数 creat 用来建立一个带头节点的单向链表，新产生的节点总是插在链表的末尾。单向链表的头指针作为函数值返回。请填空。

```
#include <stdio.h>
struct List
{   char data;
    struct List * next;
}
struct List * creat()
{   struct Llist * h, * p, * q;
    char ch;
    h= 【1】 malloc(sizeof(struct list ));
    p=q=h;
    ch=getchar();
    while ( ch!='?')
    {   p= 【2】 malloc(sizeof(struct list ));
        p->data=ch;
        q->next=p;
        q=p;
        ch=getchar();
    }
    p->next='\0';
    【3】 ;
}
```

三、编程题

1. 用结构数组建立含 5 个人的通讯录，包括姓名、地址和电话号码。能根据键盘输入的姓名查找并输出该姓名及对应的电话号码。

2. 用结构数组存放一个数据库，含 10 个人的考试成绩，包括姓名、数学、计算机、英语、体育和总分，其中，总分由程序自动计算。主程序能输出排序后的数组。按总分从高到低排序由子程序 sort() 完成。

3. 编写程序，要求利用结构数组实现输入三个人的姓名和年龄，并输出 3 个人中最年长者的姓名和年龄。

第9章

文件与预处理

数据文件是程序设计中的一个重要概念,是实现程序和数据分离的重要方式。前几章涉及的都是程序文件,程序运行时所有的输入和输出都只涉及键盘和显示器。本章主要介绍如何建立和使用数据文件,使得程序在运行时,能自动从存储在外部介质上的文件中读取数据,输出数据也存储到外部介质上的文件中。

9.1 文件概述

用户自行编制的程序要保存在磁盘上,这些保存在磁盘上的源程序就是程序文件,它是一种文本文件。由于操作系统具有"按名存取"的功能,所以保存在磁盘上的程序文件随时都可以使用。程序运行时,通常要从键盘输入数据,运行结果则显示在屏幕上。但是这种输入输出方式不便于大量数据的输入和运行结果的长期保存。为此,可以将要输入的数据保存在外部介质(目前最常用的外部介质是磁盘)上,程序运行结果也作为文件保存在外部介质上。这样,程序运行所需要的数据就可以从外部文件输入,而不必从键盘输入,这一过程称为"取"文件或"读"文件;将运行结果存储到外部介质上,从而使结果可以长期保存,这一过程称为"存"文件或"写"文件。保存在外部介质上的数据的集合就是数据文件。

1. 文件的逻辑结构

文件的逻辑结构是指按什么形式将一批数据组织成文件。

(1) C 语言使用的是"流"式文件,即输入输出的数据都按"数据流"的形式进行组织,整个文件就是一串字符流或二进制流,其间没有记录和字段的界限,输入输出数据流的开始和结束只受程序控制,而不受物理符号(如回车换行符)的控制。

(2) 流式文件可分为文本文件(即 ASCII 码文件)和二进制文件两类。

① 文本文件也称 ASCII 文件,是一种字符流文件。文件由一个个字符首尾相接而成,其中每个字符占 1B,存放的是字符的 ASCII 码。例如,一个 int 型的整数−123456,

它在内存中要占 2B,以二进制形式存放,而在文本文件中,它将占 6B,按书写形式存放,每个字符占用 1B。要将该数写入文本文件,首先要将内存中 2B 的二进制数转换成 6 个字符的 ASCII 码;若要将该数从文本文件读进内存,首先要将这 6 个字符转换成 2B 的二进制数。文本文件的优点是可以直接阅读,而且 ASCII 码标准统一,使文件易于移植,但其缺点是输入输出都要进行转换,效率低。

②二进制文件中的数据是按其在内存中的存储形式存放的。例如,一个 double 型的常数 1.0,不管其书写形式如何,在内存中及文件中均占 8B,如果一个二进制文件中存储了 100 个双精度数,则该文件的长度就是 800 字节。由于二进制文件在输入输出时,不必进行转换,故效率高。但二进制文件只能供机器阅读,人工无法阅读,也不能打印。而且,由于不同的计算机系统对数据的二进制表示也各有差异,因此可移植性差。一般用二进制文件来保存数据处理的中间结果,供本计算机以后使用。

2. 文件的存取方式

将内存的数据存入文件及将文件中的数据读入内存统称文件的存取。C 语言支持的文件存取方式有两种:顺序存取和随机存取。

(1)顺序存取只能依先后次序存取文件中的数据,存取完第一字节,才能存取第二字节;存取完第 $n-1$ 字节,才能存取第 n 字节。

(2)随机存取也称直接存取,可以直接存取文件中指定的数据,例如,可以直接存取指定的第 i 字节(或字符),而不管第 $i-1$ 字节是否已经存取。

文件的存取方式与该文件是文本文件还是二进制文件无关,即它们都可以用顺序方式或随机方式进行存取。

3. 文件操作的步骤

在 C 语言中,文件的存取是通过 C 编译系统提供的文件操作函数实现的,一般要经过以下 3 个步骤。

(1)打开文件。用标准库函数 fopen()打开文件,它通知编译系统 3 个信息:需要打开的文件名;使用文件的方式(读还是写等);使用的文件指针。

(2)文件读写。用文件输入输出函数对文件进行读写,这些输入输出函数与前面介绍的标准输入输出函数在功能上有相似之处,但使用上又不尽相同。

(3)关闭文件。文件读写完毕,用标准函数 fclose()将文件关闭。它的功能是把数据真正写入磁盘(否则数据可能还在缓冲区中),切断文件指针与文件名之间的联系,释放文件指针。如不正常关闭文件,则多半会导致数据丢失或损坏。由于大多数操作系统对一个程序可以同时打开的文件数目有某些限制,因此当文件不再使用时,及时关闭它们是必要的。通常情况下,当程序正常运行结束时,系统也会自动关闭所有已打开的文件。文件操作所使用的标准库函数列于表 9-1,它们都定义在标题文件 stdio.h 中。

表 9-1　文件操作所使用的标准库函数

文件操作步骤	相关的库函数		
文件打开	fopen()		
文件读写	fscanf()	fprintf()	格式 I/O 函数
	getc()	putc()	字符 I/O 函数
	fgetc()	fputc()	字符 I/O 函数
	fgets()	fputs()	字符串 I/O 函数
	fread()	fwrite()	数据块 I/O 函数
关闭文件	fclose()		

📖 知识拓展

计算机文件

计算机文件是以计算机硬盘为载体存储在计算机上的信息集合,是信息存储的基本单位,文件准确性、安全性和完整性非常重要,因此树立正确的信息安全观、养成良好的信息安全习惯是当代大学生必备的信息素养。

9.2　文件的打开与关闭

案例 9.1　打开和关闭文件。

【案例描述】

编程实现当前目录下文件 text1.txt 和 text2.txt 打开关闭。

【必备知识】

1)文件指针

在进行文件操作时,要用到文件指针。文件指针用来指向文件中当前操作的位置,当文件指针与某个文件连接之后,用户就可通过文件指针而不是通过文件名来存取文件。文件指针是由系统在标题文件 stdio.h 中定义的名为 FILE 的结构类型,该结构类型的成员分别用来存放文件名、文件状态标志及缓冲区大小等信息。用户不必了解其中的细节,能用类型名 FILE 来定义文件指针就可以。

(1)定义文件指针的格式如下:

```
FILE  * fp1, * fp2;
```

这样,fp1 和 fp2 就成为文件指针,用 fopen()函数可将它们指向指定的文件。

(2)一个文件指针可以指向一个文件。因此,同时打开几个文件就应该有几个文件指针。不允许用一个文件指针同时指向两个或两个以上的文件,也不允许几个指针指向同一文件。

2)打开文件

(1)打开文件要用库函数 fopen(),其调用格式如下:

```
FILE * fp;
fp=fopen(fname,mode);
```

其中,fname 是要打开的文件名,可以是字符串常数、字符型数组或字符型指针,文件名可以带路径;mode 表示文件的使用方式,它规定了打开文件的目的,如表 9-2 所示。

表 9-2　文件使用方式

使 用 方 式	含　　义	使 用 方 式	含　　义
"r"或"rt"	打开文本文件,只读	"rb"	打开二进制文件,只读
"w"或"wt"	创建文本文件,只写	"wb"	创建二进制文件,只写
"a"或"at"	打开文本文件,追加	"ab"	打开二进制文件,读、追加
"r+"或"r+t"	打开文本文件,读、覆盖写	"r+b"	打开二进制文件,读、覆盖写
"w+"或"w+t"	创建文本文件,先写后读	"w+b"	创建二进制文件,先写后读
"a+"或"a+t"	打开文本文件,读、追加	"a+b"	打开二进制文件,读、追加

文件正常打开后,fopen()函数返回文件在内存中的起始地址,把该地址赋给文件指针 fp,就建立起文件指针 fp 和文件 fname 之间的连接,即 fp 指向文件 fname。此后对文件的操作就通过文件指针进行,而不再使用文件名。如果不能打开指定的文件,则返回NULL。例如:

```
#include <stdio.h>
FILE * fp;
int main()
{
    …
    fp=fopen("c:\data.txt","w");
    …
    return 0;
}
```

如果 C 盘上已有该文件,则删除该文件原有内容,可以写入新数据;如果文件不存在,则建立以 data.txt 为文件名的新文件,等待写入数据。

为确保文件操作的正常进行,有必要在程序中检测文件是否正常打开,即打开文件操作是否成功。常用下面的程序段来打开文件:

```
if ((fp=fopen("fname","w"))==NULL)
{
    printf("cannot open file");
    exit(1);
}
```

即当文件不能正常打开时,屏幕提示"cannot open file.",程序运行终止。exit()函数的功能是终止程序运行,关闭文件,它定义在标题文件 stdio.h 中;若文件成功打开,程序就可以继续往下运行。

（2）关于文件使用方式的说明。

① w 方式,只能用于向文本文件写数据。若指定的文件不存在,则创建该文件;若指定的文件已存在,则先删除文件中的全部内容。文件打开时,文件指针指向文件头开

② r 方式,只能用于从文本文件中读数据。若指定的文件不存在,则出现错误信息。文件打开时,文件指针指向文件开头。

③ a 方式,用于向文件末尾添加数据。若指定的文件存在,将它打开,并将文件指针指向文件末尾,新写入的内容被追加在原有数据之后;若指定的文件不存在,则创建该文件,这时文件指针指向的既是文件头,也是文件尾。

④ r+,w+,a+方式,用于以既可读也可写的方式打开文本文件。它们的区别如下。

- r+:用该方式打开文件后,若写入数据,则写入的内容只覆盖新数据需要的空间,其后的原有数据并不丢失。

- w+:用该方式打开文件后,文件原有内容全部丢失,只能先向文件写入数据,然后再读出。

- a+:用该方式打开文件后,将原文件内容保留。读时从文件开头读,写时则追加到文件末尾。

⑤ 上述 6 种方式加上字母"t"后,仍表示对文本文件打开。

⑥ 上述 6 种方式加上字母"b"后,就表示对二进制文件打开。这时,可以由文件定位函数确定文件读写的起始位置。

3)关闭文件

文件操作完毕,应用 fclose()函数将文件关闭,以保证本次文件操作有效。调用格式如下:

```
fclose(fp);
```

fp 是由 fopen()函数打开文件时使用的文件指针。该函数执行成功时,返回 0 值;否则,返回非 0 值。文件关闭后,文件指针与文件名脱钩,文件指针可以再与别的文件连接。

【案例实现】

```
#include<stdio.h>
FILE * fp1, * fp2;
int main()
{
    …
    fp1=fopen("text1.txt","w");
    …
    fp2=fopen("text2.txt","r+");
    …
    fclose(fp1);
    fclose(fp2);
    …
    return 0;
}
```

9.3 文件的读写操作

一个文件打开后,就可以对该文件进行读写。读写文本文件或二进制文件是由不同的文件读写函数完成的。

案例 9.2 向文本文件写入字符内容。

【案例描述】

将字符 A、B、C 和 EOF 写入 D 盘根目录下的文件 ex9-1.txt 中。

【案例分析】

程序运行时,先以"w"方式打开 D 盘根目录下的文件 ex9-1.txt,然后由 fputc()依次将保存在字符型变量 a、b、c 中的字符写到文件中,最后关闭文件。通过资源管理器可以看到 C 盘上已创建文件 ex9-1.txt。

【必备知识】

fputc()用来向指定的文本文件写入一个字符,与它完全等价的还有 putc()。它们的调用格式如下:

```
fputc(ch,fp);
putc(ch,fp);
```

其中,ch 为欲写入的字符,可以是字符型常数或字符型变量;fp 为文件指针。该函数的功能是将一个字符写入指定的文件,如果执行成功,返回所写入的字符;否则,返回 EOF。EOF 是 C 编译系统定义的文本文件结束标志,其值为−1,十六进制表示为 0xFF。

【案例实现】

```
#include <stdio.h>
#include <stdlib.h>
FILE * fp;
void main()
{   char a='A',b='B',c='C';
    if ((fp=fopen("D:\\ex9-1.txt","w"))==NULL)    //打开 D 盘上指定的文件
    {   printf("cannot open file\n"); exit(1); }
    fputc(a,fp);                                  //写文件操作
    fputc(b,fp);
    fputc(c,fp);
    fclose(fp);
}
```

文本文件可以在命令提示符下用 type 命令将其内容显示在屏幕上。命令格式如下:

```
D:\>type ex9-1.txt
ABC
```

案例 9.3 从文本文件中读取字符。

【案例描述】

从案例 9.2 建立的文件 ex9-1.txt 中读出所有的字符并显示在屏幕上。

【案例分析】

程序运行时,以"r"方式打开 D 盘上的 ex9-1.txt 文件,用 fgetc()读取文件中的一个字符赋给变量 ch,并将 ch 输出到显示器上,直到遇到文件结束符 EOF 为止,但 EOF 不予显示。

fgetc()用来从指定的文本文件中读取一个字符,与它完全等价的还有 getc()。它们的调用格式如下:

```
ch=fgetc(fp);
ch=getc(fp)
```

其中,fp 为文件指针。该函数的功能是从指定的文件读取一个字符,并赋给字符型变量 ch。如果读取成功,返回读取的字符;如果读取错误或遇到文件结束标志 EOF,则返回 EOF。

【案例实现】

```
#include<stdio.h>
#include <stdlib.h>
FILE * fp;
void main()
{   char ch;
    if ((fp=fopen("d:\\ex9-1.txt","r"))==NULL)     //打开 D 盘上指定的文件
    {   printf("cannot open file\n"); exit(1); }
    while ((ch=fgetc(fp))!=EOF)                     //读文件
    putchar(ch);                                    //屏幕输出
    fclose(fp);
    printf("\n");
}
```

【运行结果】

ABC

9.3.1　文本文件读写

用于文本文件读写的函数包括字符读写函数 fgetc()和 fputc()、字符串读写函数 fgets()和 fputs()、格式化读写函数 fscanf()和 fprintf()。

案例 9.4　fputs()函数的应用。

【案例描述】

将字符串"Visual C++ 2010"、"BASIC"、"Microsoft SQL"、"Python"、"JAVA"写入文件 ex9-2.txt。

【案例分析】

程序运行时,用"w"方式打开 D 盘上的文本文件 ex9-2.txt,然后通过循环语句将字符型数组 a 中的字符串写入文件,不是按照数组 a 定义的大小,而是按数组 a 中的实际字符个数。

【必备知识】

fputs()用来将一个字符串写入指定的文本文件,其调用格式如下:

```
fputs(s,fp);
```

其中,s 可以是字符型数组名、字符型指针变量或字符串常数,fp 为文件指针。该函数的

功能是将字符串 s 写入由 fp 指向的文件中,字符串末尾的'\0'字符不予写入。如果函数执行成功,则返回所写的最后一个字符;否则,返回 EOF。

【案例实现】

```
#include <stdio.h>
#include <stdlib.h>
FILE * fp;
void main()
{    char a[][20]={ "Visual C++ 2010","BASIC","Microsoft SQL","Python","JAVA"};
     int i;
     if ((fp=fopen("d:\\ex9-2.txt","w"))==NULL)
     {   printf("Cannot open file\n");
     exit(1); }
     for (i=0;i<=4;i++)
         fputs(a[i],fp);
     fclose(fp);
}
```

【运行结果】

程序运行后的结果文件用"记事本"打开,显示如图 9-1 所示。

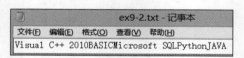

图 9-1 "记事本"中查看案例 9.4 的运行结果

由于 fputs()并不将字符串末尾的'\0'写入文件,因此,文件中的各字符串之间并不存在任何分隔符。为了能使文件能被正确读出,可在每个字符串的末尾增加一个换行符('\n'),这时,写入文件的各个字符串除了多了一个换行符(ASCII 码 10)外,还将自动增加一个 EOF。例如,将上面程序对字符数组 a 赋值的语句改写如下:

```
char a[][20]={ "Visual C++ 2010\n","BASIC\n","Microsoft SQL\n","Python\n","JAVA\n"};
```

后,文件存放格式如图 9-2 所示。

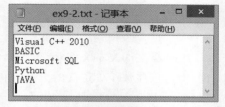

图 9-2 "记事本"中查看案例 9.4 文件存放格式

【案例补充】

在上例创建的 ex9-2.txt 文件的末尾追加 3 个字符串"Visual Studio .NET"、"Java Script"和"Photoshop"。

【补充案例分析】

程序以"a"方式将文件 ex9-2.txt 打开后,文件指针自动指向文件末尾,因此,由循环中 fputs()函数写入的 3 个字符串将依次追加在文件的末尾。

【补充案例实现】

```
#include <stdio.h>
#include <stdlib.h>
FILE * fp;
void main()
{   int i;
    char a[][20]={"Visual Studio .NET\n","Java Script\n","Photoshop\n"};
    if ((fp=fopen("d:\\ex9-2.txt","a"))==NULL)
    {   printf("Cannot open file\n"); exit(1); }
    for (i=0;i<=2;i++)
    fputs(a[i],fp);
    fclose(fp);
}
```

案例 9.5　fgets()函数的应用。

【案例描述】

从案例 9.4 及其补充案例建立的文本文件 ex9-2.txt 中读出各个字符串存放在二维字符数组 a 中,并将其中的第 0、2、4、6 号字符串显示在屏幕上。

【案例分析】

程序运行时,每次循环将最多读取 20 个字符,若遇到换行符或 EOF,则提前结束本次读操作。由于 ex9-2.txt 中每个字符串的末尾都有换行符或 EOF,因此,由 fgets()读入并存放在 a[i]中的字符串都带有换行符和'\0'字符,在用 printf()函数输出时,格式转换说明符"%s"不必另加换行符'\n'就能使每个字符串各占一行。

【必备知识】

fgets()用来从指定的文本文件中读取字符串,其调用格式如下:

fgets(*s*,*n*,fp);

其中,*s* 可以是字符型数组名或字符串指针,*n* 是指定读入的字符个数,fp 是文件指针。该函数的功能是最多读取 *n*−1 个字符,并将读入的字符串存入字符指针 *s*。当函数读取的字符达到指定的个数,或者接收到换行符,或者接收到文件结束标志 EOF 时,将在读取的字符后面自动添加一个'\0'字符;若有换行符,则将换行符保留在'\0'字符之后;若有EOF,则不予保留。该函数如果执行成功,返回读取的字符串;如果失败,则返回空指针,这时,*s* 中的内容不确定。

【案例实现】

```
#include <stdio.h>
#include <stdlib.h>
FILE * fp;
void main()
{   int i;
    char a[7][20];
```

```
if ((fp=fopen("d:\\ex9-2.txt","r"))==NULL)        //以只读方式打开文件
{   printf("Cannot open file\n"); exit(1); }
for ( i=0;i<7;i++)
{   fgets(a[i],20,fp);
    if (i%2==0)                    //从文件中读取字符串并显示第 0、2、4、6 号字符串
    printf("%s",a[i]);
}
fclose(fp);
}
```

【运行结果】

```
Visual C++ 2010
Microsoft SQL
JAVA
Java Script
```

这个例子给出提示,在建立文件时,每次用 fputs()写入一个字符串后,再人工写入一个换行符,则在用 fgets()读取时,可以将指定字符个数的变量 n 设定得大一些,就能在 n -1 个字符前遇到换行符而使读入操作终止。

注意:在建立文件时,每次用 fputs()写入一个字符串后,再人工写入一个换行符,则在用 fgets()读取时,可以将指定字符个数的 n 设定得大一些,就能在 $n-1$ 个字符前遇到换行符而使读入操作终止。

案例 9.6   fprintf()函数的应用。

【案例描述】

将表 9-3 中的数据写入文件 ex9-3.txt。

表 9-3   写入文件 **ex9-3.txt** 的数据

公　　司	类　　型	重量/kg
APPLE	MacBook-Pro13.3	2.8
LENOVO	ThinkBook-14	3.8
DELL	OptiPlex-7080MT	8.0
HUAWEI	MateBook-D14	3.3

【必备知识】

fprintf()用来将输出项按指定的格式写入指定的文本文件,其调用格式如下:

```
fprintf(fp,format,arg₁,arg₂,…,argₙ);
```

其中,fp 为文件指针,format 为指定的格式控制字符串,$arg_1 \sim arg_n$ 为输出项,它们可以是字符、字符串或各种类型的数据。该函数的功能是按格式控制字符串 format 给定的格式,将输出项 arg_1,arg_2,…,arg_n 的值,写入 fp 所指向的文件中。函数如果执行成功,返回实际写入文件的字符个数;若出现错误,返回一负数。

fprintf()中格式控制符的使用与 printf()相同。

【案例实现】

```
#include <stdio.h>
#include <stdlib.h>
FILE * fp;
void main()
{   int i;
    char pc[][18]={"APPLE","MacBook-Pro13.3","2.8kg","LENOVO","ThinkBook-14",
    "3.8kg","DELL","OptiPlex-7080MT","8.0kg","HUAWEI",
    "MateBook-D14","3.3kg"};
    if ((fp=fopen("d:\\ex9-3.txt","w"))==NULL)
    {   printf("Cannot open file"); exit(1);   }
    for (i=0;i<=9;i+=3)
        fprintf(fp,"%8s %18s %8s ",pc[i],pc[i+1],pc[i+2]);
    fclose(fp);
}
```

【运行结果】

本程序运行后,文件中各字符串的存放形式(x代表空格)如图 9-3 所示。

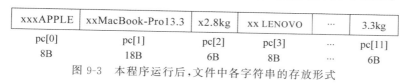

图 9-3　本程序运行后,文件中各字符串的存放形式

注意:格式化写入时按右对齐方式写入,例如,pc[0]的 8B 内容如图 9-4 所示。

图 9-4　按右对齐方式写入 pc[0]的 8B 内容

案例 9.7　fscanf()函数的应用。

【案例描述】

使用 fscanf()函数读出案例 9.6 所建立的文件 ex9-3.txt 中的数据。

【案例分析】

使用 fscanf()函数需要特别注意,fscanf()从文件中读取数据时,是以制表符、空格字符或回车符作为该数据项的结束标志,因此,在用 fprintf()将数据写入文件时,一定要注意在数据之间留有空格、制表符或回车符,最简便的方法是像案例 9.6 的程序那样,在每个输出项后面增加一个空格,否则,用 fscanf()读取时,就可能出现混乱。

【必备知识】

fscanf()函数用来按格式从指定的文本文件中读取数据,其调用格式如下:

fscanf(fp,format,arg$_1$,arg$_2$,…,arg$_n$);

其中,fp 为文件指针,format 为格式控制字符串,arg$_1$~arg$_n$ 为输入项的地址。该函数的功能是从文件指针 fp 所指的文本文件中读取数据,按格式控制字符串 format 所给定的格式进行数据读取并赋给输入项 arg$_1$,arg$_2$,…,arg$_n$。如果该函数执行成功,返回读取项目的个数;如果遇到文件末尾,返回 EOF;如果赋值失败,返回 0。

【案例实现】

```
#include <stdio.h>
#include <stdlib.h>
FILE * fp;
void main()
{   char pc[12][18];
    int i;
    if ((fp=fopen("d:\\ex9-3.txt","r"))==NULL)
    {   printf("Cannot open file"); exit(1);   }
    for (i=0;i<=9;i+=3)
    fscanf(fp,"%s%s%s",pc[i],pc[i+1],pc[i+2]);
    fclose(fp);
    printf("    公司    类型    重量\n");
    for (i=0;i<=9;i+=3)
    printf("%8s %18s %8s\n",pc[i],pc[i+1],pc[i+2]);
}
```

【运行结果】

公司	类型	重量
APPLE	MacBook-Pro13.3	2.8kg
LENOVO	ThinkBook-14	3.8kg
DELL	OptiPlex-7080MT	8.0kg
HUAWEI	MateBook-D14	3.3kg

9.3.2　二进制文件读写

用于二进制文件读写的函数主要是 fread() 和 fwrite()。另外，fgetc()、fputc()、fgets()、fputs()也可以用于二进制文件的读写。

案例 9.8　　fwrite()的应用。

【案例描述】

从键盘输入 10 个整数，将它们存放在 int 型数组 sam 中，将该数组作为一个数据块写入文件 ex9-4.dat 中。

【案例分析】

先以"wb"方式打开 D 盘根目录下的文件 ex9-4.dat，然后由 fwrite() 将数组 scan 中的数据以二进制形式写到文件中，最后关闭文件。

【必备知识】

fwrite()用于向文件写入一个数据块，其调用格式如下：

fwrite(buf,size,count,fp);

其中，buf 可以是数组名或指向数组的指针，用于提供要写入文件的数据；size 是无符号整型表达式，用于规定要写入的每个数据项的长度（字节数）；count 是整型表达式，用于指定数据项的个数；fp 是文件指针。该函数的功能是向 fp 所指的文件中写入一个由 buf 指向的数据块，该数据块共有 count 个数据项，每个数据项有 size 字节。如果执行成功，返回实际写入的数据项个数；若所写数据项少于实际需要的数据项，则出错。

【案例实现】

```
# include <stdio.h>
# include <stdlib.h>
FILE * fp;
void main()
{   int sam[10],i;
    if (!(fp=fopen("d:\\ex9-4.dat","wb")))
    {   printf("Cannot open file\n"); exit(1); }
    for (i=0;i<10;i++)
        scanf("%d",&sam[i]);
    fwrite(sam,sizeof(sam),1,fp);
    fclose(fp);
}
```

【运行结果】

文本文件的内容可以在命令提示符下用 type 命令显示在屏幕上,但二进制文件用读命令显式时,屏幕显示乱码。

案例 9.9 fread()的应用。

【案例描述】

从案例 9.8 建立的二进制文件 ex9-4.dat 中读取 10 个整数存入数组 b,并在屏幕上显示这 10 个数。

【案例分析】

以"rb"方式打开文件,用 fread()读入含 10 个整数的数据块存入数组 b,再由 printf()的格式控制将数组 b 中的数据输出。

【必备知识】

fread()用于从文件中读出一个数据块,它的调用格式如下:

```
fread(buf,size,count,fp);
```

其中,buf、size、count 和 fp 的含义和用法与 fwrite()完全相同。该函数的功能是从 fp 所指的文件中,一次读出长度为 size 字节的 count 个数据项,然后存放在 buf 中。在读入过程中,自动把文件中的回车符和表示制表符和换行符的转义序列转换成换行符。函数执行成功时,返回实际读入的数据项个数;如果读出项目比调用中所需项目少,则出错。关于如何判断读取出错或已读到文件末尾的问题,将在下节讨论。

【案例实现】

```
# include <stdio.h>
# include <stdlib.h>
FILE * fp;
void main()
{   int b[10],i;
    if (!(fp=fopen("d:\\ex9-4.dat","rb")))
    {   printf("Cannot open file\n");   exit(1); }
    if (fread(b,sizeof(int),10,fp)!=10)          //读取的数据块不足
    {   if (!feof(fp))                           //已到文件末尾
        printf("premature end of file\n");
```

```
                                          //读取过程中出错
        else
            printf("file read error\n");
        exit(1);
    }
    fclose(fp);
    for(i=0;i<10;i++)
    printf("%d   ",b[i]);
}
```

注意：程序直接用 fread()的返回值是否等于 10 来判断是否已读入指定的数据项个数，如果所读数据项比指定的个数少，说明已发生错误或遇到文件末尾（feof()函数将在下节介绍）。

fgetc()、fputc()、fgets()、fputs()既可以用于读写文本文件，也可以用于读写二进制文件，因为它们操作的对象都是字符，无论是在文本文件中，还是在二进制文件中，字符都是按其 ASCII 码的形式表示和存储的，二者并没有区别。当文件用"w""r""a"等方式打开时，它们的作用就是读写文本文件，当文件用"wb""rb""ab"等方式打开时，它们的作用就是读写二进制文件。

9.4　文件检测函数

文件检测函数用来检测文件指针是否已到文件末尾，或文件读写操作中是否出现错误等情况，以便能正确地进行文件的存取。

案例 9.10　文件复制。

【案例描述】

用命令行方式将一个二进制文件的内容复制到另一个文件中。命令行共 3 个参数，第一个参数为可执行程序名，第二、三个参数分别为需要复制的源文件名和目标文件名，它们将依次存放在 argv[0]、argv[1]和 argv[2]中。

【案例分析】

用"rb"方式打开保存在 argv[1]中的源文件名，用"wb"保存在 argv[2]中的目标文件名，然后用 fgetc()依次读出源文件中的每一个字符，用 fputc()将该字符写入目标文件，这一过程直到 feof()取非 0 值为止。

【必备知识】

1. 检测文件结尾函数 feof()

在文本文件中，C 编译系统定义 EOF 为文本文件的结束标志，其值为−1。由于任何 ASCII 码都不可能取负值，所以它在文本文件中不会产生冲突。但是在二进制文件中，−1 有可能是一个有效的数据，所以 EOF 不能作为二进制文件的结束标志。为此，C 编译系统定义了 feof()函数用作二进制文件的结束标志。

feof()的调用格式如下：

```
feof(fp);
```

如果文件指针已到文件末尾,函数返回非 0 值;否则,返回 0 值。例如,下面的程序段可以控制读文件操作到文件结束为止:

```
while (!feof(fp))
getc(fp);
```

feof()也可以用作文本文件的结束标志。

2. 检测文件读写出错函数 ferror()

ferror()函数用来检测文件读写时是否发生错误,其调用格式如下:

```
ferror(fp);
```

若未发生读写错误,返回 0 值;否则,返回非 0 值。例如,下面的程序段可用来控制程序的运行:

```
if (ferror(fp))
{   puts("file error.");
    exit(1);
}
```

如果读写操作中出现错误,则显示"file error.",并自动终止程序的运行。

3. 清除文件末尾和出错标志函数 clearerr()

clearerr()函数用于将文件的出错标志和文件结束标志置 0。当调用的输入输出函数出错时,ferror()函数给出非 0 的标志,并一直保持此值,直到使用 clearerr()函数或rewind()函数时才重新置 0。用 clearerr(fp);可及时清除出错标志。

【案例实现】

```
#include <stdio.h>
FILE * fin, * fout;
void main(int argc,char * argv[])
{   char ch;
    if (argc!=3)
    {   puts("You forget to enter a file name.\n");
        exit(1);   }
    if ((fin=fopen(argv[1],"rb"))==NULL)
    {   puts("Cannot open file\n");
        exit(0); }
    if ((fout=fopen(argv[2],"wb"))==NULL)
    {   puts("Cannot open file\n");
        exit(0); }
    while(!feof(fin))
    {   ch=fgetc(fin);            //读取 1B 内容
        if (ferror(fin))          //读错
        {   printf("read error\n");
            clearerr(fin);        //清除出错标志
            exit(1);}
        else {   fputc(ch,fout);  //写入 1B 内容
```

```
                if (ferror(fout))              //写错
                {   printf("write error\n");
                    clearerr(fout);            //清除出错标志
                    exit(1); }
            }
        }
        fclose(fin);fclose(fout);
    }
```

假设该程序文件编译后形成的可执行文件名为 lx9_10.exe,要复制的源文件名为 in. txt,目标文件名为 out.txt,则在命令提示符下,可以用下面的命令行来执行该程序:

```
    D:\>lx9_10   in.txt   out.txt↵
```

程序运行结束后,可在命令提示符下通过 dir 命令或者在 Windows 的资源管理器中查看到复制生成的 out.txt 文件。

9.5　顺序存取与随机存取文件

通常一个文件中包含大量的数据,这些数据按其逻辑上的联系形成记录。例如学生档案文件中,姓名、性别、年龄、家庭住址、所在班级等就构成一个记录,文件的读写则是以记录为单位进行的。那么,这些记录的写入或读出是否有一定的顺序限制呢? 顺序存取时必须按顺序写入和读出,而随机存取时则可以按任意顺序写入和读出。一个文件是适合于顺序存取还是随机存取,不在于它们是文本文件还是二进制文件,而在于文件中的记录长度是否相等: 随机存取要求每个记录的长度必须相等,而顺序存取不要求记录长度必须相等。

文件指针的定位对文件的读写至关重要,因为对文件的任何读写都是在文件指针当前所指的位置上进行的,移动了文件指针直接影响到文件读写的位置。

案例 9.11　ftell()和 fseek()函数的应用。

【案例描述】

利用 ftell()和 fseek()确定二进制文件的长度(字节数)和记录数。

【案例分析】

假设一个二进制文件 k.dat 的每个记录含有若干字段,组织成一个结构型数据(struct ST),该文件用指针 fp 打开后,可以先用 fseek()将文件指针定位到文件尾,用 ftell()就可以获得该文件的长度,用文件长度与每个记录长度相除,就可以得到该文件所包含的记录数。

【必备知识】

可实现文件指针定位的函数如下。

(1) 用 rewind()函数可将文件指针移到文件的开头,其调用格式如下:

```
    rewind(fp);
```

函数调用成功返回 0 值;否则,返回非 0 值。例如,下面的程序段

```
while (!feof(fp))
putchar(fgetc(fp));
rewind(fp);
while (!feof(fp));
putchar(fgetc(fp));
```

可两次显示 fp 所指的文件中的字符。

（2）用 ftell()函数可以返回文件指针的当前位置。其调用格式如下：

```
ftell(fp);
```

返回值为长整型数，表示相对于文件头的字节数，出错时返回 −1L。例如，程序段

```
long i;
if((i=ftell(fp))==-1L)
printf("A file error has occurred at %ld.\n",i);
```

可以通知用户在文件的什么位置出现了文件错误。

（3）用 fseek()函数可以移动指针到指定的位置，调用格式如下：

```
fseek(fp,offset,orng);
```

其中，offset 是一个长整数，表示指针移动的字节数：为负时，表示向文件头的方向移动；为正时，向文件尾的方向移动；为 0 时，不移动。orng 用来指定指针的初始位置，按表 9-4 规定的方式取值，既可以用符号名，也可以用对应的整数。该函数的功能是将指针 fp 指到以 orng 为初始位置、移动 offset 字节后的位置上。若成功，则返回 0；否则，返回非 0。

表 9-4　指针初始位置表示法

符　号　名	值	含　　义
SEEK_SET	0	文件开头
SEEK_CUR	1	文件当前位置
SEEK_END	2	文件末尾

例如，fseek(fp,250L,0)表示将指针 fp 从文件头向后移动 250 字节；fseek(fp,−251L,2)表示将指针 fp 从文件尾向前移动 251 字节；fseek(fp,0L,SEEK_SET)表示将指针 fp 从文件头开始移动 0 字节，实际上表示将 fp 定位于文件头，它与 rewind(fp)的作用完全相同。

fseek()函数常用于二进制文件的随机读写。用于文本文件时，因字符转换问题，定位常出错误。

【案例实现】

```
FILE * fp;
struct ST
{ … };
int n,k;
fp=fopen("k.dat","rb+");
fseek(fp,0,SEEK_END);              /* 文件指针移到文件尾 */
```

```
n=ftell(fp);                    /* 文件长度字节数 */
k=n/sizeof(struct ST);          /* 文件包含的记录数 */
```

案例 9.12　文件顺序存取应用。

【案例描述】

建立一个学生档案文件,其中包括学号、姓名、毕业学校、数学、语文、外语和总分,要求可根据学号进行顺序查询出学生的成绩。

【案例分析】

只用于顺序存取的文件,既可以是文本文件也可以是二进制文件,其各个记录的长度既可以相等也可以不等。下面分别用文本文件和二进制文件的形式实现题目的要求。

(1) 在创建顺序文本文件时,最好配对使用文件读写函数,以保证输入输出的格式一致。对只含文字数据的文本文件,可以配对使用 fgetc() 和 fputc()、fgets() 和 fputs();对既有文字信息,又有数值信息的文本文件,通常配对使用 fscanf() 和 fprintf()。下面的程序用来建立一个记录长度不等的文本文件 score.txt,每次循环写入一条记录。程序运行流程图如图 9-5 所示。

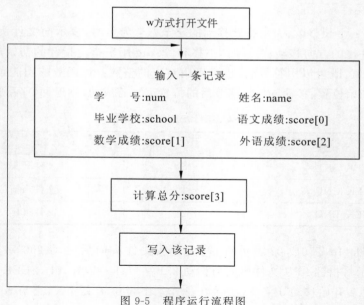

图 9-5　程序运行流程图

(2)在创建二进制文件时,通常用结构变量或数组来组织记录,以便能用函数 fread() 和 fwrite() 来进行数据块的读写,可以提高存取速度。这时,各个记录的长度是相等的。

查找记录程序运行流程图如图 9-6 所示。

顺序查询二进制顺序文件 score.dat 时,用 fread() 函数每次读取一条记录,并检查该记录的 num[](原学号)是否与 kh[](待查学号)相等。若相等,就输出查询到的信息,并退出循环;若已到文件末尾仍未找到所需记录,说明该记录不存在。每读取一条记录,文件指针自动向文件末尾的方向移动一个记录的位置。因此,每次开始新的查询时,都要将文件指针用 rewind() 函数重新定位到文件开头,以便从文件头开始查询。

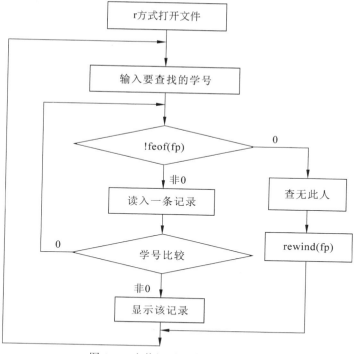

图 9-6　查找记录程序运行流程图

【必备知识】

　　文件的顺序存取是将数据按先后次序依次写入文件或从文件中读出。因此存取顺序文件时,只要清楚文件指针是在文件头还是在文件尾就可以了,一般不关心文件指针精确地位于何处。当文件刚打开时,文件指针通常位于文件头(当用"a"方式打开时,文件指针才指向文件尾);进行读写时,文件指针会自动移动。在某些情况下,例如,写入数据后希望从头读出文件中的数据,需要用 rewind()函数将文件指针恢复指向文件头。

【案例实现】

```
#include <stdio.h>
#include <stdlib.h>
#include <string.h>
FILE * fp;
void main()
{   int i,score[4];
    char num[8],name[11],school[11];
    if ((fp=fopen("d:\\score.txt","w"))==NULL)
    {   printf("can not open file.\n");
        exit(1);  }
    while(1)                               //输入学生信息
    {   printf("输入学号(输入 0000000 结束):");
        gets(num);                         //输入学号
        if (strcmp(num,"0000000")==0)  break; //输入 0000000 时结束
        printf("输入姓名:");
```

```
        gets(name);
        printf("输入毕业学校:");
        gets(school);
        printf("输入语文成绩:");
        scanf("%d",&score[0]);
        printf("输入数学成绩:");
        scanf("%d",&score[1]);
        printf("输入外语成绩:");
        scanf("%d%*c",&score[2]);
        score[3]=0;
        for(i=0;i<3;i++)                          //计算总分
        score[3]+=score[i];
        fprintf(fp,"%s %s %s %d %d %d %d\n",num,name,school,
        score[0],score[1],score[2], score[3]) ;    //写入一条记录
    }
    fclose(fp);
    system("pause");
}


#include <stdio.h>
#include <stdlib.h>
#include <string.h>
#include <conio.h>
FILE * fp;
void main()
{   int i=0,flag,score[4];
    char num[8],name[11],school[11],kh[8],ch;
    if ((fp=fopen("d:\\score.txt","r"))==NULL)
    {   printf("can not open file.\n");
        exit(1); }
    while(1)                                      //开始查询
    {   printf("输入要查询的学号(输入 0000000 结束查询):");
        gets(kh);
        if(strcmp(kh,"0000000")==0) break;
        flag=0;
        while(!feof(fp))                          //顺序查询
        {                                         //读入一条记录
            fscanf(fp,"%s%s%s%d%d%d%d ",num,name, school,
            &score[0],&score[1],&score[2],&score[3]);
            if(strcmp(kh,num)==0)                  //找到记录,输出信息
            {   printf("  学号姓名学校语文数学外语总分 \n");
                printf("%-10s %-10s%-10s%-6d%-6d%-6d%-6d \n",
                num,name,school,score[0],score[1],score[2], score[3]);
                flag=1;                            //设置提前退出循环的标志
                break;
            }
        }
        if(!flag) printf("查无此人\n");
        printf("按任意键继续查询\n");
```

```
        ch=getch();
        rewind(fp);                              //文件指针返回文件开头
    }
    fclose(fp);
    system("pause");
}
```

建立二进制文件 score.dat 的程序如下：

```
#include <stdio.h>
#include <stdlib.h>
#include <string.h>
FILE * fp;
struct STUD
{   char num[8];
    char name[11];
    char school[11];
    int score[4]; }st;                          //定义结构变量存放学生记录
void main()
{   int i;
    if ((fp=fopen("D:\\score.dat","wb"))==NULL)
    {   printf("can not open file.\n");
        exit(1);    }
    while(1)                                     //输入学生信息
    {   printf("输入学号(输入 0000000 结束):");
        gets(st.num);
        if (strcmp(st.num,"0000000")==0)
            break;                               //输入 0000000 时结束
        printf("输入考生姓名:");
        gets(st.name);
        printf("输入毕业学校:");
        gets(st.school);
        printf("输入语文成绩:");
        scanf("%d",&st.score[0]);
        printf("输入数学成绩:");
        scanf("%d",&st.score[1]);
        printf("输入外语成绩:");
        scanf("%d%*c",&st.score[2]);
        st.score[3]=0;
        for(i=0;i<3;i++)                         //计算总分
            st.score[3]+=st.score[i];
        if (fwrite(&st,sizeof(st),1,fp)!=1)      //写入一条记录
        {   puts("Write file error.\n");
            exit(1);    }
    }
    fclose(fp);
}
```

用来对上面创建的数据文件 score.dat 按输入的准考证号进行顺序查询的程序：

```
#include <stdio.h>
```

```
#include <stdlib.h>
#include <string.h>
#include <conio.h>
FILE * fp;
struct STUD
{   char num[8];
    char name[11];
    char school[11];
    int score[4]; } st;
void main()
{   char kh[8],ch;
    if ((fp=fopen("D:\\score.dat","rb"))==NULL)
    {   printf("can not open file.\n");
        exit(1); }
    while(1)                                    //开始查询
    {   printf("输入待查学号(输入 0000000 结束查询):");
        gets(kh);
        if(strcmp(kh,"0000000")==0) break;
        while(!feof(fp))                        //顺序查询
        {   if (fread(&st,sizeof(st),1,fp)!=1)  //读入一条记录
            {   puts("查无此人.\n");
                break; }
            if(strcmp(kh,st.num)==0)            //找到记录,输出信息
            {   printf("  学号  姓名  学校  语文  数学  外语  总分 \n");
                printf("%-10s %-10s%-10s%-6d%-6d%-6d%-6d \n",
                    st.num,st.name,st.school,st.score[0],st.score[1] ,st.score[2],
                    st.score[3]);
                break;
            }
        }
        printf("按任意键继续查询…\n");
        ch=getch();
        rewind(fp);                             //文件指针返回文件开头
    }
    fclose(fp);
}
```

案例 9.13　文件的随机存取应用。

【案例描述】

学生考试成绩登录程序。要求建立一个学生档案文件,其中包括学号、姓名、毕业学校、数学、语文、外语和总分,并能进行随机查询并得到该名学生的成绩。注意:记录编号是一个虚拟量。

【案例分析】

用结构类型定义和组织学生信息,包括学号、姓名、毕业学校、数学、语文、外语和总分。输入数据时,程序自动将该记录写到文件相应的位置上。在进行文件指针定位时,要使用 fseek() 函数,而 fseek() 函数在对文本文件定位时容易出错,因此,随机文件通常是二进制文件。该程序流程如图 9-7 所示。

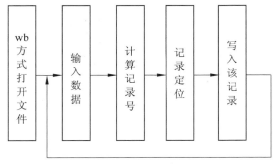

图 9-7   随机写入记录程序运行流程图

下面是建立随机文件 score.dat 的程序。程序自动计算文件的记录号 k,从第 0 号记录开始。

【必备知识】

随机文件是能进行随机存取的文件,能随机地将数据写入文件的指定位置或从文件的指定位置读取数据,而不必顺序写入或顺序读出。这时就需要精确知道文件指针当前位于何处(用 ftell( )函数可以确定文件指针的当前位置),同时还要用 fseek( )函数将文件指针精确定位到所希望的位置,然后才能进行读写,因此,随机文件的各记录的长度必须相等。可以将记录定义成结构变量或结构数组的方式来实现记录等长的限制。另外,随机文件应有一个能确定记录位置的标志。

【案例实现】

下面是建立随机文件 score.dat 的程序。程序自动计算文件的记录号 k,从第 0 号记录开始。

```
#include <stdio.h>
#include <stdlib.h>
#include <string.h>
FILE * fp;
struct STUD
{   char num[8];
    char name[11];
    char school[11];
    int score[4]; }st;                    //定义结构变量存放学生记录
void main()
{   int i,k=0;                            //k 变量用于计算记录号
    if ((fp=fopen("D:\\score.dat","wb"))==NULL)
    {   printf("can not open file.\n");
        exit(1);   }
    while(1)                              //输入学生信息
    {   printf("输入准考证号(输入 0000000 结束):");
        gets(st.num);
        if (strcmp(st.num,"0000000")==0)
        break;                            //输入 0000000 时结束
        printf("输入考生姓名:");
        gets(st.name);
```

```c
        printf("输入毕业学校:");
        gets(st.school);
        printf("输入语文成绩:");
        scanf("%d",&st.score[0]);
        printf("输入数学成绩:");
        scanf("%d",&st.score[1]);
        printf("输入外语成绩:");
        scanf("%d%*c",&st.score[2]);
        st.score[3]=0;
        for(i=0;i<3;i++)                    //计算总分
        st.score[3]+=st.score[i];
        fseek(fp,(long)k*sizeof(st),0);     //对第 k 号记录定位
        k++;
        if (fwrite(&st,sizeof(st),1,fp)!=1) //写入一条记录
        {   puts("Write file error.\n");
            exit(1);    }
    }
    fclose(fp);
    system("pause");
}
```

在对随机文件进行查询时,只要知道记录号,就可以立即将文件指针定位到该记录处,并读取该记录,而不必从第一条记录开始。

```c
#include <stdio.h>
#include <stdlib.h>
#include <string.h>
#include <conio.h>
FILE * fp;
struct STUD
{   char num[8];
    char name[11];
    char school[11];
    int score[4]; } st;
void main()
{   int xh,k;
    char ch;
    if ((fp=fopen("D:\\score.dat","rb"))==NULL)
    {   printf("can not open file.\n");
        exit(1); }
    fseek(fp,0,SEEK_END);
    k=ftell(fp)/sizeof(st);                 //计算记录数,但需注意记录号从 0 开始
    printf("k=%d\n",k);
    while(1)                                //开始查询
    {   printf("输入要查询的记录号(输入-1 结束查询):");
        scanf("%d",&xh);
        if(xh>k-1)
        {   printf("输入记录号超出了最大记录号,请重新输入!\n");
            continue;}
        if(xh==-1)
```

```
        break;                              //输入学号-1结束查询
        fseek(fp,(long)(xh) * sizeof(st),0); //文件指针定位
        if(fread(&st,sizeof(st),1,fp)!=1)    //读入一条记录
        {   puts("Read file error.\n");
            exit(1); }
        printf("  学号    姓名    学校   语文   数学   外语    总分 \n");
        printf("%-10s %-10s%-10s%-6d%-6d%-6d%-6d \n",st.num,st.name,
            st.school,st.score[0],st.score[1],st.score[2],st.score[3]);
        printf("按任意键继续查询…\n");
        ch=getch();
    }
    fclose(fp);
    system("pause");
}
```

9.6 编译预处理

编译预处理是对 C 源程序编译前进行的一些预加工,这些预加工是通过编译预处理命令实现的,这些命令均以"♯"符号开头,以回车键结束,末尾不加分号。且每个命令各占一个单独的书写行,如果一行书写不下,可用反斜线(\)和回车键结束,然后在下一行继续书写。

编译预处理命令包括宏定义,文件包含和条件编译。

9.6.1　宏定义

案例 9.14　带参数宏的应用。

【案例描述】

分别用函数调用和带参数的宏定义两种方法编制打印整数 1～10 的平方的程序。

【必备知识】

宏定义是用标识符代替一个字符串,从而使程序更加简洁。

1. 不带参数的宏定义

不带参数的宏定义用来定义符号常数,这在第 2 章已经讨论过,并在前几章多次使用。

(1) 不带参数的宏定义的一般格式。

不带参数的宏定义的一般格式如下:

```
#define　标识符　字符串
```

其中,标识符和字符串之间用空格隔开。标识符又称宏名或符号常数,为了区别于一般变量,通常用英文大写字母表示;字符串又称宏体,可以是常数、关键字、语句、表达式等。例如:

```
#define EMS "standard error on input \n"
```

① 宏体可以为空白,即宏定义中只有宏名没有宏体,这时仅表示该标识符已被定义,不能再作其他用途。例如

```
#define BEG
```

这可以限制程序中不能将 BEG 作为标识符使用。

② 宏体中也可以包含已定义过的宏名,即用已定义的宏名再去定义另外的宏名,称之为嵌套宏定义。例如

```
#define WIDTH 80
#define LENGTH  WIDTH+40
```

其中,宏名 LENGTH 是用已经定义的宏名 WIDTH 来定义的。

③ 一个♯define 只能定义一个宏,若需要定义多个宏就要用多个♯define。

(2) 宏展开的过程。宏展开的过程是宏名被宏体替换的过程,这种替换是在编译预处理阶段完成的,替换过程不作任何识别和加工,仅将宏体中的各个字符原封不动搬到宏名的位置上。例如,对前面定义的宏名 EMS,如果程序中出现

```
printf(EMS);
```

这样的语句,经宏展开后将变成

```
printf("standard error on input\n");
```

① 在嵌套宏定义被展开时,如果宏体是一个表达式形式的字符串,圆括号的有无,展开的效果是不同的。例如,对前面定义的 WIDTH 和 LENGTH,当程序中出现如下语句

```
var=LENGTH * 20;
```

时,经宏展开以后变为

```
var=80+40 * 20;
```

如果将上面的宏定义写成

```
#define WIDTH 80
#define LENGTH (WIDTH+40)
var=LENGTH * 20;
```

则经宏展开后变成:

```
var=(80+40) * 20;
```

显然,当程序运行时,按 LENGTH 不带"()"的宏体展开,var 的计算结果是 880,而按 LENGTH 带"()"的宏体展开,var 的计算结果则是 2400。

② 如果宏名出现在程序的" "中,则在编译预处理时,该宏名不被替换。例如程序段

```
#define YES 1
char * ps;
ps="x==YES"; printf("%s\n",ps);
```

中,YES 被定义为 1,但赋值语句 ps="x==YES"中的 YES 只被视为普通的字符串,而不会被替换为 1,因此,printf()输出的是"x==YES"而不是"x==1"。

2. 带参数的宏定义

带参数的宏定义可用来定义简单的函数。在程序设计中,经常把那些反复使用的运算表达式甚至某些操作定义为函数,即带参数的宏。这时,宏名带有一个或多个形式参数。

(1) 带参数的宏定义的一般格式。

带参数的宏定义的一般格式如下:

#define 标识符(形参表) 宏体

例如:

#define POWER(x) ((x) * (x))

其中,POWER(x)称为带参数的宏,x 是它的形式参数;((x) * (x))为宏体。在此定义之后,便可以在程序中用 POWER(x)来进行表达式((x) * (x))的计算。例如

```
int i;
for (i=0;i<100;i++)
printf("%d  ",POWER(i));
```

可打印 $0^2 \sim 99^2$。

① 在定义带参数的宏时,对形参的数量没有限制。下面给出几个常用的带参数的宏的实例:

```
#define MAX(x,y) ((x>y)?x:y)          /* 求 x 和 y 中的较大的一个 */
#define ABS(x) ((x>=0)?x:-x)          /* 求 x 的绝对值 */
#define PERCENT(x,y) (100.0 * x/y)    /* 求 x 除以 y 的百分数 */
#define ISODD(x) ((x%2==1)?1:0)       /* 判断 x 是否为奇数 */
#define SWAP(t,x,y) { t=x; x=y; y=t; }  /* 交换 x 和 y 的值 */
```

② 与带参数的宏定义类似,在不带参数的宏定义中,宏体中圆括号的有无,展开的效果是不同的。

(2) 使用带参数的宏,有如下独有的特点。

① 程序中使用带参数的宏,由于不存在控制的转移和参数的传递,因而可以得到较高的程序执行速度;但是由于定义代码的反复使用而使程序变大,因而在对源程序进行编译时,要花费较多的时间。

② 宏替换不像函数调用一样,要进行参数传递,保存现场、返回函数值等操作。因此,对简短的表达式以及调用频繁、要求快速响应的场合,采用宏替换更优。

③ 宏替换只是简单的字符替换而不进行计算,因而一些过程是不能用宏替换去代替函数调用的(例如递归调用)。

④ 带参数的宏,除了使用运算表达式定义之外,还可以使用函数。在标准函数库中,经常使用这种形式。例如:

```
#define getchar() fgetc(stdin)
```

在这里,getchar()实质上是用另一个函数定义的宏,这样定义的宏替换与定义它的函数,在性质上是相同的。

⑤ 宏定义如果使用不当,会产生不易觉察的错误。

【案例实现】

```
#include <stdio.h>
#include <stdlib.h>
#define SQUARE(n) ((n) * (n))                    //定义宏求平方
int square(int n)                                //定义求平方函数
{   return (n * n);   }
void main()
{   int i=1;
    printf("\n 采用宏替换运算的结果: \n");
    while (i<=10)
    printf("%5d",SQUARE(i++));                   //调用宏
    printf("\n 采用函数调用的运算结果: \n");
    i=1;
    while(i<=10)
    printf("%5d",square(i++));                   //调用求平方函数
    printf("\n");
}
```

【运行结果】

```
采用宏替换运算的结果:
    1    9   25   49    81
采用函数调用的运算结果:
    1    4    9   16   25   36   49   64   81  100
Press any key to continue
```

注意:很明显,采用函数调用运行是成功的,而采用宏替换方式并没有达到预期的目的,这是为什么呢? 其原因是:经宏替换后,printf()函数语句被置换为

```
printf("%d\n",(i++) * (i++));
```

3. 带参数的宏与函数对比

从上例可以看出,使用带参数的宏替换,引入 i++ 的副作用,而采用函数调用的程序时,则不会出现上述问题。因为在函数调用中 i++ 作为实参,只出现一次;而进行宏替换后,i++ 出现两次。大家可以想一想如何改写程序,使得宏替换操作与函数调用一致。

带参数的宏与函数在使用形式上虽有某些相似之处,但二者在本质上是不同的。

① 在程序控制上,函数的调用需要进行函数控制的转移;使用带参数的宏,则仅仅是表达式的运算。

② 带参数的宏,一般是一个运算表达式,但它不像函数那样有固定的数据类型。宏本身没有数据类型,但其运算结果是有数据类型,随着使用的实际参数不同,运算结果可能会呈现不同的数据类型。例如:

```
float x;
for (x=0;x<100;x+=1)
```

```
printf("%f   ",POWER(x));
```
将得到实型值。

③ 在调用函数时,对使用的实参有一定的数据类型限制;而带参的宏的实参,可以是任意数据类型。

④ 函数调用时,存在着从实参向形参传递数据的过程,而带参数的宏不存在这种过程。

补充知识:宏定义的解除。

宏定义一般出现在程序的开头,因此,它具有全局意义。如果我们想把宏定义的作用域限制在程序的某个范围内,可以使用♯undef来解除已有的宏定义。

(1) 解除宏定义的一般形式如下:

```
#undef 宏名
```

其中,宏名是在此之前已定义过的。♯undef的功能是解除之前已定义的宏,使之不再起作用。例如:

```
#define PDP 1
#define MUL(x)   ((x) * (x))
...
#undef PDP
#undef MUL
```

使宏 PDP 和 MUL(x)只在♯undef之前的程序中有效,在♯undef之后就不能再使用这两个宏。注意,解除带参数的宏定义时,只需给出宏名,而不必给出宏体。

程序中将♯define和♯undef配合使用,就可以把宏定义的使用限制在二者之间的范围内,因此也称之为局部宏定义。

(2) ♯undef的另一个作用是重新进行宏定义,即先解除宏定义,再重新定义该宏。C语言规定:符号常量和带参数的宏都不能重复定义,即程序中不能定义同名的宏。例如,在程序开头定义了 SIZE 是 256,到程序的另一个地方需要定义 SIZE 是 512,使用

```
#define SIZE 256
...
#define SIZE 512
```

是不允许的。但是,如果在定义 SIZE 为 512 之前,用

```
#undef SIZE
```

来解除原先的定义,就可以定义 SIZE 为 512。

在实际应用时,由多个源文件组成的程序,在不同的源文件中可能会出现同一个宏名被定义为不同的宏体。若将这些源文件合并在一起时,就会出现重复宏定义的错误。可以在每个源文件的末尾把使用过的宏定义均用♯undef解除。

9.6.2　文件包含

文件包含的功能是把一个指定文件的全部内容嵌入另一个文件中。

案例 9.15　文件包含的应用。

【案例描述】

编写数学演示程序,用来接收用户输入的半径,并计算和显示该半径对应的圆周长、圆面积、球表面积和球体积。

【案例分析】

将计算圆的周长和面积、球的表面面积和体积的计算公式定义为带参数的宏,并将这些宏定义单独存放在文件 circle.c 中。假设文件 circle.c 放在 Include 子目录中。只要在主程序中将 circle.c 包含进来,就可以直接调用这些宏来计算。

【必备知识】

文件包含的一般格式如下:

```
#include  <文件名>
```

或

```
#include  "文件名"
```

其中,被包含的文件通常是系统提供的标题文件,扩展名为".h"。

(1)被包含的文件可以用"<>",也可以用"" ""括住,二者差别在于指示编译系统使用不同的方式搜索被包含文件。

① 当用"<>"括住被包含文件时,编译系统将仅仅在系统设定的标准目录中搜索包含文件。例如,

```
#include <string.h>
```

是指只在系统设定的标准子目录 include 下查找被包含文件 string.h。如果在标准子目录下不存在指定的文件,编译系统会发出错误信息,并停止编译过程。

② 当用"" ""括住被包含文件且文件名中无路径时,编译系统将首先在源文件所在的目录中查找,若未找到,就到系统设定的标准子目录中查找。例如,

```
#include "prog.h"
```

系统将在当前盘的当前目录下查找该文件,若未找到,再到 include 子目录下查找。

③ 当用"" ""括住被包含文件并指定该文件的路径时,则系统就按指定的文件路径去查找。例如,

```
#include "c:\\user\\user.h"
```

编译系统将在 c:\user 子目录下查找被包含文件 user.h。

(2)在编译预处理时,命令行将被包含进来的文件内容所替换。也就是说,原来命令行的位置上变成了被包含文件的文本,它们连同源程序的其他代码一起参加编译。源程序文件就可以直接调用被包含文件中的程序。

(3)一个#include 只能指定一个被包含文件。如果需要把多个文件都嵌入到源文件之中,则必须使用多个#include。

(4)文件包含可以嵌套使用,即被包含的文件中又包含另一个文件。

【案例实现】

```
#include <circle.c>                        //若非当前目录下,则需给定文件路径
```

```
void main()
{    float r;
     printf("Input R:");
      scanf("%f",&r);
     printf("C=%.2f  ",CIRCLE(r));
     printf("A=%.2f  ",AREA(r));
     printf("S=%.2f  ",SURFACE(r));
     printf("V=%.2f\n",VOLUME(r));
}
```

Circle.c 的内容如下：

```
#define PI   3.141593
#define CIRCLE(r)  2 * PI * (r)
#define AREA(r) PI * (r) * (r)
#define SURFACE(r)  AREA(r) * 4
#define VOLUME(r)  SURFACE(r) * (r)/3
```

【运行结果】

```
Input R:10
C=62.83  A=314.16  S=1256.64  V=4188.79
Press any key to continue
```

案例 9.16 #include 的嵌套使用。

【案例描述】

#include 的嵌套使用。下面的 main()函数、fun1()函数和 fun2()函数分别以 file.c、file1.c 和 file2.c 为名存放在 Include 目录下，file.c 包含了 file1.c，而 file1.c 又包含了 file2.c。当对 file.c 编译时，首先将 file1.c 中的文本替换#include "file1.c"，将 file2.c 中的内容替换#include "file2.c"，因此 file.c 编译时，实际编译了 3 个源文件。

【案例实现】

```
/* file.c */                          //file.c 文件
#include "file1.c"                     //包含 file1.c 文件
void main()
{   printf("include exp\n");
    fun1();
    printf("end\n");}
/* file1.c */                         //file1.c 文件
#include "file2.c"                     //包含 file2.c 文件
void fun1();
void fun1()
{   printf("file1 included\n");
    fun2();}
/* file2.c */                         //file2.c 文件
void fun2()
    {   printf("file2 included\n");   }
```

【运行结果】

```
include exp
```

```
file1 included
file2 included
end
```

9.6.3　条件编译

条件编译的功能是只对源程序中的必要部分进行编译,而对其余部分不进行编译,不产生目标代码。在编译源文件之前,根据给定的条件,决定编译的范围,可使程序适应不同系统和不同硬件。

1. 条件编译的形式

(1) ♯if…♯else…♯endif(含♯if…♯endif)或♯if…♯elif…♯else…♯endif 形式。

前者相当于 if…else…endif 结构,后者相当于多重选择的 if 结构,即 if…elseif…else…endif 结构,♯elif 的含义是"else if"。♯if 和♯elif 后面必须跟常量条件表达式(即表达式中不能含变量),因此,它通常与♯define 联用,由♯define 提供符号常数以组成常量条件表达式。在此,以第一种形式为例说明它们的功能:如果条件表达式的值为非 0,就编译♯if 后面的程序段,否则就只编译♯else 后面的程序段,它们的作用范围到♯endif 结束。例如:

```
#include  "stdio.h"
#define MAX 200
void main()
{   int i=10;
    double x=25.8;
    #if MAX>100
        printf("  x=%6.2f\n",x);
    #else
        printf("  i=%d\n",i);
    #endif
    printf("  i=%d,   x=%6.2f\n",i,x);
}
```

本程序编译后的运行结果如下:

```
x=25.80
i=10,   x=25.80
```

因为 MAX>100 的条件成立,只有 printf("　x=％6.2f\n",x)语句被编译,因而也只有该语句被执行。当然,由于♯endif 的作用,printf("　i=％d,　x=％6.2f\n",i,x)语句总是被编译和执行的。如果把 MAX 定义为 10,那么,程序编译后的运行结果如下:

```
i=10
i=10,   x=25.80
```

注意:♯if 后面的条件表达式不要加圆括号,其后的程序段也不要加花括号。实际操作时,是先把源程序编写好,在编译前根据需要再插入条件编译命令。

(2) ♯ifdef…♯else…♯endif 或♯ifndef…♯else…♯endif 形式。

这两种形式分别表示"如果定义"和"如果不定义"。它们与♯define 和♯undef 配合使用来实现是否编译的条件。请阅读下面的示例：

```
#include <stdio.h>
#define AT
void main()
{   int i,j;
    #ifdef AT
        printf("Starting test\n");
    #endif
    for (i=0;i<10000;i++)
        for (j=0;j<10000;j++)
                        ;
    #undef AT
    #ifndef AT
        printf("Stop test\n");
    #else
        printf("Done\n");
    #endif
}
```

读者不难分析该程序的运行结果如下：

```
Starting test
Stop test
```

这个程序可以用来测试二重循环的执行时间的,当屏幕上出现"Starting test"时立即卡表计时,当屏幕出现"Stop test"时停止计时,于是就可以得到循环执行的时间。

（3）条件编译除了上面介绍的两类形式外,还可以将这两类形式分别形成嵌套或将这两类形式混合在一起形成嵌套。

2. 条件编译的功能

使用条件编译可以实现以下目的。

（1）便于程序的调试。在程序调试时,经常需要查看某些变量的中间结果。这时,可以使用条件编译在程序中设置若干个调试用语句。例如：

```
#define DEBUG 1
#ifdef DEBUG
printf("a=%d\n",a);
#endif
```

在这里,条件编译用于调试时查看变量 a 的中间结果值。在调试完成后,只需要把符号常量 DEBUG 的宏定义变为注释语句：

```
/*  #define DEBUG 1  */             //注释语句
```

则再次编译该源程序时,这些测试用的语句就不再参加编译了。可以看出,使用条件编译省去了在源程序中增删测试用语句的麻烦。在程序正式投入运行后的维护期间,当需要再次测试程序时,这些测试语句还可以再次得到利用。

（2）增强了程序的可移植性。使用条件编译，还可以使源程序适应不同的运行环境，从而增强了程序在不同机器间的可移植性。例如：

```
#define MACHINE  1          //根据计算机类型进行宏定义
#if MACHINE==1              //* Honey Well 6000
#define SIZE 36
#elif MACHINE==2            //VAX-11
#define SIZE 32
#else
#define SIZE 16             //IBM PC
#endif
```

在这里，只要对 MACHINE 进行宏定义，利用条件编译可以使符号常量 SIZE 根据不同计算机类型而取不同的常数，从而使包含 SIZE 的 C 程序适用不同的计算机环境，达到程序可移植的目的。

习题 9

一、选择题

1. C 语言数据文件的逻辑组成成分是（　　）。
    A. 记录　　　　　　　　　　　　B. 数据行
    C. 数据块　　　　　　　　　　　D. 字符（字节）序列

2. C 语言中，数据文件的存取方式为（　　）。
    A. 只能顺序存取　　　　　　　　B. 只能从文件的开头进行存取
    C. 可以顺序存取或随机存取　　　D. 只能随机存取（也叫直接存取）

3. 在 C 语言中，用"a"方式打开一个已含有 10 个字符的文本文件，并写入了 5 个新字符，则该文件中存放的字符是（　　）。
    A. 新写入的 5 个字符
    B. 原有的 10 个字符在前，新写入的 5 个字符在后
    C. 新写入的 5 个字符在前，原有的 10 个字符在后
    D. 新写入的 5 个字符覆盖原有字符中的前 5 个字符，保留原有的后 5 个字符

4. 设已正确打开一个已存有数据的文本文件，文件中原有数据为 abcdef，新写入的数据为 xyz，若文件中的数据变为 xyzdef，则该文件打开的方式是（　　）。
    A. w　　　　　B. w+　　　　　C. a+　　　　　D. r+

5. 以下程序将一个名为 f1.dat 的文本文件的内容追加到一个名为 f2.dat 文件的末尾，请对程序空白处进行正确的选择。

```
#include <stdio.h>
main()
{   char c;
    FILE * fp1, * fp2;
    fp1=fopen("f1.dat","r");
```

```
    fp2=fopen("f2.dat","a");
    while ((c= 【1】   ) != EOF)
       【2】  ;
    fclose(fp1);
    fclose(fp2);
}
```

【1】A. fgetc(1,fp1)   B. fgetc(1)

  C. getc(fp1)   D. getc(1,fp1)

【2】A. putc(c,fp1)   B. putc(fp2)

  C. putc(c)   D. fputc(c,fp2)

6. fgets(str,n,fp)函数的功能是从文件读入字符串并存入内存中的首地址 str,以下叙述中正确的是( )。

  A. n 代表最多能读入 n 个字符   B. n 代表最多能读入 $n-1$ 个字符

  C. n 代表最少能读入 n 个字符串 D. n 代表最少能读入 $n-1$ 个字符串

7. 执行 fseek(fp,$-20L$,2);后的结果是( )。

  A. 将文件指针从文件末尾向文件头方向移动 20B

  B. 将文件指针从文件头向文件末尾方向移动 20B

  C. 将文件指针从当前位置向文件头方向移动 20B

  D. 将文件指针从当前位置向文件末尾方向移动 20B

8. 若 fp 为文件指针,且文件已正确打开,以下语句的输出结果为( )。

```
fseek(fp,0,SEEK_END);
n=ftell(fp);
printf("n=%d\n",n);
```

  A. fp 所指文件的长度,以比特为单位

  B. fp 所指文件的当前位置,以比特为单位

  C. fp 所指文件的长度,以字节为单位

  D. fp 所指文件的当前位置,以字节为单位

9. 在 C 语言中,可以把整数以二进制形式存放到文件中的函数是( )。

  A. fprintf() B. fread() C. fwrite() D. fputc()

10. 下列程序用来建立一个二进制随机文件 f1.dat,将键盘输入的一个浮点数 f 写入第 5 条记录。请选择正确的答案填入程序空白处。

```
#include <stdio.h>
main()
{  float f;
   FILE * fp;
   printf("\n input a float number:");
   scanf("%f",&f);
   if (( 【1】   ) == NULL)
   {  printf("Can't open file\n");exit(1);  }
   fseek(fp,4 * sizeof(float),0);
     【2】  ;
```

```
        fclose(fp);
}
```

【1】A. fp＝fopen("f1.dat","a")   B. fp＝fopen("f1.dat","wb")

　C. fp＝fopen("f1.dat","rb")   D. fp＝fopen("f1.dat","w＋")

【2】A. fputs(f,5,fp)   B. fseek(fp,sizeof(float),0)

　C. fputc(f,4,fp)   D. fwrite(&f,sizeof(float),1,fp)

11. 以下说法中正确的是（　　　）。

　　A. ♯define 和 printf 都是 C 语句   B. ♯define 是 C 语句,而 printf 不是

　　C. ♯define 和 printf 都不是 C 语句   D. printf 是 C 语句,但 ♯define 不是

12. 以下关于编译预处理的叙述中,错误的是（　　　）。

　　A. 一条有效的预处理命令行必须独占一行

　　B. 预处理命令是在正式编译之前先被处理的

　　C. 预处理命令行必须位于源程序的开始位置

　　D. C 源程序中凡是以"♯"开始的控制行都是预处理命令行

13. 宏定义的宏展开是在（　　　）阶段完成的。

　　A. 预编译   B. 程序编辑   C. 程序编译   D. 程序执行

14. 在宏定义 ♯define PI 3.14159 中,宏名 PI 代替一个（　　　）。

　　A. 常量   B. 字符串   C. 单精度数   D. 双精度数

15. 下面程序的运行结果是（　　　）。

```
#define PI 3.141593
main()
{   printf("PI=%f",PI);
}
```

　　A. 3.141593＝PI   B. PI＝3.141593

　　C. 3.141593＝3.141593   D. 以上答案都不正确

16. 若有以下宏定义:

```
#define STR "%d,%c"
#define A 97
```

已知字符'a'的 ASCII 码值为97,则语句 printf(STR,A,A＋2);的输出结果为（　　　）。

　　A. a,c   B. 97,99   C. 97,c   D. a,99

17. 以下程序的输出结果是（　　　）。

```
#define M(x,y,z)   x * y+z
main()
{   int a=1,b=2,c=3;
    printf("%d\n",M(a+b,b+c,c+a));
}
```

　　A. 12   B. 13   C. 15   D. 19

18. 下列程序执行后的输出为（　　　）。

```
#define MA(x) x * (x-1)
```

```
main()
{   int a=1,b=2;
    printf("%d\n",MA(1+a+b));
}
```

    A. 6   B. 8   C. 10   D. 12

19. 执行下面的程序后,a 的值是(　　　)。

```
#define SQR(X)   X*X
main()
{   int a=10,k=2,m=1;
    a/=SQR(k+m)/SQR(k+m);
    printf("%d\n",a);
}
```

    A. 0   B. 1   C. 2   D. 10

20. 设有以下宏定义:

```
#define N   3
#define Y(n)   ((N+1)*n)
```

则执行语句:z=2*(N+Y(5+1));后,z 的值为(　　　)。

    A. 42   B. 48   C. 54   D. 出错

二、填空题

1. 以下程序运行时,用户从键盘输入一个文件名,然后输入一串字符(用♯结束输入)存放到此文件中,形成文本文件,最后将字符的个数写到文件的尾部。请填空。

```
#include <stdio.h>
FILE * fp;
main()
{   char ch, fname[32];
    int count=0;
    printf("Input the filename:");
    scanf("%s",fname);
    if ((fp=fopen(___【1】___, "w+"))==NULL)
    {   printf("Can't open file: %s\n",fname); exit(0);   }
    printf("Enter data:\n");
    while ((ch=getchar())!='#')
    {   fputc(ch,fp);
        count++;
    }
    fprintf(___【2】___,"%d\n",count);
    fclose(fp);
}
```

2. 下面的程序把从键盘输入的文本(用@作为文本结束标志)复制到一个名为 bi.dat 的新文件中。请填空。

```
#include <stdio.h>
```

```
FILE * fp;
   main()
{   char ch;
    if ((fp=fopen( __【1】__ ))==NULL)
        exit(0);
    while ((ch=getchar())!='@')
        fputc(ch,fp);
    __【2】__ ;
}
```

3. 设文本文件 number.dat 中存放了一组整数。以下程序的功能是统计文件中正整数的个数。请填空。

```
#include <stdio.h>
#include <stdlib.h>
main()
{   FILE * fp;
    int x,count=0;
    if((fp=fopen("number.dat","rb"))==NULL)
    {   printf("cannot open file\n"); exit(1);   }
    while(!feof(fp))
    { _____;
        if(x>0) count++;
    }
    fclose(fp);
    printf("The result is: %d\n",x);
}
```

4. 以下程序的功能是从键盘输入一个字符串,把该字符串中的小写字母转换成大写字母,输出到文件 test.txt 中,然后从该文件读出字符串并显示出来。请填空。

```
#include <stdio.h>
main()
{   FILE * fp;
    char str[100];
    int i=0;
    if ((fp=fopen("test.txt", __【1】__ ))==NULL)
    {   printf("Cannot open this file.\n"); exit(0); }
    printf("Input a string:\n");
    gets(str);
    while (str[i])
    {   if (str[i]>='a'&&str[i]<='z')
        str[i]= __【2】__ ;
        fputc(str[i],fp);
        i++;
    }
    fclose(fp);
    fp=fopen("test.txt", __【3】__ );
    fgets(str,100,fp);
    puts(str);
    fclose(fp);
}
```

5. 下面程序的输出结果是_____。

```c
#include "stdio.h"
#define PR(ar)  printf("%d",ar)
main()
{  int j,a[]={1,3,5,7,9,11,13,15}, * p=a+5;
   for(j=3;j;j--)
   {  switch(j)
      {  case 1:
         case 2: PR( * p++); break;
         case 3: PR( * (--p));
      }
   }
}
```

6. 下面程序的输出结果是_____。

```c
#include "stdio.h"
#define POWER(x)  (x) * (x)
main()
{  int a=1,b=2,t;
   t=POWER(a+b);
   printf("%d\n",t);
}
```

7. 以下程序的输出结果是_____。

```c
#include "stdio.h"
#define MAX(x,y)  (x)>(y)?(x):(y)
main()
{  int a=5,b=2,c=3,d=3,t;
   t=MAX(a+b,c+d) * 10;
   printf("%d\n",t);
}
```

8. C 语言中,宏定义有效范围从定义处开始,到本源程序结束处终止。但可以用_____来提前解除宏定义的作用。

9. C 编译预处理命令总是以_____字符开始。

三、编程题

1. 编制程序建立一个文本文件 wb.txt,将下列字符串写入该文件:London,Paris,Bon,Rome,Tokyo,Detroit,Moscow,Jerusalim,Bomgey,Beijing,Washington,要求每个字符串占 11B。然后,读取该文件的各个字符串,并在屏幕上显示出来。

2. 编制程序建立一个学生四、六级英语考试成绩的二进制文件 score.dat(未参加考试的成绩标记 0)。每个学生记录含准考证号、姓名、四、六级英语成绩和考试时间共 5 个字段,学生数 30 人(数据从键盘输入),然后读取文件,将数据记录显示在屏幕上。

3. 编写程序,其功能是建立一个二进制随机文件 bin.dat,将键盘输入的 5 个浮点数分别写入第 1、3、5、7、9 条记录中,然后再从文件中读出这 5 条记录,在屏幕上输出。

附录 A

C 语言运算符

C 语言运算符如表 A-1 所示。

表 A-1　C 语言运算符

优先级	运算符	功能	运算量个数	结合性
0	( )	括号,提高优先级		
1	[]	下标运算,访问地址运算	2	自左至右
	->	指向结构或联合成员		
	.	取结构或联合成员		
2	!	逻辑非	1	自右至左
	～	按位取反		
	++	加 1		
	——	减 1		
	(类型关键字)	强制类型转换		
	*	访问地址或指针		
	&	取地址		
	sizeof	测试数据长度		
3	*	乘法	2	自左至右
	/	除法		
	%	求整数余数		
4	+、-	加法减法	2	自左至右
5	<<、>>	左移位、右移位	2	自左至右
6	<>、<=、>=	关系运算	2	自左至右
7	==、!=	等于、不等于	2	自左至右
8	&	按位与	2	自左至右

优先级	运 算 符	功 能	运算量个数	结合性
9	^	按位异或	2	自左至右
10	|	按位或	2	自左至右
11	&&	逻辑与	2	自左至右
12	||	逻辑或	2	自左至右
13	? :	条件运算	3	自右至左
14	=、+=、-=、*=、/=、%= >>=、<<=、&=、^=、|=	赋值运算	2	自右至左
15	,	逗号运算	2	自左至右

注：表中所列优先级，0最高，15最低。

ASCII 码

ASCII 码如表 B-1 所示。

表 B-1   ASCII 码

字符	ASCII 码	字符	ASCII 码	字符	ASCII 码	字符	ASCII 码	字符	ASCII 码
NUL	0	SUB	26	4	52	N	78	h	104
SOH	1	ESC	27	5	53	O	79	i	105
STX	2	FS	28	6	54	P	80	j	106
ETX	3	GS	29	7	55	Q	81	k	107
EOT	4	RS	30	8	56	R	82	l	108
EDQ	5	US	31	9	57	S	83	m	109
ACK	6	Space	32	:	58	T	84	n	110
BEL	7	!	33	;	59	U	85	o	111
BS	8	"	34	<	60	V	86	p	112
HT	9	#	35	=	61	W	87	q	113
LF	10	$	36	>	62	X	88	r	114
VT	11	%	37	?	63	Y	89	s	115
FF	12	&.	38	@	64	Z	90	t	116
CR	13		39	A	65	[	91	u	117
SO	14	(	40	B	66	\	92	v	118
SI	15	)	41	C	67	]	93	w	119
DLE	16	*	42	D	68	^	94	x	120
DCI	17	+	43	E	69	_	95	y	121
DC2	18	,	44	F	70	`	96	z	122
DC3	19	—	45	G	71	a	97	{	123
DC4	20	.	46	H	72	b	98	|	124
NAK	21	/	47	I	73	c	99	}	125
SYN	22	0	48	J	74	d	100	～	126
ETB	23	1	49	K	75	e	101	Del	127
CAN	24	2	50	L	76	f	102		
EM	25	3	51	M	77	g	103		

注：表中所列 ASCII 码值为十进制数。

C 常用库函数及其功能

表 C-1～表 C-5 所列函数中有一些数据类型是 stdio.h 中定义的,例如,size_t 表示整型字节数。

表 C-1 I/O 函数(头文件 stdio.h)

函数名	函数原型说明	功　　能	返　回　值
clearerr	void clearerr(FILE * fp)	清除与文件指针 fp 有关的所有出错信息	无
fclose	int fclose(FILE * fp)	关闭 fp 所指的文件	出错返回非 0,否则返回 0
feof	int feof(FILE * fp)	检查文件是否结束	遇文件结束返回非 0,否则返回 0
fgetc	int fgetc(FILE * fp)	从 fp 所指文件读取一个字符	返回所读字符数,出错返回 EOF
fgets	char fgets(char * str,int n,FILE * fp)	从 fp 所指文件读取一个长度为 $n-1$ 的字符串,存入 str 中	返回 str 地址,遇文件结束返回 NULL
fopen	FILE * fopen (const char * fname,const char * mode)	以 mode 方式打开文件 fname	成功时返回文件指针,否则返回 NULL
fprintf	int fprintf(FILE * fp,const char * format,arg_list)	将 arg_list 的值按 format 指定的格式写入 fp 所指文件中	返回实际写入的字符数
fputc	int fputc(int ch,FILE * fp)	将 ch 中的字符写入 fp 所指文件	成功时返回该字符,否则返回 EOF
fputs	int fputs(const char * str,FILE * fp)	将 str 中的字符串写入 fp 所指文件中	成功时返回 0,否则返回非 0
fread	size_tfread(void buf, size_t size, size_tcount,FILE * fp)	从 fp 所指文件读取长度为 size 的 count 个数据项,写入 fp 所指文件中	返回读取的数据项个数
fscanf	int fscanf(FILE * fp,const char * format,arg_list)	从 fp 所指文件按 format 指定的格式读取数据存入 arg_list 中	返回读取的数据个数,出错或遇文件结束返回 0

函数名	函数原型说明	功　　能	返　回　值
fseek	int fseek(FILE * fp,long offset, int origin)	移动 fp 所指的文件指针位置	成功时返回当前位置,否则返回-1
ftell	long ftell(FILE * fp)	求出 fp 所指文件的当前的读写位置	返回文件指针当前位置距文件头的字节数
fwrite	size_ tfwrite (const void * buf, size_tsize,size_tcount,FILE * fp)	将 buf 所指的内存区中的 count * size 字节写入 fp 所指文件中	写入的数据项个数
getc	int getc(FILE * fp)	从 fp 所指文件中读取一个字符	返回读取的字符,出错或遇文件结束时返回 EOF
getch	int getch(void)	从标准输入设备读取一个字符,不必按 Enter 键,输入的字符不显示出来	返回所读字符,否则返回-1
getche	int getche(void)	从标准输入设备读取一个字符,不必按 Enter 键,但输入字符显示在屏幕上	返回所读字符,否则返回-1
getchar	int getchar(void)	从标准输入设备读取一个字符,以 Enter 键结束,并在屏幕上显示	返回所读字符,否则返回-1
gets	char * gets(char * str)	从标准输入设备读取一个字符串,遇 Enter 键结束	返回读取的字符串
getw	int getw(FILE * fp)	从 fp 所指文件读取一个整型数	返回读取的整数
printf	int printf (const char * format, arg_list)	将 arg_list 中的数据按 format 指定的格式输出到标准输出设备	返回输出的字符个数
putc	int putc(int ch,FILE * fp)	同 fputc	同 fputc
putchar	int putchar(int ch)	将 ch 中的字符输出到标准输出设备	返回输出的字符,出错返回 EOF
puts	int puts(const char * str)	将 str 所指内存区中的字符串输出到标准输出设备	返回换行符,出错返回 EOF
remove	int remove(const char * fname)	删除 fname 所指文件	成功返回 0,否则返回-1
rename	int rename(const char * oldfname, const char newfname)	将名为 oldname 的文件更名为 newname	成功返回 0,否则返回-1
rewind	void rewind(FILE * fp)	将 fp 所指文件的指针指向文件开头	无
scanf	int scanf (const char * format, arg-list)	从标准输入设备按 format 指定的格式读取数据,存入 arg-list 中	返回已输入的字符个数,出错返回 0

表 C-2　字符判别和转换函数（头文件 ctype.h）

函数名	函数原型说明	功　　能	返　回　值
isalnum	int isalnum(int ch)	检查 ch 是否为字母或数字	是,返回 1;否则返回 0
isalpha	int isalpha(int ch)	检查 ch 是否为字母	是,返回 1;否则返回 0
isascii	int isascii(int ch)	检查 ch 是否为 ASCII 字符	是,返回 1;否则返回 0
iscntrl	int iscntrl(int ch)	检查 ch 是否为控制字符	是,返回 1;否则返回 0
isdigit	int isdigit(int ch)	检查 ch 是否为数字	是,返回 1;否则返回 0
isgraph	int isgraph(int ch)	检查 ch 是否为可打印字符,即不包括控制字符和空格	是,返回 1;否则返回 0
islower	int islower(int ch)	检查 ch 是否为小写字母	是,返回 1;否则返回 0
isprint	int isprint(int ch)	检查 ch 是否为字母或数字	是,返回 1;否则返回 0
ispunch	int ispunch(int ch)	检查 ch 是否为标点符号	是,返回 1;否则返回 0
isspace	int isspace(int ch)	检查 ch 是否为空格	是,返回 1;否则返回 0
isupper	int isupper(int ch)	检查 ch 是否为大写字母	是,返回 1;否则返回 0
isxdigit	int isxdigit(int ch)	检查 ch 是否为十六进制数字	是,返回 1;否则返回 0
tolower	int tolower(int ch)	将 ch 中的字母转换为小写字母	返回小写字母
toupper	int toupper(int ch)	将 ch 中的字母转换为大写字母	返回大写字母

表 C-3　字符串函数（头文件 string.h/mem.h）

函数名	函数原型说明	功　　能	返　回　值
strcat	char * strcat(char * str1,const char * str2)	将字符串 str2 连接到 str1 后面	返回 str1 的地址
strchr	char * strchr(const char * str,int ch)	找出 ch 字符在字符串 str 中第一次出现的位置	返回 ch 的地址,找不到返回 NULL
strcmp	int strcmp(const char * str1,const char * str2)	比较字符串 str1 和 str2	str1<str2 返回负数;str1=str2 返回 0;str1>str2 返回正数
strcpy	char * strcpy(char * str1,const char * str2)	将字符串 str2 复制到 str1	返回 str1 的地址
strlen	size_tstrlen(const char * str)	求字符串 str 的长度	返回 str1 包含的字符数(不含末尾的\0)
strlwr	char * strlwr(char * str)	将字符串 str 中的字母转换为小写字母	返回 str 的地址
strncat	char * strncat(char * str1,const char * str2,size_t count)	将字符串 str2 中的前 count 个字符连接到 str1 的后面	返回 str1 的地址

函数名	函数原型说明	功　能	返　回　值
strncpy	char * strncpy(char * dest,const char * source, size_t count)	将字符串 str2 中的前 count 个字符复制到 str1 中	返回 str1 的地址
strstr	char * strstr(const char * str1, const char * str2)	找出字符串 str2 在字符串 str 中第一次出现的位置	返回 str2 的地址，找不到返回 NULL
strupr	char * strupr(char * str)	将字符串 str 中的字母转换为大写字母	返回 str 的地址

表 C-4　数学函数(头文件 math.h)

函数名	函数原型说明	功　能	返回值
acos	double acos(double x)	计算 $\arccos(x)$ 的值	计算结果
asin	double asin(double x)	计算 $\arcsin(x)$ 的值	计算结果
atan	double atan(double x)	计算 $\arctan(x)$ 的值	计算结果
atan2	double atan2(double y,double x)	计算 $\arctan(x/y)$ 的值	计算结果
ceil	double ceil(double num)	求不小于 num 的最小整数	计算结果
cos	double cos(double x)	计算 $\cos(x)$ 的值	计算结果
cosh	double cosh(double x)	计算 $\cosh(x)$ 的值	计算结果
exp	double exp(double x)	计算 e^x 的值	计算结果
fabs	double fabs(double x)	计算 x 的绝对值	计算结果
floor	double floor(double x)	求不大于 x 的最大整数(双精度)	计算结果
fmod	double fmod(double x,double y)	求 x/y 的余数(即求模)	计算结果
frexp	double frexp(double x,int * y)	将双精度数分成尾数部分 x 和指数部分 y	计算结果
hypot	double hypot(double x,double y)	计算直角三角形的斜边长	计算结果
log	double log(double x)	计算 $\ln x$	计算结果
log10	double log10(double x)	计算 $\lg x$	计算结果
modf	double modf(double num,int * i)	将双精度数 num 分解成整数部分和小数部分,整数部分存放在 i 所指的变量中	返回小数部分
pow	double pow(double x,double y)	计算幂指数 x^y	计算结果
pow10	double pow10(int n)	计算指数函数 10^n	计算结果
sin	double sin(double x)	计算 $\sin(x)$ 的值	计算结果
sinh	double sinh(double x)	计算 $\sinh(x)$ 的值	计算结果
sqrt	double sqrt(double x)	计算 $\sqrt{x}$	计算结果
tan	double tan(double x)	计算 $\tan(x)$ 的值	计算结果
tanh	double tanh(double x)	计算 $\tanh(x)$ 的值	计算结果

表 C-5 动态分配函数及其他(头文件 **stdlib.h**)

函数名	函数原型说明	功　　能	返　回　值
calloc	void ＊ calloc(size_tnum, size_t size)	为 num 个数据项分配内存,每个数据项大小为 size 字节	返回分配的内存空间起始地址,分配不成功返回 0
free	void ＊ free(void ＊ ptr)	释放 ptr 所指的内存	无
malloc	void ＊ malloc(size_t size)	分配 size 字节的内存	返回分配的内存空间起始地址,分配不成功返回 0
reallc	void ＊ realloc(void ＊ ptr, size_t newsize)	将 ptr 所指的内存空间改为 newsize 字节	返回新分配的内存空间起始地址,分配不成功返回 0
exit	void exit(int status)	终止程序运行	无
srand	void srand((unsigned) seed)	初始化随机数发生器,seed 通常采用 time(NULL)	无
rand	int rand(int)	随机数发生器,产生 0～65537 的整数	返回一整数

附录 D

习题参考答案

习题1

一、选择题

1	2	3	4	5	6	7
B	A	D	C	A	B	C

二、填空题

题号	答　案	题号	答　案
1	编辑、编译、连接、运行	2	.obj
3	.exe	4	调试

三、编程题

略

习题2

一、选择题

1	2	3	4	5	6	7	8	9	10
B	A	A	A	D	B	C	C	A	B

二、填空题

题号	答　案	题号	答　案
1	2，1	2	#define 宏名 字符串
3	unsigned〔int〕double char	4	八　十　十六
5	4	6	conio.h
7	'\0'　"％s"	8	5.0,4,c＝3
9	a＝1,b＝2		

三、编程题

略

习题 3

一、选择题

1	2	3	4	5	6	7	8	9	10
C	【1】D 【2】C	A	C	C	B	A	C	D	C
11	12	13	14	15	16	17	18	19	20
C	A	C	B	A	B	C	D	A	A

二、填空题

题号	答　案	题号	答　案
1	double	2	2
3	5.0,4,c＝3	4	1
5	a＝＝0	6	0

三、编程题

略

习题 4

一、选择题

1	2	3	4	5	6	7	8	9	10
C	A	A	C	D	B	B	B	C	D

二、填空题

题号	答　案	题号	答　案

1	if(a<＝b)
	　　x＝1,printf("＃＃＃＃x＝%d\n",x);
	else
	　　y＝2,printf("****y＝%d\n",y);
		2	10

3	19 或 18	4	b＝i+1;
5	8921	6	12

三、编程题

略

习题 5

一、选择题

1	2	3	4	5	6	7	8	9	10
D	D	C	A	A	B	C	C	D	D

二、填空题

题号	答　案	题号	答　案
1	a[1][0]	2	9x
3	Hello	4	s[i++]

三、编程题

略

习题 6

一、选择题

1	2	3	4	5	6	7	8	9	10
D	B	B	A	B	A	D	B	A	D

二、阅读程序题

题号	答　案	题号	答　案
1	a=0,b=7	2	10
3	49	4	6
5	11	6	60
7	k=2 a=3 b=2	8	TJCU　JCU
9	How does she	10	2　4

三、编程题

略

习题 7

一、选择题

1	2	3	4	5	6	7	8	9
C	A	C	A	B	B	C	D	C

二、阅读程序题

题号	答案	题号	答案
1	8	2	4　3
3	0	4	5　3　10　8
5	3,4	6	5　6
7	10　//求字符串长度	8	11

三、填空题

题号	答案	题号	答案
1	【1】＊(pa＋＋) 或 pa[i]　【2】n	2	1.0/(k＊k)或 1.0/k/k
3	int ＊	4	x
5	【1】a[i−1]　【2】a[9−i]	6	void fun(double m[10][22])　{}

四、编程题

略

习题 8

一、选择题

1	2	3	4	5	6	7	8	9	10
A	B	D	B	【1】D 【2】B	C	B	D	A	B

二、填空题

题号	答案	题号	答案
1	【1】12	2	32
3	【1】b−＞day 【2】(＊b).day	4	【1】char ＊ data 【2】struct Link ＊ next
5	(double ＊)	6	malloc(11)
7	【1】struct List ＊ next 【2】int data	8	【1】(struct List ＊) 【2】(struct List ＊) 【3】return h

三、编程题

略

习题 9

一、选择题

1	2	3	4	5	6	7	8	9	10
D	C	B	D	【1】C 【2】D	B	A	C	C	【1】B 【2】D
11	12	13	14	15	16	17	18	19	20
C	C	A	B	B	C	A	B	B	B

二、填空题

题号	答　案	题号	答　案
1	【1】fname 【2】fp	2	【1】"bi.dat","w" 【2】fclose(fp)
3	fread(&x,sizeof(int),1,fp)	4	【1】"w" 【2】str[i]−32 【3】"r"
5	9911	6	9
7	7	8	#undef　宏名
9	#		

三、编程题

略

C 程序应用开发案例

（1）编写一应用程序，其功能是接收键盘输入的字符，显示输入的文本信息；统计原文中的单词数和语句数；根据用户输入的密码对原文进行加密，并显示密文；对密文进行解密和显示；将输入的文本信息按输入的文件名保存在磁盘上。该程序的运行界面如图 E-1 所示。

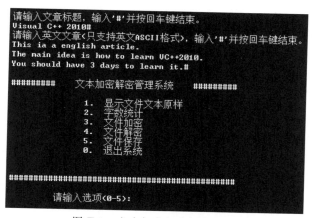

图 E-1　文本加密解密操作界面

```
# include <stdio.h>                    //标准输入输出文件
# include <stdlib.h>                   //标准库函数文件
# include <string.h>                   //字符串处理函数文件
# include <ctype.h>                    //字符操作函数文件
# define MAX 1000                      //定义常数 M,容纳最大字符数

//定义全局变量和数组
char title[60],content[MAX];           //title 存放文本标题,content 存放文本内容
char * p2=content;
char key,rekey;                        //存储加密和解密密码
```

/* 函数说明,定义 6 个功能模块函数和一个主函数,一般将主函数定义放在程序前部,其他函数定义放在主函数之后,因此需要进行函数说明。函数说明的目的一是程序设计的需要,二是帮助读者理解程序的结构和功能。 * /

```
char Menubar();                        //菜单函数,返回菜单选项字符
```

```
void List();                    //显示文本函数
void Save();                    //保存文件函数
void Jiami();                   //文本加密函数
void Jiemi();                   //文本解密函数
void Tongji();                  //统计单词和语句数函数
```

//主函数
/* 进行功能选项判定并调用相应的功能函数,在无限循环中调用函数 Menubar() 显示菜单,并返
   回菜单选项 */

```
void main()
{   int k=0,len=0;
    char ch;
    printf("请输入文章标题,输入'#'并按回车键结束。\n");
    while ((ch=getchar())!='#')
    {title[k++]=ch;}
    title[k]='\0';
    printf("请输入英文文章(只支持英文 ASCII 格式),输入'#'并按回车键结束。\n");
    while ((ch=getchar())!='#')          //输入文本内容
    {   if(len>MAX)
        {   printf("文章太长,超出规定长度,多余字符将被忽略! \n");
            break;
        }
        content[len++]=ch;
    }
    content[len]='\0';
    for(;;)                              //无限循环,选择 0 退出循环
    {   switch(Menubar())                //调用主菜单函数,按返回值选择功能函数
        {
            //选择功能 1 至 4,查询并显示记录
            case '1': List(); break;     //调用 List() 函数,显示原文
            case '2': Tongji();break;    //调用 Tongji() 函数,单词与语句数统计
            case '3': Jiami();break;     //调用 Jiami() 函数,文件加密
            case '4': Jiemi();break;     //调用 Jiemi() 函数,文件解密
            case '5': Save();break;      //调用 Save() 函数,保存文件
            case '0': exit(0);           //跳出循环,终止程序运行
        }                                //switch 语句结束
    }                                    //for 循环结束
}                                        //main() 函数结束
```

//菜单函数
/* 由 main() 函数调用,返回菜单选项字符供 main() 的 switch 语句判定,调用相应的函数。使
   用 printf() 函数显示菜单项,用 scanf() 函数接收选项字符,while 条件判断选项的合法
   性,非法字符则重新输入 */

```
char Menubar()
{   char c='0';
    printf("\n#########   文本加密解密管理系统   #########\n\n");
    printf("           1.  显示文件文本原样      \n");
    printf("           2.  字数统计             \n");
    printf("           3.  文件加密             \n");
```

```
      printf("                  4.  文件解密           \n");
      printf("                  5.  文件保存           \n");
      printf("                  0.  退出系统           \n");
      printf("\n");
      printf("\n#################################################\n");
      printf("\n          请输入选项(0-5):");//提示输入选项
      do{ scanf("%c",&c);                    //输入选择项,接收 1 个字符
      }while(!(c>='0'&&c<='5'));             //选择项合法性判断,不满足条件则重输
      return c;                              //返回选择项值
   }


//保存文件函数
/*保存数组中的文本数据到文件中,在对数组中的数据作过修改后,需要引用本函数保存修改结
   果*/
void Save()
{   char f_name[12];
    FILE * fp;                              //指向文件的指针
    printf("请输入文件名: ");
    scanf("%s",f_name);
    fp=fopen(f_name,"wt");
    getchar();
    printf(".........正在保存文件.............\n");        //输出提示信息
    fprintf(fp,"\n");                       //将换行符号写入文件
    fprintf(fp,"%s",title);
    fprintf(fp,"\r\n");                     //将换行符号写入文件,使记录分行存放
    fprintf(fp,"%s",content);
    fprintf(fp,"\r\n");                     //将换行符号写入文件,使记录分行存放
    fclose(fp);                             //关闭文件
    printf(".........文件已经成功保存!..........\n");    //提示文件保存成功
}


//显示文本信息函数
void List()
{   printf("\n*********    原文如下    *********\n");
    printf("-------------------------------------------\n");
    puts(title);
    puts(content);
    printf("\n*********    显示结束    *********\n");
}


//统计函数
void Tongji()
{   int w,s;                                //定义两个整型变量
    w=s=0;                                  //对 w,s 赋初值 0
    /*for循环,p2指向 content 数组的首地址,当 p2 取值不是终止符'\0'时,执行循环体后,
        p2++*/
    for (p2=content;* p2!='\0';p2++)
    {   if (* p2=='.'||* p2=='?'||* p2=='!')
        //选择语句条件是 p2 地址所取值是句号或问号或感叹号
```

```
    ++s;          //满足以上条件,则执行++s,即语句数增加 1
    if ( * p2>='A'&& * p2<='Z' || * p2>='a'&& * p2<='z')
    //选择语句条件是 p2 地址所取值是 26 个字母
    {if ( * (p2+1)<'A' || * (p2+1)>'Z'&& * (p2+1)<'a' || * (p2+1)>'z')  //复合条件语句
        ++w;
    //当条件满足 p2+1 这个地址取值不是 26 个字母时,执行++w,即单词数加 1
    }
}
    printf("\n 总单词数为%d\n",w);            //结束 for 循环后打印 s,w 的最后结果
    printf("总句数为%d\n",s);
}


//对文本进行加密函数
void Jiami()
{   int i=0;
    printf("请输入加密密码: ");
    scanf("% * c%c",&key);
    while(content[i])
    {   if(content[i]>=32&&content[i]<91) content[i]+=26;
        else if(content[i]>=91&&content[i]<102) content[i]+=26;
            else if(content[i]>101&&content[i]<127) content[i]-=69;
                else content[i]=content[i];
        i++;
    }
    printf("加密后的文章内容如下: \n\n");
    puts(content);
}


//对加密后的密文进行解密函数
void Jiemi()
{   int i=0;
    printf("请输入密码: ");
    scanf("% * c%c",&rekey);
    if(key==rekey)                          //key 和 rekey 已定义为全局变量
    {   while(content[i])
        {   if(content[i]>=32&&content[i]<=57) content[i]+=69;
            else if(content[i]>=58&&content[i]<117) content[i]-=26;
                else if(content[i]>=117&&content[i]<=127) content[i]-=26;
                    else content[i]=content[i];
            i++;
        }
    printf("\n\n 解密后的文章内容如下: \n\n");
    puts(content);
    printf("\n\n");
    }
    else
    printf("密码错误! 请重新输入……");
}
```

(2) 通过产生随机数,由计算机自动出题,进行算术四则运算的测试,要求编写的程

序具有：检查答题的对错、对错题重做、查看正确结果、系统测试评估、再次练习等功能。
系统运行界面如图 E-2 所示。

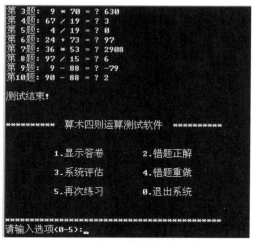

图 E-2　算术四则运算测试软件界面

```
//包含头文件
#include "stdio.h"
#include <stdlib.h>
#include <time.h>                          //时间函数
#include <ctype.h>                         //字符操作函数
#define M 10                               //定义测试的试题数

/* 定义全局变量,其中,数组 sy、fh、sr、jd、jg 分别保存第一运算数,运算符,第二运算数,输入
   结果,正确结果 */
int sy[M],sr[M],jd[M],jg[M];
int fs;                                    //变量 fs 用于保存成绩
char fh[M];                                //数组 fh 保存运算符号

//除法运算函数
void chufa(int * s1,int * s2,int * s3)
{   int sy= * s1,sr= * s2,jg;             //sy 为被除数,sr 为除数,jg 存放正确答案
    srand( (unsigned)time( NULL ) );      //随机函数发生器
    while(!sr)                            //该循环避免除数为 0
    { sr=rand()%100; }                    //随机函数
    jg=sy/sr;
    * s1=sy;                              //指针变量
    * s2=sr;
    * s3=jg;
}
//四则运算函数
/* 自动生成 M 道运算题目,运算数为 0~99,每出 1 道题后等待答题者输入运算结果,判断输入的
   结果是否正确,正确则加 100/M 分,并给出最终得分。算法描述:用随机函数 srand()和 rand()
   组合,产生 0~32767 的整数,与 100 取余数后,得到 0~99 的整数;运算符由 rand()%4 得到 0~3 的
   随机数确定,其中约定 0-加法、1-减法、2-乘法、3-除法。for 循环控制题目数量,每次循环先产
```

生题目并显示出来,将计算结果保存在 jg 中,然后再等待答题者从键盘输入计算结果,并保存在 jd 中,将 jg 与 jd 进行比较,判定正确性,做完 M 道题后(循环结束),显示测试结果并进行评价 */

```c
void jisuan()
{   int p;                       //p 为随机产生的运算符号,约定 0-加法、1-减法、2-乘法、3-除法
int i;                                    //i 为循环控制变量
fs=0;                                     //用于存储成绩
printf("你将进行的是 100 以内数值的四则运算!\n");
srand((unsigned)time(NULL));              //随机数种子由系统时间函数产生
/* 循环产生 M 道 100 之内的四则运算题目 */
for(i=0;i<M;i++)
    { sy[i]=rand()%100;                   //随机产生第一个操作数(0~99)
      sr[i]=rand()%100;                   //随机产生第二个操作数(0~99)
      p=rand()%4;                         //随机产生运算符(0~3)
      if(p==0)                            //p 为 0,表示做加法
        { fh[i]='+'; jg[i]=sy[i]+sr[i]; } //fh 为'+',jg[i]=sy[i]+sr[i]
        else  if(p==1)                    //p 为 1,表示做减法
        {fh[i]='-'; jg[i]=sy[i]-sr[i]; }
                  else  if(p==2)          //p 为 2,表示做乘法
    { fh[i]='*'; jg[i]=sy[i]*sr[i]; }
                  else  if(p==3)          //p 为 3,表示做除法
        { fh[i]='/'; chufa(&sy[i],&sr[i],&jg[i]); }
      printf("第%2d题: %2d %c %2d = ? ",i+1,sy[i],fh[i],sr[i]);      //显示题目
    scanf("%d",&jd[i]);                   //等待键盘输入结果
      if (jd[i]==jg[i])  fs+=100/M;
      //如果输入的结果与计算机运算结果相符则加 100/M 分
      }                                   //循环结束
    printf("\n 测试结束!\n\n");
}


//显示菜单函数
char caidan()
{   char  c='0';                          //定义变量
    printf("\n**********  算术四则运算测试软件  **********\n\n\n");
    printf("        1.显示答卷         2.错题正解 \n\n");
    printf("        3.系统评估         4.错题重做\n\n");
    printf("        5.再次练习         0.退出系统 \n\n");
    printf("\n*******************************************");
    printf("\n 请输入选项(0-5):");        //提示输入选项
    do
    {   scanf("%c",&c);    }              //接收键盘输入选项
    while(!(c>='0'&&c<'6'));              //验证选项是否合法,不合要求则重新输入
    return c;                             //返回选择项
}


//评价函数
void pingjia()
{   printf("你的成绩是%d 分。\n",fs);      //显示测试成绩,fs 为全局变量
    if(fs==100)                           //显示评价
        printf("真棒! 不要骄傲哟! \n");
```

```
            else if(fs>=90)
                printf("优秀! 恭喜你取得了好成绩! \n");
            else if (fs>=70)
                printf("良好! 请继续努力,下次取得更好的成绩! \n");
            else if(fs>=60)
                printf("及格! 成绩不太理想哟,再接再厉吧! \n");
            else if(fs>=10)
                printf("多花点功夫吧,不然你会后悔的! \n");
                    else
            printf("太差劲了! 再不努力的话,后果不堪设想! 再做一次吧!! \n");
            printf("\n\n");
        }


//显示答卷函数
void dajuan()
{   int j;
    printf("你的答卷为: \n");
    for(j=0;j<M;j++)
        printf("%2d %c %2d = %2d\n",sy[j],fh[j],sr[j],jd[j]);
    printf("\n\n");
}


//对错题给出正确的答案函数
void zhengjie()
{   int k;
    printf("你答错的题的正确答案为: \n");
    for(k=0;k<M;k++)
    {   if(jd[k]==jg[k])
            continue;
        else
            printf("%2d %c %2d = %2d\n",sy[k],fh[k],sr[k],jg[k]);
    }
    printf("\n\n");
}


//将错题给出,让答题者再次对其进行计算
void chongzuo()                                  //重做错题函数
{   int m,n;
    printf("以下是你做错的题,请重做: \n");
    for(m=0;m<M;m++)                             //用循环对错题进行选择
    if(jd[m]==jg[m])
        continue;                                //答对的题则跳过
    else
    {   printf("%2d %c %2d =?",sy[m],fh[m],sr[m]);
        scanf("%d",&jd[m]);
        if (jd[m]==jg[m])                        //再次对输入的答案进行检验
        printf("恭喜! 你答对了! \n");
        else                                     //若仍未做对,则用此函数
        {   for(n=1;n<3;n++)
```

```
            { printf("你仍未做对！你还有%d次机会：",3-n);     //再次计算
              printf("%2d %c %2d =?",sy[m],fh[m],sr[m]);
              scanf("%d",&jd[m]);
                  if (jd[m]==jg[m])   { printf("恭喜！你答对了！\n"); break;}
              //跳出循环
              }
          }
      }                                                    //循环结束
    printf("\n\n");
}

//主函数
void main()
{   int key=1;
    jisuan();
    while(key)
    {switch(caidan())
    {   case '1':   { printf("\n\n\n"); dajuan(); } break;
        case '2':   { printf("\n\n\n"); zhengjie(); } break;
        case '3':   { printf("\n\n\n"); pingjia(); } break;
        case '4':   { printf("\n\n\n"); chongzuo(); } break;
        case '5':   { printf("\n\n\n"); jisuan(); } break;
        case '0':   key=0;
        }
    }
}
```

（3）通讯录管理程序。其功能是：通讯录初始化、显示、添加、删除、查询以及退出系统等。通讯录中的记录存放在结构数组中，该结构类型包含姓名、性别、电话号码、电子邮件、QQ和地址成员，用于描述通讯录的数据项，添加和删除记录后，将变化后的记录保存在磁盘文件。程序运行的界面如图 E-3 所示。

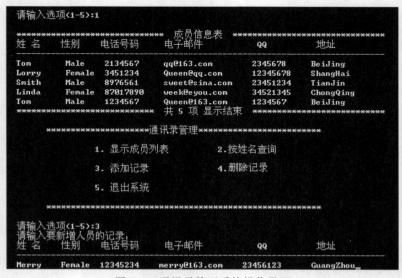

图 E-3　通讯录管理系统操作界面

```c
//包含头文件
#include"stdio.h"
#include"string.h"
#include"ctype.h"
#include"stdlib.h"
#define MAX 100
//定义结构类型
struct TXL
{   char name[10];                              //姓名
    char sex[8];                                //性别
    char tele[12];                              //电话号码
    char email[15];                             //电子邮件
    char QQ[10];                                //QQ号码
    char address[15];                           //地址
};
//函数说明
void Menu();                                    //主菜单
void Save(struct TXL temp[],int n);             //保存记录函数
void List(struct TXL temp[],int n);             //显示记录函数
void Query(struct TXL temp[],int n);            //查询记录函数
int Init(struct TXL temp[]);                    //通讯录初始化函数
int Append(struct TXL temp[],int n);            //新增记录函数
int ShuRu(struct TXL temp[],int n);             //录入记录函数
int Delet(struct TXL temp[],int n);             //删除记录函数
int Search(struct TXL temp[],int n,int b,char *p);  //查找记录函数
//主函数
void main()
{   struct TXL data[MAX];                       //定义结构数组,用于存储通讯录
    int count=0;                                //存储通讯录中的记录数
    int choice;
    count=ShuRu(data, count);
    while(1)                                    //用while循环显示主菜单,进行相关操作
    {   Menu();                                 //调用系统菜单函数
        scanf("\n%d",&choice);                  //输入操作选项
        if(1==choice) List(data,count);         //调用List函数,显示数据
        else if(2==choice) Query(data,count);   //调用Query函数,进行查询
        else if(3==choice) count=Append(data,count);//调用Append函数,添加记录
        else if(4==choice) count=Delet(data,count) ; //调用Delet函数,删除记录
        else if(5==choice) break;               //终止循环,结束程序运行
        else printf("  输入错误,重新输入……"),getchar();    //输入错误,重新输入
    }
}
//显示系统菜单函数
void Menu()
{   printf("\n    ********************通讯录管理*************************\n");
    printf("\n                1.显示成员列表          2.按姓名查询 \n");
    printf("\n                3.添加记录              4.删除记录\n");
    printf("\n                5.退出系统 \n");
    printf("\n    **********************************************************\n");
```

```
        printf("\n   请输入选项(1-5):");                    //提示信息
}
//初始化函数
int Init(struct TXL temp[])
{   int i,n;                                              //定义 i,n 的类型
    printf("\n   请输入需要录入的记录条数:");              //提示信息
    scanf("%d",&n);                                        //输入记录数
    printf("   按姓名输入记录,各项内容之间用空格隔开,按回车键结束一条记录。\n");
    printf("   序号    姓名    性别    电话号码    电子邮件   QQ    地址 \n");
    printf("   ------------------------------------------------------\n");
    for(i=0;i<n;i++)                                      //输入 n 条记录到数组中
    {   printf(" %-5d",i+1);
        scanf("%s%s%s%s%s%s",temp[i].name,temp[i].sex,temp[i].tele,temp[i].
            email, temp[i].QQ,temp[i].address);
    }
    return n;                                              //返回记录条数
}
//保存记录函数
void Save(struct TXL temp[],int n)
{   int i;
    FILE * fp;                                            //指向文件的指针
    if((fp=fopen("jilu.txt","wt"))==NULL)                 //打开文件
    {   printf("   保存文件失败! \n");                      //打开文件失败,可能是文件不存在
        exit(1);                                          //返回
    }
    printf("\n   正在保存文件…\n");                        //输出提示信息
    fprintf(fp,"%d",n);                                   //将记录数写入文件
    fprintf(fp,"\r\n");                                   //将换行符号写入文件
    for(i=0;i<n;i++)
    {   fprintf(fp,"%-10s%-8s%-12s%-15s%-10s%-15s",temp[i].name,temp[i].sex,
            temp[i].tele,temp[i].email,temp[i].QQ,temp[i].address);
        //固定格式写入所有记录
        fprintf(fp,"\r\n");                               //将换行符号写入文件,使记录分行存放
    }
    fclose(fp);                                           //关闭文件
    printf("   **** 文件已经成功保存! ****\n");
}
//输入记录函数
int ShuRu(struct TXL temp[],int zs)
{   int i,n;
    FILE * fp;
    if((fp=fopen("jilu.txt","rt"))==NULL)                 //打开文件
    {   printf("尚未建立通讯录,请先建通讯录。\n");          //不能打开文件
        zs=Init(temp);                                    //调用 Init()函数,输入通信录
        Save(temp, zs);                                   //调用 Save()函数,保存文件
        fp=fopen("jilu.txt","rt");                        //再次打开文件
    }
fscanf(fp,"%d",&n);                                       //读入记录数
    for(i=0;i<n;i++)
```

```c
        fscanf(fp,"%10s%8s%12s%15s%10s%15s",temp[i].name,temp[i].sex,
            temp[i].tele,temp[i].email,temp[i].QQ,temp[i].address);
                                          //按格式读入记录到数组中
    fclose(fp);                           //关闭文件
    return n;                             //返回记录数
}
//显示记录函数
void List(struct TXL temp[],int n)
{   int i;
    printf("\n ********************** 成员信息表 ***********************\n");
    printf(" 姓名      性别      电话号码      电子邮件        QQ          地址 \n");
    printf(" ---------------------------------------------\n");
    for(i=0;i<n;i++)
        printf(" %-10s%-8s%-12s%-18s%-12s%-15s\n",temp[i].name,temp[i].sex,
            temp[i].tele,temp[i].email,temp[i].QQ,temp[i].address);
    printf(" **************** 共 %d 项显示结束 ****************\n",i++);
}
//查找记录函数
int Search(struct TXL temp[],int n,int b,char * p)
{   int i;
    for(i=b;i<n;i++)                      //从第 b 条记录开始,直到最后一条
    {   if(strcmp(p,temp[i].name)==0)     //记录中的姓名和待比较的姓名是否相等
        break;                            //相等,则提前结束循环
    }                                     //for 循环结束
    return i;                             //返回记录所在的下标值
}
//新增记录函数
int Append(struct TXL temp[],int n)
{   printf(" 请输入要新增人员的记录: \n");
    printf(" 姓名      性别      电话号码      电子邮件        QQ          地址 \n");
    printf(" ---------------------------------------------\n");
    scanf("%s%s%s%s%s%s",temp[n].name,temp[n].sex,temp[n].tele,temp[n].email,
        temp[n].QQ,temp[n].address);      //添加记录到数组末尾
    Save(temp, n+1);                      //调用 Save 函数,保存文件
    return n+1;                           //返回新的记录数
}
//查询记录函数
void Query(struct TXL temp[],int n)
{   char p[10];                           //接收查找人的姓名的字符串
    int i;                                //定义查找到记录的位置变量
    printf("请输入姓名,按回车结束: ");
    scanf("%s",p);                        //输入待查找姓名
    i=Search(temp,n,0,p);                 //调用 Search 函数,查找此人记录
    if(i>n-1)                             //如果返回值超过实际人数说明没找到
        printf("查无此人! \n");
    else
    {   printf("姓名      性别      电话号码      电子邮件        QQ          地址 \n");
        printf(" ---------------------------------------------\n");
        while (i<n)                                //循环查找
```

```c
                                                       //查找成果,调用显示函数显示记录
        printf("  %-10s%-8s%-12s%-18s%-10s%-15s\n",temp[i].name, temp[i].
            sex, temp[i].tele,temp[i].email,temp[i].QQ,temp[i].address);
            i=Search(temp,n,i+1,p);                    //找此人的下一条记录
        }
        printf("  ------------------  结束 --------------------\n");
    }
}
//删除记录函数
int Delet(struct TXL temp[],int n)
{   char p[10];                                        //接收要删除记录的姓名
    char ch='N';
    int i=0,j;
    printf("  请输入姓名,此人的记录将被清除: ");        //提示信息
    scanf("%s",p);                                     //输入要删除记录人的姓名
    while (i<n)
    {   i=Search(temp,n,i,p);                          //调用 Search()函数查找记录
        if(i<n)
        {   printf("  姓名    性别    电话号码    电子邮件    QQ    地址 \n");
            printf("  ------------------------------------\n");
                                                       //调用输出函数显示该条记录信息
            printf("  %-10s%-8s%-12s%-18s%-10s%-15s\n",temp[i].name,
                temp[i].sex,temp[i].tele,temp[i].email,temp[i].QQ,temp[i].
                address);
            printf("  确认是否删除此人记录(Y 删除/N 取消)?");    //提示
            scanf("%* c%c",&ch);                       //接收键盘输入一个字符(Y 或 N)
                ch=toupper(ch);                        //将字母转换成大写
                if(ch=='Y')                            //确认删除
                {   for(j=i+1;j<n;j++)                 //删除该记录,实际后续记录前移
                    {   strcpy(temp[j-1].name,temp[j].name);
                                                       //将后一条记录的姓名复制到前一条
                        strcpy(temp[j-1].sex,temp[j].sex);
                        strcpy(temp[j-1].tele,temp[j].tele);
                        strcpy(temp[j-1].email,temp[j].email);
                        strcpy(temp[j-1].QQ,temp[j].QQ);
                        strcpy(temp[j-1].address,temp[j].address);
                    }
                    n--;                               //记录数减 1
                }                                      //if 结束
        }                                              //外层 if 结束,不删除
    i++;                                               //找下一条满足条件的记录
    }                                                  //while 循环结束
    Save(temp, n);                                     //保存文件
    return n;                                          //返回新记录数
}
```

图 书 资 源 支 持

感谢您一直以来对清华版图书的支持和爱护。为了配合本书的使用,本书提供配套的资源,有需求的读者请扫描下方的"书圈"微信公众号二维码,在图书专区下载,也可以拨打电话或发送电子邮件咨询。

如果您在使用本书的过程中遇到了什么问题,或者有相关图书出版计划,也请您发邮件告诉我们,以便我们更好地为您服务。

我们的联系方式:

地　　址:北京市海淀区双清路学研大厦 A 座 714

邮　　编:100084

电　　话:010-83470236　　010-83470237

客服邮箱:2301891038@qq.com

QQ:2301891038（请写明您的单位和姓名）

- -

资源下载:关注公众号"书圈"下载配套资源。

资源下载、样书申请

书 圈

图书案例

清华计算机学堂

观看课程直播